电工上岗培训读本

电工线路
安装与调试

DIANGONG XIANLU ANZHUANG YU TIAOSHI

邱勇进　主编

王大伟　于　贝　刘　丛　副主编

化学工业出版社

·北京·

图书在版编目（CIP）数据

电工线路安装与调试/邱勇进主编. —北京：化学工业出版社，2017.8
（电工上岗培训读本）
ISBN 978-7-122-29957-4

Ⅰ.①电…　Ⅱ.①邱…　Ⅲ.①电路-安装-岗前培训-教材②电路-调试方法-岗前培训-教材　Ⅳ.①TM13

中国版本图书馆 CIP 数据核字（2017）第 135323 号

责任编辑：高墨荣　　　　　　　　　　　　文字编辑：孙凤英
责任校对：边　涛　　　　　　　　　　　　装帧设计：刘丽华

出版发行：化学工业出版社（北京市东城区青年湖南街 13 号　邮政编码 100011）
印　　装：北京云浩印刷有限责任公司
787mm×1092mm　1/16　印张 14¾　字数 360 千字　2017 年 9 月北京第 1 版第 1 次印刷

购书咨询：010-64518888（传真：010-64519686）　　　售后服务：010-64518899
网　　址：http://www.cip.com.cn
凡购买本书，如有缺损质量问题，本社销售中心负责调换。

定　　价：48.00 元

编写人员名单

邱勇进　邱音良　王大伟　高华宪　邱淑芹　邱美娜　李淳惠

刘佳花　孔　杰　邱伟杰　韩文翀　郝　明　宋兆霞　于　贝

冷泰启　孙晓峰　高宿兰　侯丽萍　丁佃栋　丁根生　刘　丛

—— >>> 前 言

电的应用不仅影响到国民经济的方方面面，而且越来越广泛地渗透到人们生活的各个层面。在某种程度上，电气化已成为现代化不可或缺的组成部分之一，电气化程度也已成为衡量社会发展水平的一个重要标志。做一名合格的电工，学到一技之长，是许多电工人员的迫切愿望。

为了帮助广大从事电气工作的技术人员掌握更多电气方面的知识与技能，我们组织编写了"电工上岗培训读本"系列，包括《电工基础》、《电工技能》、《电工识图》、《电工线路安装与调试》、《电子元器件及应用电路》、《维修电工》共6本。本丛书力求从读者的兴趣和认知规律出发，一步一步地、手把手地引领初学者学习电工职业所必须掌握的基础知识和基本技能，学会操作使用基本的电气工具、仪表和设备。本丛书编写时力图体现以下特点：

① 在内容编排上，立足于初学者的实际需要，旨在帮助读者快速提高职业技能，结合职业技能鉴定和职业院校双证书的需求，精简整合理论课程，注重实训教学，强化上岗前培训。

② 教材内容统筹规划，合理安排知识点、技能点，避免重复。内容突出基础知识与基本操作技能，强调实用性，注重实践，轻松直观入门。力求使读者阅读后，能很快应用到实际工作当中，从而达到花最少的时间，学最实用的技术的目的。

③ 突出职业技能培训特色，注重内容的实用性，强调动手实践能力的培养。让读者在掌握电工技能的同时，在技能训练过程中加深对专业知识、技能的理解和应用，培养读者的综合职业能力。

④ 突出了实用性和可操作性，编写中突出了工艺要领与操作技能，注重新技术、新知识、新工艺和新标准的传授。并配有知识拓展训练，具有很强的实用性和针对性，加深了对知识的学习和巩固。

本书是《电工线路安装与调试》分册。全书共8章，主要内容包括电工识图基本知识、电子元器件识读与检测、低压电器识读与检测、常用电工仪表的使用、照明电路的安装与调试、电力拖动线路的安装与调试、机床控制电气线路的识别与维修、变频器和PLC使用等。本书力求将不同类型电工线路的安装调试过程准确、真实地"展现"给学习者，使学习者能够在短时间内掌握电工线路的安装和调试技能。

本书由邱勇进主编，参加编写的还有王大伟、于贝、刘丛、宋兆霞、邱伟杰、郝明等。编者对关心本书出版、热心提出建议和提供资料的单位和个人在此一并表示衷心的感谢。

本书可作为电工岗前培训和电工职业资格考核认证教材，也可作为职业技术学校相关专业的培训教材，既适合电工从业人员阅读，也适合电工、电子爱好者阅读。

由于水平有限，书中难免会有不足之处，欢迎广大读者批评指正。

编　者

目录

电工识图基本知识

电工图是用各种电气符号、带注释的围框、简化的外形来表示系统（包括电气工程）、设备、装置、元件等之间的相互关系及其连接关系的一种简图。电工图阐述电的工作原理，描述电气产品的构成和功能，用来指导各种电气设备、电气电路的安装、接线、运行、维护和管理。它是沟通电气设计人员、安装人员、操作人员的工程语言，是进行技术交流不可缺少的手段。

要做到会看图和看懂图，首先必须掌握有关电气图的基本知识，即应该了解电气图的构成、种类、特点以及在工程中的作用。了解各种电气图形符号，还应该了解绘制电气图的一些规定，以及看图的基本方法和步骤等。

1.1 电气图的基本构成

电气图一般是由电路图、技术说明和标题栏三部分组成的。

(1) 电路图

用导线将电源和负载以及有关的控制元件按一定要求连接起来构成闭合回路，以实现电气设备的预定功能，这种电气回路就叫电路。

实际电路的结构形式和所能完成的任务是多种多样的，就构成电路的目的来说有两个：一是进行电能的传输、分配与转换，如图1-1所示的电力系统示意图；二是进行信息的传递和处理，如图1-2所示的电视机原理框图。根据不同的电气设备和电路，电气图可分为电力系统电气图、电力拖动电气图、电子电路图（包括模拟电路、数字电路、可编程序控制器电路等）、建筑安装电气图、电梯控制电气图等。

进行电能传输、分配与转换的电路通常包含两部分——主电路和辅助电路。主电路也叫一次回路，是电源向负载输送电能的电路。它一般包括发电机、变压器、开关、接触器、熔断器和负载等。辅助电路也叫二次回路，是对主电路进行控制、保护、监测、指示的电路。它一般包括继电器、仪表、指示灯、控制开关等。通

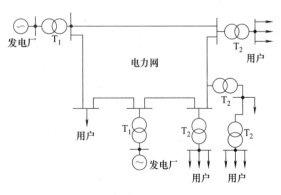

图1-1 电力系统示意图

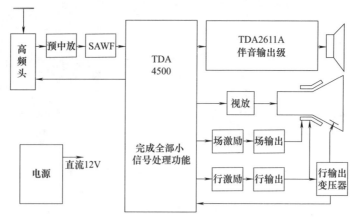

图 1-2   电视机原理框图

常，主电路中的电流较大，线径较粗；而辅助电路中的电流较小，线径也较细。

电路图是反映电路构成的。由于电气元器件的外形和结构比较复杂，因此在电路图中采用国家统一规定的图形符号和文字符号来表示电气元器件的不同种类、规格以及安装方式。此外，根据电气图的不同用途，要绘制成不同的形式。如有的电路只绘制其工作原理图，以便了解电路的工作过程及特点；而有的只绘制装配图，以便了解各电气元件的安装位置及配线方式。对于比较复杂的电路，通常还绘制安装接线图，必要时还要绘制分开表示的接线图（又叫展开接线图）、平面布置图等，以供生产、安装部门和用户使用。

（2）技术说明

电气图中的文字说明和元件明细表等总称为技术说明。文字说明注明电路的某些要点及安装要求等，通常写在电路图的右上方，若说明较多，也可另附页说明。元件明细表列出电路中各种元件的符号、规格和数量等。元件明细表以表格形式写在标题栏的上方，元件明细表中序号自下向上编排。技术说明及元件明细表的示例见表 1-1。

表 1-1   技术说明及元件明细表的示例

技术说明：
1. 继电器 $KC_1 \sim KC_4$、$KA_1 \sim KA_8$、KT_1、KT_2 接线端子采用制造厂在产品上标出的标记。
2. 电流互感器 $TA_1 \sim TA_3$ 二次接线端子标记采用制造厂的标记。

7	-TA	电流互感器	LMZJ-0.5	3
6	-SB	按钮	LA2	1
5	-FU	熔断器	RL1-100	3
4	-QF	低压断路器	DZ8-100 330	1
3	-KM	交流接触器	CJ8-40	2
2	-KR	热继电器	JR17-60 3	1
1	$-M_1$	电动机	Y180M-2	1
序号	代号	名称	规格	数量

注：本表所列元件名称、规格、数量只是用来说明"技术说明"中应包含的项目及内容，并不代表某一具体电路所使用的元器件。

（3）标题栏

标题栏画在电路图的右下角，其中注明工程名称、图名、图号，还有设计人、制图人，审核人、批准人的签名和日期等。标题栏是电路图的重要技术档案，栏目中的签名者对图中的技术内容各负其责。标题栏示例见表 1-2。

表 1-2　标题栏示例

×× 设计院			工程名称			
审核		总工程师			专业	
校核		总专业师	电动机控制电路图		单位	
制图		项目负责人			日期	
设计		专业负责人			图号	

(4) 图面的构成

① 图面格式和图幅尺寸　图面（也称图纸）通常由纸边界线、图框线、标题栏、会签栏组成，格式如图 1-3 所示。其幅面代号及尺寸见表 1-3。

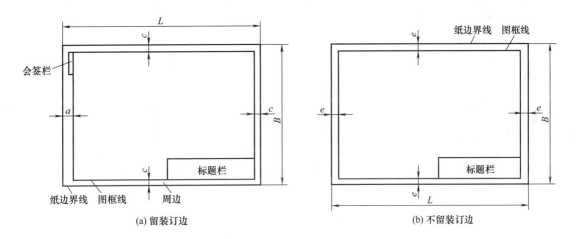

| (a) 留装订边 | (b) 不留装订边 |

图 1-3　图幅格式

表 1-3　基本幅面代号及尺寸　　　　　　　　　　　　　　　　　　mm

幅面代号	A0	A1	A2	A3	A4
宽×长($B×L$)	841×1189	594×841	420×594	297×420	210×297
留装订边边宽(c)	10			5	
不留装订边边宽(e)	20		10		
装订侧边宽(a)	25				

图纸幅面简称图幅，指由边框线所围成的图面。电气图的常用幅面规格有五种。

② 图线　绘制电气图所用的各种线条统称图线，线型包含了一定信息。要表达清楚电气图的内容。其图线的使用必须符合规范。电气图图线的线型和应用范围见表 1-4。

表 1-4　电气图图线的线型和应用范围

线型	说明		一 般 应 用
A	粗实线	——————	简图常用线、方框线、主汇流条、母线、电缆
B	细实线	——————	基本线、简图常用线。如导线、轮廓线
E	粗虚线	- - - - - - -	隐含主汇流条、母线、电缆、导线
F	细虚线	- - - - - - -	辅助线、屏蔽线、隐含轮廓线、隐含导线、准备扩展用线
G	细点划线	—·—·—·—	分界线、结构、功能、单元相同围框线
J	长短划线	—·—·—·—	分界线、结构、功能、单元相同围框线
K	双点划线	—··—··—	辅助围框线

③ 箭头和指引线　电气图中的尺寸标注，表示信号传输或表示非电过程中的介质流向时都需要用箭头。若将文字或符号引注至被注释的部位，需要用指引线。

电气图中有三种形状的箭头，如图 1-4 所示。图 1 4（a）所示为开口箭头，用于说明电气能量、电气信号的传递方向（能量流、信息流流向）；图 1-4（b）所示为实心箭头，用于说明非电过程中材料或介质的流向；图 1-4（c）所示为普通箭头，用于说明可变性力或运动的方向以及指引线方向。

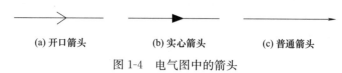

(a) 开口箭头　　　　(b) 实心箭头　　　　(c) 普通箭头

图 1-4　电气图中的箭头

指引线用来指示被注释的对象，它为细实线，并在其末端加注标记。指引线末端有三种形式，如图 1-5 所示。

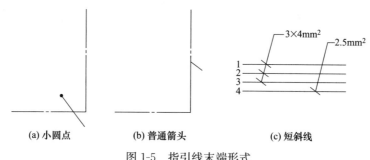

(a) 小圆点　　　　(b) 普通箭头　　　　(c) 短斜线

图 1-5　指引线末端形式

当指引线末端伸入被注释对象的轮廓线内时，指引线末端应画一个小圆点，如图 1-5（a）所示。当指引线末端恰好指在被注释对象的轮廓线上时，指引线末端应用普通箭头指在轮廓线上，如图 1-5（b）所示。当指引线末端指在不用轮廓图形表示的电气连接线上时，指引线末端应用一短斜线示出，如图 1-5（c）所示。图 1-5（c）表示从上往下第 1、2、3 根导线的截面积为 4mm^2、第 4 根导线的截面积为 2.5mm^2。

(5) 图上位置的表示方法

电气图上各种电气设备、元器件很多，有时某些项目的某一部分要与另一项目的某一部分相连，一条连接线可能从一张图上连接到另一张图上的某个位置。为使图面清晰，在连接线的中断处要标明另一端所在的位置，以便清楚表达图与图、元器件与元器件之间的连接情况。当确定电路图上的内容需补充、更改时，要在修改文件中表明修改内容，在图上修改内容的位置也要采用适当的方法表示。

图上位置的表示方法有三种，即图幅分区法、电路编号法、表格法。

① 图幅分区法（也称坐标法）　图幅分区即将整个图纸的幅面分区，先将图纸相互垂直两边各自加以等分，分区的数目取决于图的复杂程度，但必须取偶数，每一分区长度为 25～75mm。然后从图样的左上角开始，在图样横向周边的用数字编号，竖向周边的用拉丁字母编号，如图 1-6 所示。图幅分区后，相当于建立了一个坐标。图中某个位置的代号用该区域的字母和数字组合起来表示，且字母在前，数字在后。如 C2 区、B5 区等。这样在识读电路图时，就可用分区来确定、查找电气元器件，这为分析电路工作原理带来了极大的方便。

在某些电路图中（例如机床电气控制电路图），由于控制电路内的支路多，且各支路元器件布置与功能也不相同，因此图幅分区可采用如图 1-7 所示的方法。这种分区方法只对图的一个方向分区，分区数不限，各个分区长度也可不等。这种方法既不影响分区检索，又可反映用途，有利于识图。

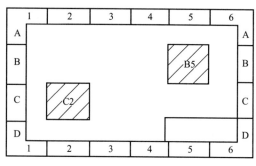

图 1-6　普通电气图的图幅分区

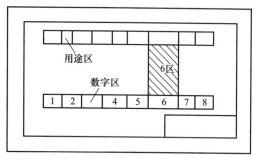

图 1-7　机床电气控制电路的图幅分区

② 电路编号法　电路编号法是对图样中的电器或分支电路用数字按序编号。若是水平布图，数字编号按自上而下的顺序；若是垂直布图，数字编号按自左而右的顺序。数字分别写在各支路下端，若要表示元器件相关联部分所在位置，只需在元器件的符号旁标注相关联部分所处支路的编号即可，如图 1-8 所示。图中电路从左向右编号。线圈 K_1 下标注 "5"，说明受线圈 K_1 驱动的触点在 5 号支路上；而在 5 号支路上，触点 K_1 标注 "4"，说明驱动该触点的线圈在 4 号支路上。其余可依此类推。

③ 表格法　表格法指在图的边缘部分绘制一个按项目代号进行分类的表格。表格中的项目代号和图中相应的图形符号在垂直或水平方向对齐，图形符号旁仍需标注项目代号。图上的各项目与表格中的各项目一一对应。这种位置表示法便于对元器件进行归类和统计。图 1-9 所示是一个功率放大器电路，其元器件位置就是采用表格法来表示的。

电阻器	R_1	R_2	R_3			
电容器						C_1
晶体管			V_1	V_2		
变压器	T_1			T_2		
扬声器				B		

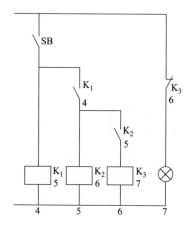

图 1-8　用电路编号法表示图中位置

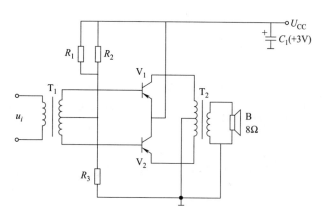

图 1-9　用表格法表示图中位置的功率放大电路

1.2 电气符号

电气图，也称电气控制系统图。必须根据国家标准，用统一的文字符号、图形符号及画法绘图，以便于设计人员的绘图与现场技术人员、维修人员的识读。在电气图中，代表电动机、各种电器元件的图形符号和文字符号应按照我国已颁布实施的有关国家标准绘制。

（1）图形符号

图形符号通常用于图样或其他文件中，用以表示一个设备或概念的图形、标记或字符。图形符号含有符号要素、一般符号和限定符号。常用图形符号见表1-5。

表 1-5　常用电气图形符号和文字符号

名称		新标准		旧标准		名称		新标准		旧标准	
		图形符号	文字符号	图形符号	文字符号			图形符号	文字符号	图形符号	文字符号
一般三极电源开关			QS		K		线圈				
低压断路器			QF		UZ	接触器	主触头		KM		C
位置开关	常开触头		SQ		XK		常开辅助触头				
	常闭触头						常闭辅助触头				
	复合触头					速度继电器	常开触头		KS		SDJ
							常闭触头				
熔断器			FU		RD		线圈				
按钮	启动	E-\	QA			时间继电器	常开延时闭合触头		KT		SJ
	停止	E-/	SB		TA		常闭延时打开触头				
	复合	E-/\			AN		常闭延时闭合触头				

续表

名称		新标准 图形符号	文字符号	旧标准 图形符号	文字符号	名称	新标准 图形符号	文字符号	旧标准 图形符号	文字符号
时间继电器	常开延时打开触头		KT		SJ	桥式整流装置		VC		ZL
热继电器	热元件		FR		RJ	照明灯		EL		ZD
	常闭触头					信号灯		HL		XD
继电器	中间继电器线圈		KA		ZJ	电阻器		R		R
	欠电压继电器线圈	U<	KV		QYJ	接插器		X		CZ
	过电流继电器线圈	I>	KI		GLJ	电磁铁		YA		DT
	常开触头		相应继电器符号		相应继电器符号	电磁吸盘		YH		DX
	常闭触头					串励直流电动机		M		ZD
	欠电流继电器线圈	I<	KI	I<	QLJ	并励直流电动机		M		ZD
万能转换开关			SA		HK	他励直流电动机		M		ZD
制动电磁铁			YB		DT	复励直流发电机		M		ZD
电磁离合器			YC		CH	直流发电机		G		ZF
电位器			RP		W	三相笼式异步电动机		M		D

① 符号要素 它是一种具有确定意义的简单图形，必须同其他图形结合才能构成一个设备或概念的完整符号。如接触器常开主触点的符号就由接触器触点功能符号和常开触点符号组合而成。

② 一般符号　用以表示一类产品和此类产品特征的一种简单的符号。如电动机可用一个圆圈表示。

③ 限定符号　是一种加在其他符号上提供附加信息的符号。

运用图形符号绘制电气图时应注意：

a. 符号尺寸大小、线条粗细依国家标准可放大与缩小，但在同一张图样中，统一符号的尺寸应保持一致，各符号之间及符号本身比例应保持不变。

b. 标准中示出的符号方位，在不改变符号含义的前提下，可根据图面布置的需要旋转，或成镜像位置，但是文字和指示方向不得倒置。

大多数符号都可以附加上补充说明标记。

c. 对标准中没有规定的符号，可选取 GB 4728—2005～2008《电气图常用图形符号》中给定的符号要素、一般符号和限定符号，按其中规定的原则进行组合。

(2) 文字符号

文字符号用于电气技术领域中技术文件的编制，也可以标注在电气设备、装置和元器件上或近旁，以表示电气设备、装置和元器件的名称、功能、状态和特性。

文字符号分为基本文字符号和辅助文字符号，常用文字符号见表 1-5。

① 基本文字符号　基本文字符号有单字母符号与双字母符号两种。单字母符号按拉丁字母顺序将各种电气设备、装置和元器件划分为 23 大类，每一类用一个专用单字母符号表示，如"C"表示电容器类，"R"表示电阻器类等。

双字母符号由一个表示种类的单字母符号与另一个字母组成，且以单字母符号在前，另一个字母在后的次序排列，如"F"表示保护器件类，则"FU"表示熔断器，"FR"表示热继电器。

② 辅助文字符号　辅助文字符号用来表示电气设备、装置和元器件以及电路的功能、状态和特征。如"L"表示限制，"RD"表示红色等。辅助文字符号也可以放在表示种类的单字母符号之后组成双字母符号，如"YB"表示制动电磁铁，"SP"表示压力传感器等。辅助字母还可以单独使用，如"ON"表示接通，"M"表示中间线，"PE"表示保护接地等。

(3) 接线端子标记

① 三相交流电路引入线采用 L_1、L_2、L_3、N、PE 标记，直流系统的电源正、负线分别用 L+、L−标记。

② 分级三相交流电源主电路采用三相文字代号 U、V、W 的前面加上阿拉伯数字 1、2、3 等来标记。如 1U、1V、1W、2U、2V、2W 等。

③ 各电动机分支电路各接点标记采用三相文字代号后面加数字来表示。数字中的个位数表示电动机代号，十位数字表示该支路各结点的代号，从上到下按数值大小顺序标记。如 U_{11} 表示 M_1 电动机的第一相的第一个节点代号，U_{21} 表示 M_1 电动机的第一相的第二个节点代号，以此类推。

④ 三相电动机定子绕组首端分别用 U_1、V_1、W_1 标记；绕组尾端分别用 U_2、V_2、W_2 标记；电动机绕组中间抽头分别用 U_3、V_3、W_3 标记。

⑤ 控制电路采用阿拉伯数字编号。标注方法按"等电位"原则进行。在垂直绘制的电路中，标号顺序一般按自上而下、从左至右的规律编号。凡是被线圈、触点等元件所间隔的接线端点，都应标以不同的线号。

1.3 电气图的绘制

常用的电气图包括：电气原理图、电器元件布置图、电气安装接线图。各种图纸的图纸尺寸一般选用 297mm×210mm、297mm×420mm、297mm×630mm、297mm×840mm 四种幅面，特殊需要可按《机械制图》国家标准选用其他尺寸。

(1) 电气原理图

用图形符号、文字符号、项目代号等表示电路各个电气元件之间的关系和工作原理的图称为电气原理图。电气原理图结构简单、层次分明，适用于研究和分析电路工作原理，并可为寻找故障提供帮助，同时也是编制电气安装接线图的依据。因此在设计部门和生产现场得到广泛应用。

电气原理图是把一个电器元件的各部件以分开的形式进行绘制，现场也有将同一电器上各个零部件集中在一起，按照其实际位置画出的电路结构图，如图 1-10 所示就是三相异步电动机的全压启动控制线路的电路结构图，其中用了刀开关 QS、交流接触器 KM、按钮 SB、热继电器 FR、熔断器 FU 等几种电器。

结构图的画法比较容易识别电器，便于安装和检修。但是，当线路比较复杂和使用的电器比较多时，线路便不容易看清楚。因为同一电器的各个部件在机械上虽然连在一起，但是在电路上并不一定相互关联。

而如图 1-11 所示的三相异步电动机的全压启动控制线路电气原理图中，根据工作原理把主电路和控制电路清楚地分开画出，虽然同一电器的各部件（譬如接触器的线圈和触点）是分散画在各处的，但它们的动作是相互关联的。为了说明它们在电气上的联系，也为了便于识别，同一电器的各个部件均用相同的文字符号来标注。例如，接触器的主触点、辅助触点及吸引线圈，都用 KM 来标注。

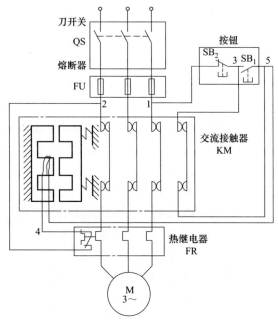

图 1-10 全压启动控制线路的电路结构图

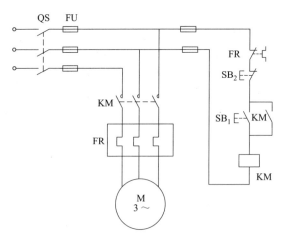

图 1-11 全压启动控制线路电气原理图

① 电气原理图的绘制原则

a. 电气原理图中的电器元件是按未通电和没有受外力作用时的状态绘制的。在不同的工作阶段，各个电器的动作不同，触点时闭时开。而在电气原理图中只能表示出一种情况。因此，规定所有电器的触点均表示在原始情况下的位置，即在没有通电或没有发生机械动作时的位置。对接触器来说，是线圈未通电、触点未动作时的位置；对按钮来说，是手指未按下按钮时触点的位置；对热继电器来说，是常闭触点在未发生过载动作时的位置等等。

b. 触点的绘制位置。使触点动作的外力方向必须是：当图形垂直放置时为从左到右，即垂线左侧的触点为常开触点，垂线右侧的触点为常闭触点；当图形水平放置时为从下到上，即水平线下方的触点为常开触点，水平线上方的触点为常闭触点。

c. 主电路、控制电路和辅助电路应分开绘制。主电路是设备的驱动电路，是从电源到电动机大电流通过的路径；控制电路是由接触器和继电器线圈、各种电器的触点组成的逻辑电路，实现所要求的控制功能；辅助电路包括信号、照明、保护电路。

d. 动力电路的电源电路绘成水平线，受电的动力装置（电动机）及其保护电器支路应垂直于电源电路。

e. 主电路用垂直线绘制在图的左侧，控制电路用垂直线绘制在图的右侧，控制电路中的耗能元件画在电路的最下端。

f. 图中自左而右或自上而下表示操作顺序，并尽可能减少线条和避免线条交叉。

g. 图中有直接电联系的交叉导线的连接点（即导线交叉处）要用黑圆点表示。无直接电联系的交叉导线，交叉处不能画黑圆点。

h. 在原理图的上方将图分成若干图区，并标明该区电路的用途与作用；在继电器、接触器线圈下方列有触点表，以说明线圈和触点的从属关系。

例如，图 1-12 就是根据上述原则绘制出的某机床电气原理图。

② 电气原理图图面区域的划分　图面分区时，竖边从上到下用英文字母，横边从左到右用阿拉伯数字分别编号。分区代号用该区域的字母和数字表示，如 A3、C6 等。图面上方的图区横向编号是为了便于检索电气线路、方便阅读分析而设置的。图区横向编号的下方对应文字（有时对应文字也可排列在电气原理图的底部）表明了该区元件或电路的功能，以利于理解全电路的工作原理。

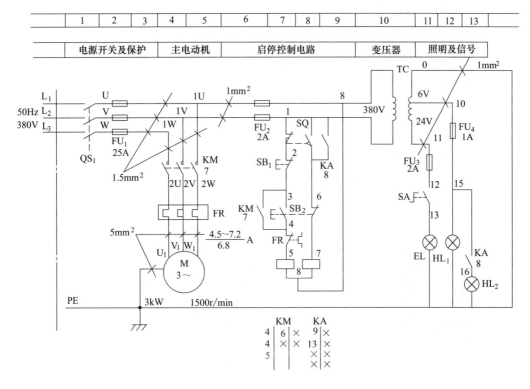

图 1-12 某机床电气原理图

③ 电气原理图符号位置的索引 在较复杂的电气原理图中，在继电器、接触器线圈的文字符号下方要标注其触点位置的索引；而在其触点的文字符号下方要标注其线圈位置的索引。符号位置的索引，用图号、页次和图区编号的组合索引法，索引代号的组成如下：

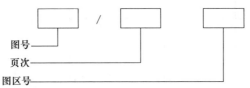

图号——
页次——
图区号——

当与某一元件相关的各符号元素出现在不同图号的图样上，而每个图号仅有一页图样时，索引代号可以省去页次；当与某一元件相关的各符号元素出现在同一图号的图样上，而该图号有几张图样时，索引代号可省去图号。依次类推。当与某一元件相关的各符号元素出现在只有一张图样的不同图区时，索引代号只用图区号表示。

如图 1-12 的图区 9 中，继电器 KA 触点下面的 8 即为最简单的索引代号，它指出继电器 KA 的线圈位置在图区 8。图区 5 中，接触器 KM 主触点下面的 7，即表示继电器 KM 的线圈位置在图区 7。

在电气原理图中，接触器和继电器的线圈与触点的从属关系，应当用附图表示。即在原理图中相应线圈的下方，给出触点的图形符号，并在其下面注明相应触点的索引代号，未使用的触点用"X"表明。有时也可采用省去触点图形符号的表示法，如图 1-12 图区 8 中 KM 线圈和图区 9 中 KA 线圈下方的是接触器 KM 和继电器 KA 相应触点的位置索引。

在接触器 KM 触点的位置索引中，左栏为主触点所在的图区号（有两个主触点在图区 4，另一个主触点在图区 5）；中栏为辅助常开触点所在的图区号（一个触点在图区 6，另一个没有使用）；右栏为辅助常闭触点所在的图区号（两个触点都没有使用）。

在继电器 KA 触点的位置索引中，左栏为常开触点所在的图区号（一个触点在图区 9，另一个触点在图区 13）；右栏为常闭触点所在的图区号（四个都没有使用）。

(2) 电器元件布置图

电器元件布置图主要是表明电气设备上所有电器元件的实际位置，为电气设备的安装及维修提供必要的资料。电器元件布置图可根据电气设备的复杂程度集中绘制或分别绘制。图中不需标注尺寸，但是各电器代号应与有关图纸和电器清单上所有的元器件代号相同，在图中往往留有 10％以上的备用面积及导线管（槽）的位置，以供改进设计时用。

电器元件布置图的绘制原则：

① 绘制电器元件布置图时，机床的轮廓线用细实线或点划线表示，电器元件均用粗实线绘制出简单的外形轮廓。

② 绘制电器元件布置图时，电动机要和被拖动的机械装置画在一起；行程开关应画在获取信息的地方；操作手柄应画在便于操作的地方。

③ 绘制电器元件布置图时，各电器元件之间，上、下、左、右应保持一定的间距，并且应考虑器件的发热和散热因素，应便于布线、接线和检修。

图 1-13 为某车床电器元件布置图，图中 $FU_1 \sim FU_4$ 为熔断器、KM 为接触器、FR 为热继电器、TC 为照明变压器、XT 为接线端子板。

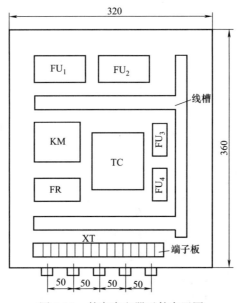

图 1-13　某车床电器元件布置图

(3) 电气安装接线图

电气安装接线图主要用于电气设备的安装配线、线路检查、线路维修和故障处理。在图中要表示出各电气设备、电器元件之间的实际接线情况，并标注出外部接线所需的数据。在电气安装接线图中各电器元件的文字符号、元件连接顺序、线路号码编制都必须与电气原理图一致。

电气安装接线图的绘制原则：

① 绘制电气安装接线图时，各电器元件均按其在安装底板中的实际位置绘出。元件所

占图面按实际尺寸以统一比例绘制。

② 绘制电气安装接线图时，将一个元件的所有部件绘在一起，并用点划线框起来，有时将多个电器元件用点划线框起来，表示它们是安装在同一安装底板上的。

③ 绘制电气安装接线图时，安装底板内外的电器元件之间的连线通过接线端子板进行连接，安装底板上有几条接至外电路的引线，端子板上就应绘出几个线的接点。

④ 绘制电气安装接线图时，走向相同的相邻导线可以绘成一股线。

例如，图 1-14 就是根据上述原则绘制出的某机床电气安装接线图。

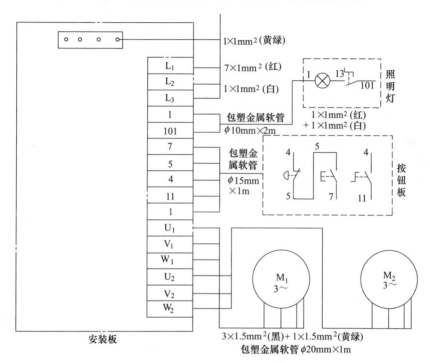

图 1-14 某机床电气安装接线图

1.4 电气图的识读

电气原理图是表示电气控制线路工作原理的图形。所以熟练识读电气原理图，是掌握设备正常工作状态、迅速处理电气故障的必不可少的环节。

生产机械的实际电路往往比较复杂，有些还通过和机械、液压（气压）等动作相配合来实施控制。因此在识读电气原理图之前，首先要了解生产工艺过程对电气控制的基本要求，例如需要了解控制对象的电动机数量，各台电动机是否有启动、反转、调速、制动等控制要求，需要哪些联锁保护，各台电动机的启动、停止顺序的要求等等具体内容，并且要注意机、电、液（气）的联合控制。

(1) 读图要点

在阅读电气原理图时，大致可以归纳为以下几点：

① 必须熟悉图中各器件符号和作用。

② 阅读主电路。应该了解主电路有哪些用电设备（如电动机、电炉等），以及这些设备

的用途和工作特点。并根据工艺过程，了解各用电设备之间的相互联系，采用的保护方式等。在完全了解主电路的这些工作特点后，就可以根据这些特点再去阅读控制电路。

③ 阅读控制电路。控制电路由各种电器组成，主要用来控制主电路工作的。在阅读控制电路时，一般先根据主电路接触器主触点的文字符号，到控制电路中去找与之相应的吸引线圈，进一步弄清楚电机的控制方式。这样可将整个电气原理图划分为若干部分，每一部分控制一台电动机。另外控制电路一般是依照生产工艺要求，按动作的先后顺序，自上而下、从左到右、并联排列。因此读图时也应当自上而下、从左到右，一个环节、一个环节地进行分析。

④ 对于机、电、液配合得比较紧密的生产机械，必须进一步了解有关机械传动和液压传动的情况，有时还要借助于工作循环图和动作顺序表，配合电器动作来分析电路中的各种联锁关系，以便掌握其全部控制过程。

⑤ 阅读照明、信号指示、监测、保护等各辅助电路环节。

对于比较复杂的控制电路，可按照先简后繁、先易后难的原则，逐步解决。因为无论怎样复杂的控制线路，总是由许多简单的基本环节所组成的。阅读时可将它们分解开来，先逐个分析各个基本环节，然后综合起来加以全面解决。

概括地说，阅读的方法可以归纳为：从机到电、先"主"后"控"、化整为零、连成系统。

(2) 读图练习

【**例 1-1**】 如图 1-15 所示为 C620-1 型普通车床的电气原理图，试分析该线路的组成和各部分的功能。

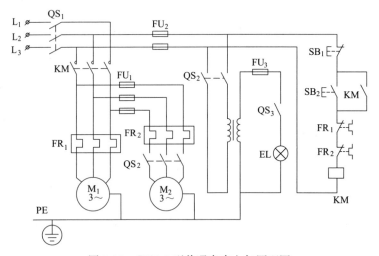

图 1-15 C620-1 型普通车床电气原理图

① 电气原理图分析 C620-1 型车床是常用的普通车床之一，M_1 为主轴电动机，拖动主轴旋转，并通过进给机构实现车床的进给运动。M_2 为冷却泵电动机，拖动冷却泵为车削工件时输送冷却液。

将电路分作主电路、控制电路、照明电路三大部分来分析：

a. 主电路。电源由转换开关 SA_1 引入。

因为 M_1 为小于 10kW 的小容量电动机，所以采用直接启动。由于 M_1 的正反转由摩擦离合器改变传动链来实现，操作人员只需扳动正反转手柄，即可完成主轴电动机的正反转，因此，在电路中仅仅是通过接触器 KM 的主触点来实现单方向旋转的启动、停止控制。

M_2 冷却泵电动机容量更小，大约只有 0.125kW。因此可由转换开关 SA_2 直接操纵，实现单方向旋转的控制。这样既经济，操纵又方便。但是因为 M_2 的电源由接触器 KM 的主触点控制，所以必须在主轴电动机启动后方可开动，具有顺序联锁关系。

b. 控制电路。由启动按钮 SB_1、停止按钮 SB_2、热继电器 FR_1、FR_2 的常闭触点和接触器 KM 的吸引线圈组成，完成电动机的单向启停控制。

工作过程如下：闭合电源开关 SA_1，按下启动按钮 SB_1，接触器 KM 的吸引线圈通电，KM 主触点和自锁触点闭合，M_1 主轴电动机启动并运行。如需车床停止工作，只要按下停止按钮 SB_2 即可。

c. 照明和保护环节

• 照明环节。由变压器副绕组供给 36V 安全电压经照明开关 SA_3 控制照明灯 EL。照明灯的一端接地，以防止变压器原、副绕组间发生短路时可能造成的触电事故。

• 保护环节。过载保护：由热继电器 FR_1、FR_2 实现 M_1 和 M_2 两台电动机的长期过载保护。

短路保护：由 FU_1、FU_2、FU_3 实现对冷却泵电动机、控制电路及照明电路的短路保护。由于进入车床电气控制线路之前，配电开关内已装有熔断器作短路保护，因此，主轴电动机未另加熔断器作短路保护。

欠压与零压保护：当外加电源过低或突然失压，由接触器 KM 实现欠压与零压保护。

② 常见故障分析

a. 主轴电动机不能启动。首先应该重点检查电源是否引入。若配电开关内熔丝完好，则检查 FU_2 是否完好；FR_1、FR_2 常闭触点是否复位。这类故障检查与排除较为简单，但更为重要的是应查明引起短路或过载的原因并将其排除。

其次，还可检查接触器 KM 吸引线圈接线端是否松动；三对主触点是否良好。最后，检查按钮 SB_1、SB_2 接点接触是否良好；各连接导线有无虚接或断线。

b. 主轴电动机缺相运行。发生缺相运行时，按下启动按钮 SB_1，电动机会发出"嗡嗡"声，不能启动。此时应检查配电开关内是否有一相熔丝熔断；接触器 KM 是否有一对主触点接触不良；电动机接线是否有一处断线。发生这种故障时，应当尽快切断电源，排除故障后再重新启动电动机。

c. 主轴电动机能启动，但不能自锁。这是由于接触器 KM 自锁触点闭合不上，或自锁触点未接入。

d. 按下停止按钮 SB_2，主轴机 M_1 不停止。检查接触器 KM 主触点是否熔焊、被杂物卡住或有剩磁不能复位；停止按钮常闭触点被卡住，不能分断。

e. 局部照明灯 EL 不亮。检查变压器副绕组侧有无 36V 电压；开关 SA_3 是否良好。

【例 1-2】 如图 1-16 所示为电动葫芦的电气控制线路，试分析该线路的组成和各部分的功能。

① 电气原理图分析 电动葫芦是一种起重量小、结构简单的起重机，它广泛应用于工矿企业中，尤其在修理和安装工作中，用来吊运重型设备。

将电路分作主电路、控制电路、保护环节三大部分来分析。

a. 主电路。电源由转换开关 SA_1 引入。

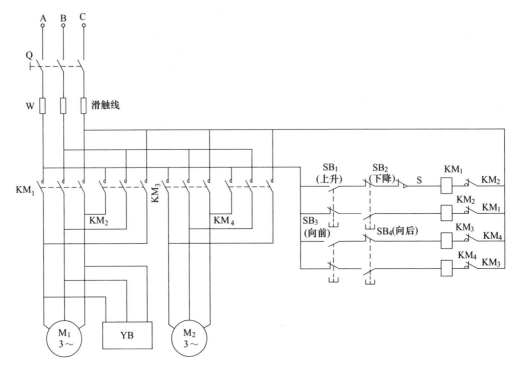

图 1-16　电动葫芦电气控制线路图

升降电动机 M_1 由上升、下降接触器 KM_1、KM_2 的主触点控制；移行电动机 M_2 由向前、向后接触器 KM_3、KM_4 的主触点来控制。两台电动机均需实现双向运行控制。

升降电动机 M_1 转轴上装有电磁抱闸 YB。它在断电停车时，能抱住 M_1 的转轴，使重物不能自行坠落。

b. 控制电路。由 4 个复合按钮 SB_1、SB_2、SB_3、SB_4 和 4 个接触器 KM_1、KM_2、KM_3、KM_4 的吸引线圈以及接触器的常闭互锁触点组成，完成两台电动机的双向启停控制。

工作过程如下：闭合电源开关 SA_1，按下上升启动按钮 SB_1，接触器 KM_1 的吸引线圈通电，KM_1 主触点闭合，M_1 主轴电动机启动，重物上升。在上升过程中，SB_1 的常闭触点和 KM_1 的互锁常闭触点始终断开，断开了下降控制回路，此时，下降按钮 SB_2 无效。如需停止上升，只要松开按钮 SB_1 即可，同时下降控制电路恢复原状。

按下下降启动按钮 SB_2，接触器 KM_2 的吸引线圈通电，KM_2 主触点闭合，M_1 主轴电动机启动，重物下降。在下降过程中，SB_2 的常闭触点和 KM_2 的互锁常闭触点始终断开，断开了上升控制回路，此时，上升按钮 SB_1 无效。如需停止下降，只要松开按钮 SB_2 即可，同时上升控制电路恢复原状。

前后移动控制与此相似，由 SB_3、SB_4 控制向前、向后接触器 KM_3、KM_4，使移行电动机 M_2 正反向运行，带动重物前后移动。

由此可见，电动机 M_1、M_2 均采用点动控制及接触器常闭触点和复合按钮的双重互锁的正反转控制方式。这种点动控制方式，保证了当操作人员离开工作现场时，所有电动机均自行断电。

c. 保护环节。为了防止吊钩上升到过高位置撞坏电动葫芦，电路中设置了提升机构的行程开关 SQ，用以实现提升位置的极限保护。

② 常见故障分析

a. 升降电动机不能起吊重物。首先应该重点检查电源是否正常，是否有电压过低或电动机有故障。

其次，检查按钮 SB_1、SB_2 接点接触是否良好；各连接导线有无虚接或断线。

b. 电动机缺相运行。电源接通后，接触器虽闭合，但电动机发出"嗡嗡"声。应当检查接触器 KM 三对主触点中是否有一对主触点接触不良；电动机接线是否有一处断线。发生这种故障时，应当尽快切断电源，排除故障后再重新启动电动机。

c. 制动电磁铁线圈发热。检查电磁铁线圈匝间是否发生短路。

第2章

电子元器件识读与检测

2.1 电阻器

电阻器是电子电路中最常用的元器件之一，电阻器简称电阻。电阻器种类很多，通常可以分为固定电阻器、电位器和敏感电阻器。

2.1.1 固定电阻器

(1) 外形与图形符号

固定电阻器是一种阻值固定的电阻器。常见固定电阻器的实物外形与图形符号如图 2-1 所示。在图 2-1 (b) 中，上方为国家标准的电阻器符号，下方为国外常用的电阻器符号（在一些国外技术资料常见）。

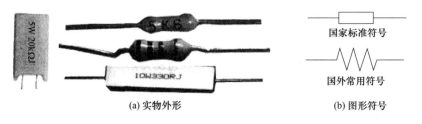

(a) 实物外形   (b) 图形符号

图 2-1 固定电阻器

(2) 功能

固定电阻器的主要功能有降压、限流，分流和分压。固定电阻器功能说明如图 2-2 所示。

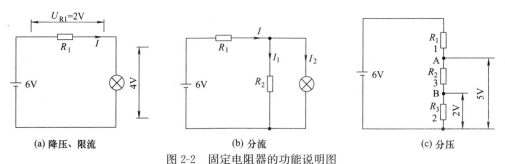

(a) 降压、限流   (b) 分流   (c) 分压

图 2-2 固定电阻器的功能说明图

① 降压、限流 在图 2-2（a）所示电路中，电阻器 R_1 与灯泡串联，如果用导线直接代替 R_1，加到灯泡两端的电压有 6V，流过灯泡的电流很大，灯泡将会很亮；串联电阻器 R_1 后，由于 R_1 上有 2V 电压，灯泡两端的电压就被降低到 4V，同时由于 R_1 对电流有阻碍作用，流过灯泡的电流也就减小。电阻器 R_1 在这里就起着降压、限流功能。

② 分流 在图 2-2（b）所示电路中，电阻器 R_2 与灯泡并联在一起，流过 R_1 的电流 I 除了一部分流过灯泡外，还有一路经 R_2 流回到电源，这样流过灯泡的电流减小，灯泡变暗。R_2 的这种功能称为分流。

③ 分压 在图 2-2（c）所示电路中，电阻器 R_1、R_2 和 R_3 串联在一起，从电源正极出发，每经过一个电阻器，电压会降低一次，电压降低多少取决于电阻器阻值的大小，阻值越大，电压降低越多，图中的 R_1、R_2 和 R_3 将 6V 电压分成 5V 和 2V 的电压。

（3）标称阻值

为了表示阻值的大小，电阻器在出厂时会在表面标注阻值。标注在电阻器上的阻值称为标称阻值。电阻器的实际阻值与标称阻值往往有一定的差距，这个差距称为误差。电阻器标称阻值和误差的标注方法主要有直标法和色环法。

① 直标法 直标法是指用文字符号（数字和字母）在电阻器上直接标注出阻值和误差的方法。直标法的阻值单位有欧姆（Ω）、千欧（kΩ）和兆欧（MΩ）。

误差大小一般有两种表示方式：一是用罗马数字Ⅰ、Ⅱ、Ⅲ分别表示误差为 ±5%、±10%、±20%，如果不标注误差，则误差为 ±20%；二是用字母来表示，各字母对应的误差见表 2-1，如 J、K 分别表示误差为 ±5%、±10%。

表 2-1 字母与阻值误差对照

字母	对应误差/%
W	±0.05
B	±0.1
C	±0.25
D	±0.5
F	±1
G	±2
J	±5
K	±10
M	±20
N	±30

直标法常见形式主要有以下几种。

a. 用"数值＋单位＋误差"表示。图 2-3（a）中所示的四只电阻器都采用这种方式，它们分别标注 12kΩ±10%、12kΩⅡ、12kΩ10%，12kΩK。虽然误差标注形式不同，但都表示电阻器的阻值为 12kΩ，误差为 ±10%。

b. 用单位代表小数点表示。图 2-3（b）中所示的四只电阻器采用这种表示方式，1k2 表示 1.2kΩ，3M3 表示 3.3MΩ，3R3（或 3Ω3）表示 3.3Ω，R33（或 Ω33）表示 0.33Ω。

c. 用"数值＋单位"表示。这种标注法没有标出误差，表示误差为 ±20%。图 2-3（c）中所示的两只电阻器均采用这种方式，它们分别标注 12kΩ、12k，表示的阻值都为 12kΩ，误差为±20％。

d. 用数字直接表示。一般 1kΩ 以下的电阻器采用这种形式。图 2-3（d）中所示的两只电阻器采用这种表示方式，12 表示 12Ω，120 表示 120Ω。

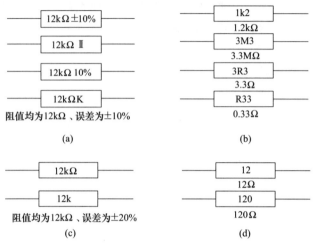

(a)

12kΩ ±10%

12kΩ Ⅱ

12kΩ 10%

12kΩK

阻值均为12kΩ、误差为±10%

(b)

1k2

1.2kΩ

3M3

3.3MΩ

3R3

3.3Ω

R33

0.33Ω

(c)

12kΩ

12k

阻值均为12kΩ、误差为±20%

(d)

12

12Ω

120

120Ω

图 2-3　直标法表示阻值的常见形式

② 色环法　色环法是指在电阻器上标注不同颜色圆环来表示阻值和误差的方法。图 2-4 中所示的两只电阻器就采用了色环法来标注阻值和误差，其中一只电阻器上有 4 条色环，称为四环电阻器；另一只电阻器上有 5 条色环，称为五环电阻器。五环电阻器的阻值精度较四环电阻器更高。

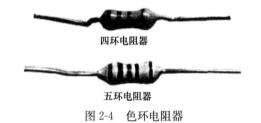

四环电阻器

五环电阻器

图 2-4　色环电阻器

a. 色环含义。若要正确识读色环电阻器的阻值和误差，须先了解各种色环代表的意义。色环电阻器各色环代表的意义见表 2-2。

表 2-2　色环电阻器各色环代表的意义及数值

色环颜色	第一环 （有效数）	第二环 （有效数）	第三环 （倍乘数）	第四环 （误差数）
棕	1	1	10^1	±1％
红	2	2	10^2	±2％
橙	3	3	10^3	—
黄	4	4	10^4	—
绿	5	5	10^5	±0.5％
蓝	6	6	10^6	±0.2％
紫	7	7	10^7	±0.1％
灰	8	8	10^8	—
白	9	9	10^9	—
黑	0	0	10^0	—
金	—	—	10^{-1}	±5％

续表

色环颜色	第一环 （有效数）	第二环 （有效数）	第三环 （倍乘数）	第四环 （误差数）
银	—	—	10^{-2}	$\pm10\%$
无色环	—	—	—	$\pm20\%$

b. 四环电阻器的识读。四环电阻器阻值和误差的识读如图 2-5 所示。四环电阻器的识读具体过程如下。

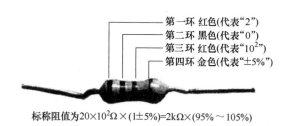

标称阻值为$20\times10^2\Omega\times(1\pm5\%)=2k\Omega\times(95\%\sim105\%)$

图 2-5　四环电阻器阻值和误差的识读

第一步：判别色环排列顺序。

四环电阻器色环顺序判别规律如下。

四环电阻器的第四条色环为误差环，一般为金色或银色。因此如果靠近电阻器一个引脚的色环颜色为金、银色，则该色环必为第四环，从该环向另一引脚方向排列的 3 条色环顺序依次为三、二、一。

对于色环标注标准的电阻器，一般第四环与第三环间隔较远。

第二步：识读色环。

按照第一、二环为有效数环，第三环为倍乘数环，第四环为误差数环，再对照表 2-2 各色环代表的数字识读出色环电阻器的阻值和误差。

c. 五环电阻器的识读。五环电阻器阻值与误差的识读方法与四环电阻器基本相同，不同之处在于五环电阻器的第一、二、三环为有效数环，第四环为倍乘数环，第五环为误差数环。另外，五环电阻器的误差数环颜色除了有金、银色外，还可能是棕、红、绿、蓝和紫色。五环电阻器阻值与误差的识读如图 2-6 所示。

(4) 额定功率

额定功率是指在一定的条件下电阻器长期使用允许承受的最大功率。电阻器额定功率越大，允许流过的电流越大。固定电阻器的额定功率要按国家标准进行标注，其标称系列有 1/8W、1/4W、1/2W、1W、2W、5W 和 10W 等。小电流电路一般采用功率为 1/8～1/2W 的电阻器，而大电流电路常采用功率为 1W 以上的电阻器。

电阻器额定功率识别方法如下所述。

① 对于标注了功率的电阻器，可根据标注的功率值来识别功率大小。图 2-7（a）中所示的电阻器标注的额定功率值为 10W，阻值为 330Ω，误差为 $\pm5\%$。

② 对于没有标注功率的电阻器，可根据长度和直径来判别其功率大小。长度和直径值越大，功率越大。图 2-7（b）中所示的一大一小两个色环电阻器，体积大的电阻器功率更大。

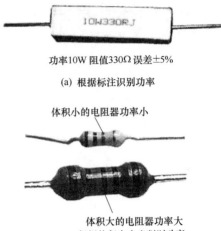

功率10W 阻值330Ω 误差±5%

(a) 根据标注识别功率

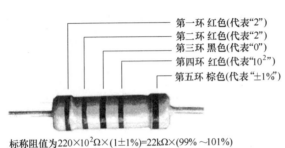

第一环 红色(代表"2")
第二环 红色(代表"2")
第三环 黑色(代表"0")
第四环 红色(代表"10^2")
第五环 棕色(代表"±1%")

体积小的电阻器功率小

体积大的电阻器功率大

(b) 根据体积大小来判别功率

标称阻值为$220×10^2Ω×(1±1\%)=22kΩ×(99\%～101\%)$

图 2-6　五环电阻器阻值和误差的识读　　　图 2-7　功率识别

③ 在电路图中，为了表示电阻器的功率大小，一般会在电阻器符号上标注一些标志。电阻器上标注的标志与对应功率值如图 2-8 所示，1W 以下的用线条表示，1W 以上的直接用数字表示功率大小（旧标准用罗马数字表示）。

(5) 选用

固定电阻器有多种类型，选择哪一种材料和结构的电阻器，应根据应用电路的具体要求而定。

① 高频电路应选用分布电感和分布电容小的非线绕电阻器，例如碳膜电阻器、金属膜电阻器和金属氧化膜电阻器等。

② 高增益小信号放大电路应选用低噪声电阻器，例如金属膜电阻器、碳膜电阻器和线绕电阻器，而不能使用噪声较大的合成碳膜电阻器和有机实心电阻器。

③ 线绕电阻器的功率较大，电流噪声小，耐高温，但体积较大。普通线绕电阻器常用于低频电路中或作限流电阻器、分压电阻器、泄放电阻器或大功率管的偏压电阻器。精度较高的线绕电阻器多用于固定衰减器、电阻箱、计算机及各种精密电子仪器中。

所选电阻器的电阻值应接近应用电路中计算值的一个标称值，应优先选用标准系列的电阻器。一般电路使用的电阻器允许误差为±5%～±10%。精密仪器及特殊电路中使用的电阻器，应选用精密电阻器。

所选电阻器的额定功率，要符合应用电路中对电阻器功率容量的要求，一般不应随意加大或减小电阻器的功率。若电路要求是功率型电阻器，则其额定功率可高于实际应用电路要求功率的 1～2 倍。

(6) 检测

固定电阻器常见故障有开路、短路和变值。检测固定电阻器使用万用表的欧姆挡。

在检测时，先识读出电阻器上的标称阻值，然后选用合适的挡位并进行欧姆校零。测量时为了减小测量误差，应尽量让万用表表针指在欧姆刻度线中央；若表针在刻度线上过于偏左或偏右，应切换更大或更小的挡位重新测量。

下面以测量一只标称阻值为 2kΩ 的色环电阻器为例来说明电阻器的检测方法。测量接线如图 2-9 所示，具体步骤如下所述。

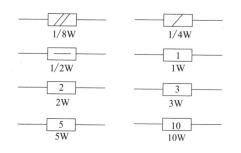

图 2-8　电路图中电阻器的功率标志

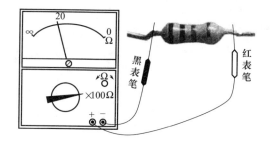

图 2-9　固定电阻器的检测

第一步：将万用表的挡位开关拨至 $R \times 100\Omega$ 挡。

第二步：进行欧姆校零。将红、黑表笔短路，观察表针是否指在"Ω"刻度线的"0"刻度处，若未指在该处，应调节欧姆校零旋钮，让表针准确指在"0"刻度处。

第三步：先将红、黑表笔分别接电阻器的两个引脚，再观察表针指在"Ω"刻度线的位置。图中表针指在刻度"20"，那么被测电阻器的阻值为 $20 \times 100\Omega = 2k\Omega$。

若万用表测量出来的阻值与电阻器的标称阻值相同，说明该电阻器正常（若测量出来的阻值与电阻器的标称阻值有些偏差，但在误差允许范围内，电阻器也算正常）。

若测量出来的阻值为无穷大，说明电阻器开路。

若测量出来的阻值为 0，说明电阻器短路。

若测量出来的阻值大于或小于电阻器的标称阻值，并超出误差允许范围，说明电阻器变值，不宜再用。

2.1.2　电位器

（1）外形与图形符号

电位器是一种阻值可以通过调节而变化的电阻器，又称可变电阻器。常见电位器的实物外形与图形符号如图 2-10 所示。

(a) 实物外形　　　　　　　　　　　(b) 图形符号

图 2-10　电位器

（2）结构与原理

电位器种类很多，但结构基本相同，电位器的结构示意图如图 2-11 所示。

从图 2-11 所示结构图中可看出，电位器有 A、C、B 三个引出极。在 A、B 极之间连接着一段电阻体，该电阻体的阻值用 R_{AB} 表示，对于一只电位器，R_{AB} 的值是固定的，该值为电位器的标称阻值；C 极连接一个导体滑动片，该滑动片与电阻体接触，A 极与 C 极之间电阻体的阻值用 R_{AC} 表示，B 极与 C 极之间电阻体的阻值用 R_{BC} 表示，$R_{AC} + R_{BC} = R_{AB}$。

当转轴逆时针旋转时，滑动片往 B 极滑动，R_{BC} 减小，R_{AC} 增大；当转轴顺时针旋转时，滑动片往 A 极滑动，R_{BC} 增大，R_{AC} 减小；当滑动片移到 A 极时，$R_{AC}=0\Omega$，而 $R_{BC}=R_{AB}$。

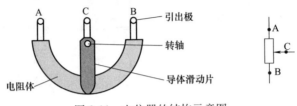

图 2-11　电位器的结构示意图

(3) 应用

电位器与固定电阻器一样，都具有降压、限流和分流的功能。不过，由于电位器具有阻值可调性，故它可随时通过调节阻值来改变降压、限流和分流的程度。

电位器的应用说明如图 2-12 所示。

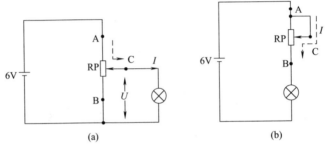

图 2-12　电位器的应用说明图

① 应用一　在图 2-12 (a) 所示电路中，电位器 RP 的滑动端与灯泡连接，当滑动端向下移动时，灯泡会变暗。灯泡变暗的原因有以下几个。

a. 滑动端下移时，AC 段的阻体变长，R_{AC} 增大，对电流阻碍大，流经 AC 段阻体的电流减小，从 C 端流向灯泡的电流也随之减少，同时由于 R_{AC} 增大，AC 段阻体降压增大，加到灯泡两端电压 U 降低。

b. 当滑动端下移时，在 AC 段阻体变长的同时，CB 段阻体变短，R_{BC} 减小，流经 AC 段的电流除了一路从 C 端流向灯泡时，还有一路经 BC 段阻体直接流回电源负极，由于 BC 段电阻变短，分流增大，C 端输出流向灯泡的电流减小。

电位器 AC 段的电阻起限流、降压作用，而 CB 段的电阻起分流作用。

② 应用二　在图 2-12 (b) 所示电路中，电位器 RP 的滑动端 C 与固定端 A 连接在一起，由于 AC 段阻体被 A、C 端直接连接的导线短路，故电流不会流过 AC 段阻体，而是直接由 A 端经导线到 C 端，再经 CB 段阻体流向灯泡。当滑动端下移时，CB 段的阻体变短，R_{BC} 阻值变小，对电流阻碍小，流过的电流增大，灯泡变亮。

电位器 RP 在该电路中起着降压、限流作用。

(4) 检测

电位器检测使用万用表的欧姆挡。在检测时，先测量电位器两个固定端之间的阻值，正常测量值应与标称阻值一致，然后测量一个固定端与滑动端之间的阻值，同时旋转转轴，正常测量值应在 0Ω 到标称阻值范围内变化。若是带开关电位器，还要检测开关是否正常。

电位器检测分两步，只有每步测量均正常才能说明电位器正常。电位器的检测如

图 2-13所示。电位器的检测过程如下所述。

第一步：测量电位器两个固定端之间的阻值。先将万用表拨至 $R \times 1 k\Omega$ 挡（该电位器标称阻值为 20kΩ），红、黑表笔分别接电位器两个固定端，如图 2-13（a）所示，然后在刻度盘上读出阻值大小。

若电位器正常，测得的阻值应与电位器的标称阻值相同或相近（在误差允许范围内）。

若测得的阻值为∞，说明电位器两个固定端之间开路。

若测得的阻值为 0Ω，说明电位器两个固定端之间短路。

若测得的阻值大于或小于标称阻值，说明电位器两个固定端之间的阻体变值，不宜再用。

第二步：测量电位器一个固定端与滑动端之间的阻值。万用表仍置于 $R \times 1 k\Omega$ 挡，红、黑表笔分别接电位器任意一个固定端和滑动端，如图 2-13（b）所示，然后旋转电位器转轴，同时观察刻度盘表针。

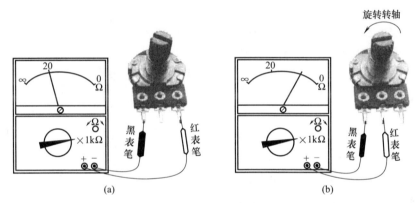

图 2-13 电位器的检测

若电位器正常，表针会发生摆动，指示的阻值应在 0～20kΩ 范围内连续变化。

若测得的阻值始终为∞，说明电位器固定端与滑动端之间开路。

若测得的阻值为 0Ω，说明电位器固定端与滑动端之间短路。

若测得的阻值变化不连续、有跳变，说明电位器滑动端与阻体之间接触不良。

2.1.3 敏感电阻器

敏感电阻器是指阻值随某些外界条件的改变而变化的电阻器。敏感电阻器的种类很多，常见的有热敏电阻器、光敏电阻器、湿敏电阻器、压敏电阻器、力敏电阻器、气敏电阻器和磁敏电阻器等。

(1) 热敏电阻器

热敏电阻器是一种对温度敏感的电阻器，当温度变化时其阻值也会随之变化。

① 外形与图形符号 热敏电阻器实物外形与图形符号如图 2-14 所示。

② 种类 热敏电阻器种类很多，通常可分为负温度系数（NTC）热敏电阻器和正温度系数（PTC）热敏电阻器两类。

a. NTC 热敏电阻器。NTC 热敏电阻器的阻值随温度升高而减小。NTC 热敏电阻器是由氧化锰、氧化钴、氧化镍、氧化铜和氧化铝等金属氧化物为主要原料制作而成的。根据使用温度条件不同，NTC 热敏电阻器可分为低温（-60～300℃）、中温（300～600℃）、高温

（＞600℃）3 种。

NTC 的温度每升高 1℃，阻值会减小 1％～6％，阻值减小程度视不同型号而定。NTC 热敏电阻器广泛用于温度补偿和温度自动控制电路，如冰箱、空调、温室等温控系统常采用 NTC 热敏电阻器作为测温元件。

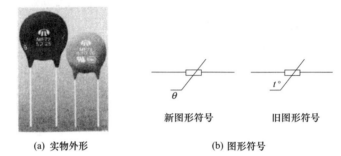

(a) 实物外形　　　　　(b) 图形符号

图 2-14　热敏电阻器

b. PTC 热敏电阻器。PTC 热敏电阻器的阻值随温度升高而增大。PTC 热敏电阻器是在钛酸钡中掺入适量的稀土元素制作而成的。

PTC 热敏电阻器可分为缓慢型和开关型。缓慢型 PTC 热敏电阻器的温度每升高 1℃，其阻值会增大 0.5％～8％。开关型 PTC 热敏电阻器有一个转折温度（又称居里点温度，钛酸钡材料 PTC 热敏电阻器的居里点温度一般为 120℃左右），当温度低于居里点温度时，阻值较小，并且温度变化时阻值基本不变（相当于一个闭合的开关）；一旦温度超过居里点温度，其阻值会急剧增大（相当于开关断开）。

缓慢型 PTC 热敏电阻器常用在温度补偿电路中。开关型 PTC 热敏电阻器由于具有开关性质，故常用在开机瞬间接通而后又马上断开的电路中，如彩电的消磁电路和冰箱的压缩机启动电路。

③ 应用　热敏电阻器具有随温度变化而阻值变化的特点，一般用在与温度有关的电路中。热敏电阻器的应用说明如图 2-15 所示。

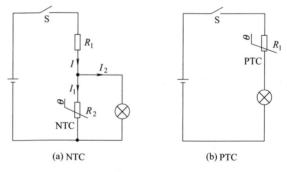

(a) NTC　　　　　(b) PTC

图 2-15　热敏电阻器的应用说明图

a. NTC 热敏电阻器的应用。在图 2-15（a）所示电路中，R_2（NTC）与灯泡相距很近，当开关 S 闭合后，流过 R_1 的电流分作两路，一路流过灯泡，另一路流过 R_2。由于开始 R_2 温度低，阻值大，经 R_2 分掉的电流小，因此灯泡流过的电流大而很亮。因为 R_2 与灯泡距离近，受灯泡的烘烤而温度上升，阻值变小，分掉的电流增大，所以流过灯泡的电流减小，灯泡变暗，回到正常亮度。

b. PTC 热敏电阻器的应用。在图 2-15（b）所示电路中，当合上开关 S 时，有电流流过 R_1（开关型 PTC）和灯泡，由于开始 R_1 温度低，阻值小（相当于开关闭合），因此流过电流大，灯泡很亮。随着电流流过 R_1，R_1 温度升高，当 R_1 温度达到居里点温度时，R_1 的阻值急剧增大（相当于开关断开），流过的电流很小，灯泡无法被继续点亮而熄灭，在此之后，流过的小电流维持 R_1 为高温高阻值，灯泡一直处于熄灭状态。如果要灯泡重新亮，可先断开 S，然后等待几分钟，让 R_1 冷却下来后，再闭合 S，灯泡会亮一下又熄灭。

④ 检测 热敏电阻器检测分两步，只有两步测量均正常才能说明热敏电阻器正常，在这两步测量时还可以判断出电阻器的类型（NTC 或 PTC）。

热敏电阻器的检测过程如图 2-16 所示。

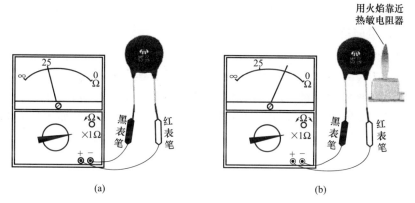

图 2-16 热敏电阻器的检测

热敏电阻器的检测步骤如下所述。

第一步：测量常温下（25℃左右）的标称阻值。根据标称阻值选择合适的欧姆挡，图 2-16（a）中的热敏电阻器的标称阻值为 25Ω，故选择 $R \times 1\Omega$ 挡，将红、黑表笔分别接热敏电阻器两个电极，然后在刻度盘上查看测得阻值的大小。

若阻值与标称阻值一致或接近，说明热敏电阻器正常。

若阻值为 0Ω，说明热敏电阻器短路。

若阻值为无穷大，说明热敏电阻器开路。

若阻值与标称阻值偏差过大，说明热敏电阻器性能变差或损坏。

第二步：改变温度测量阻值。用火焰靠近热敏电阻器（不要让火焰接触电阻器，以免烧坏电阻器），如图 2-16（b）所示，让火焰的热量对热敏电阻器进行加热，然后将红、黑表笔分别接触热敏电阻器两个电极，再在刻度盘上查看测得阻值的大小。

若阻值与标称阻值比较有变化，说明热敏电阻器正常。

若阻值往大于标称阻值方向变化，说明热敏电阻器为 PTC 型。

若阻值往小于标称阻值方向变化，说明热敏电阻器为 NTC 型。

若阻值不变化，说明热敏电阻器损坏。

（2）光敏电阻器

光敏电阻器是一种对光线敏感的电阻器，当照射的光线强弱变化时，阻值也会随之变化，通常光线越强阻值越小。根据光的敏感性不同，光敏电阻器可分为可见光光敏电阻器、红外光光敏电阻器和紫外光光敏电阻器。

① 外形与图形符号　光敏电阻器外形与图形符号如图 2-17 所示。

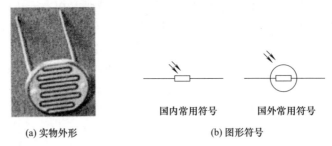

(a) 实物外形　　　　　　　　(b) 图形符号

图 2-17　光敏电阻器

② 应用　光敏电阻器可广泛应用于各种光控电路，如对灯光的控制、调节等场合，也可用于光控开关，下面给出几个典型应用电路。

a. 光敏电阻调光电路。图 2-18 是一种典型的光控调光电路，其工作原理是：周围光线变弱引起光敏电阻 R_G 的阻值增加，使加在电容 C 上的分压上升，进而使晶闸管的导通角增大，达到增大照明灯两端电压的目的。反之，若周围的光线变亮，则 R_G 的阻值下降，导致晶闸管的导通角变小，照明灯两端电压也同时下降，使灯光变暗，从而实现对灯光照度的控制。

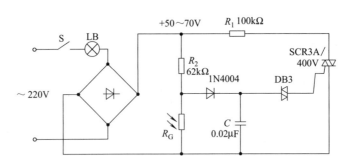

图 2-18　光控调光电路

注意：上述电路中整流桥给出的必须是直流脉动电压，不能将其用电容滤波变成平滑直流电压，否则电路将无法正常工作。原因在于直流脉动电压既能给晶闸管提供过零关断的基本条件，又可使电容 C 的充电在每个半周从零开始，准确完成对晶闸管的同步移相触发。

b. 光敏电阻式光控开关。以光敏电阻器为核心元件的带继电器控制输出的光控开关电路有许多形式，如自锁亮激发、暗激发及精密亮激发、暗激发等。下面给出几种典型电路。

图 2-19 是一种简单的暗激发继电器开关电路。其工作原理是：当照度下降到设置值时，由于光敏电阻阻值上升激发 VT_1 导通，VT_2 的激励电流使继电器工作，常开触点闭合，常闭触点断开，实现对外电路的控制。

图 2-20 是一种精密的暗激发时滞继电器开关电路。其工作原理是：当照度下降到设置值时，光敏电阻器阻值上升使运放 IC 的反相端电位升高，其输出激发 VT 导通，VT 的激励电流使继电器工作，常开触点闭合，常闭触点断开，实现对外电路的控制。

③ 主要参数　光敏电阻器的参数很多，主要参数有暗电流和暗阻、亮电流与亮电阻、额定功率、最大工作电压及光谱响应等。

a. 亮电流和亮电阻。在两端加有电压的情况下，有光照射时流过光敏电阻器的电流称为亮电流；在有光照射时光敏电阻器的阻值称为亮电阻，亮电阻一般在几十千欧以下。

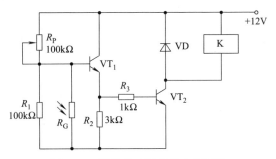

图 2-19　简单的暗激发继电器开关

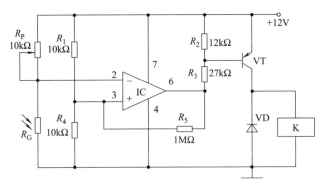

图 2-20　精密的暗激发继电器开关

b. 暗电流和暗电阻。在两端加有电压的情况下，无光照射时流过光敏电阻器的电流称为暗电流；在无光照射时光敏电阻器的阻值称为暗电阻，暗电阻通常在几百千欧以上。

c. 灵敏度。灵敏度是指光敏电阻器不受光照射时的电阻值（暗电阻）与受光照射时的电阻值（亮电阻）的相对变化值。

d. 光谱响应。光谱响应又称光谱灵敏度，是指光敏电阻器在不同波长的单色光照射下的灵敏度。若将不同波长下的灵敏度画成曲线，就可以得到光谱响应的曲线。

e. 光照特性。光照特性指光敏电阻器输出的电信号随光照度变化而变化的特性。从光敏电阻器的光照特性曲线可以看出，随着光照强度的增加，光敏电阻器的阻值开始迅速下降。若进一步增大光照强度，则电阻值变化减小，然后逐渐趋向平缓。在大多数情况下，该特性为非线性。

f. 伏安特性曲线。伏安特性曲线用来描述光敏电阻器的外加电压与光电流的关系。对于光敏器件来说，其光电流随外加电压的增大而增大。

g. 温度系数。光敏电阻器的光电效应受温度影响较大，部分光敏电阻器在低温下的光电灵敏度较高，而在高温下的灵敏度则较低。

h. 额定功率。额定功率是指光敏电阻器用于某种线路中所允许消耗的功率。当温度升高时，其消耗的功率就降低。

④ 检测　光敏电阻器检测分两步，只有两步检测均正常才能说明光敏电阻器正常。光敏电阻器的检测如图 2-21 所示。光敏电阻器的检测步骤如下所述。

检测光敏电阻时，需分两步进行，第一步测量无光照射的电阻值，第二步测量有光时电阻值。两者相比较有较大差别，通常无光照时电阻值大于 1500kΩ，甚至无穷大（此值越大

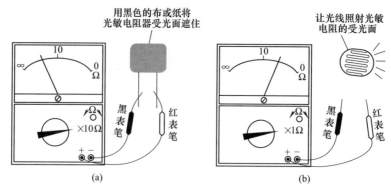

图 2-21　光敏电阻器的检测

说明光敏电阻性能越好）；光敏电阻有光照时电阻值为几千欧（此值越小说明光敏电阻性能越好）。

（3）压敏电阻器

压敏电阻器是一种对电压敏感的特殊电阻器。当两端电压低于标称电压时，其阻值接近无穷大；当两端电压超过标称电压值时，阻值急剧变小；当两端电压回落至标称电压值以下时，其阻值又恢复到接近无穷大。

① 外形与图形符号　压敏电阻器的实物外形与图形符号如图 2-22 所示。

(a) 实物外形　　(b) 图形符号

图 2-22　压敏电阻器

② 主要参数　压敏电阻器参数很多，主要参数有标称电压、漏电流、通流量和绝缘电阻。

a. 标称电压。标称电压又称敏感电压、击穿电压或阈值电压，它是指压敏电阻器通过 1mA 直流电流时两端的电压值。

b. 漏电流。漏电流也称等待电流，是指压敏电阻器在规定的温度和最大直流电压下，流过压敏电阻器的电流。

c. 通流量。通流量也称通流容量，是指在规定的条件（规定的时间间隔和次数，施加标准的冲击电流）下，允许通过压敏电阻器上的最大脉冲（峰值）电流值。

d. 绝缘电阻。压敏电阻器的引出线（引脚）与电阻体绝缘表面之间的电阻值。

③ 检测　压敏电阻器的检测分两步，只有两步检测均通过才能确定其正常。压敏电阻器的检测如图 2-23 所示。

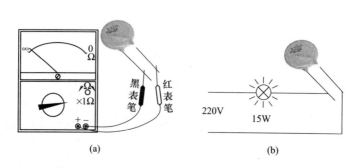

图 2-23　压敏电阻器的检测

压敏电阻器的检测步骤如下所述。

第一步：测量未加电压时的阻值。将红、黑表笔分别接压敏电阻器两个电极，然后在刻度盘上查看测得阻值的大小。

若压敏电阻器正常，阻值应为无穷大或接近无穷大。

若阻值为0Ω，说明压敏电阻器短路。

若阻值偏小，说明压敏电阻器漏电，不能使用。

第二步：检测加高压时能否被击穿（即阻值是否变小）。如图2-23（b）所示，将压敏电阻器与一只15W灯泡串联，再与220V电压连接（注意：所接电压应高于或等于压敏电阻器的标称电压，图2-23（b）所示的压敏电阻器标称电压为220V，故可加220V电压）。

若压敏电阻器正常，其阻值会变小，灯泡会亮。

若灯泡不亮，说明压敏电阻器开路。

（4）湿敏电阻器

湿敏电阻器是一种对湿度敏感的电阻器。当湿度变化时，其阻值也会随之变化。湿敏电阻器可分为正温度系数湿敏电阻器（阻值随湿度增大而增大）和负温度系数湿敏电阻器（阻值随湿度增大而减小）。

① 外形与图形符号　湿敏电阻器外形与图形符号如图2-24所示。

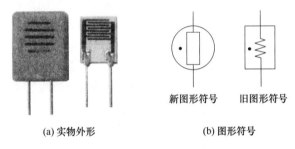

(a) 实物外形　　　　　(b) 图形符号

图2-24　湿敏电阻器

② 主要参数　湿敏电阻器的主要参数有相对湿度、温度系数、灵敏度、湿滞效应、响应时间等。

a. 相对湿度。在某一温度下，空气中所含水蒸气的实际密度与同一温度下饱和密度之比，通常用"RH"表示。例如：20%RH，则表示空气相对湿度20%。

b. 温度系数。在环境湿度恒定时，湿敏电阻器用于在温度每变化1℃时其湿度指示的变化量。

c. 灵敏度。湿敏电阻器用于检测湿度时的分辨率。

d. 湿滞效应。湿敏电阻器在吸湿和脱湿过程中电气参数表现的滞后现象。

e. 响应时间。湿敏电阻器在湿度检测环境快速变化时，其电阻值的变化情况（反应速度）。

③ 检测　湿敏电阻器检测分两步，在进行这两步检测时还可以检测出其类型（正温度特性或负温度特性），只有两步检测均正常才能说明湿敏电阻器正常。湿敏电阻器的检测如图2-25所示。

湿敏电阻器的检测步骤如下所述。

第一步：在正常条件下测量阻值。根据标称阻值选择合适的欧姆挡，如图2-25（a）所

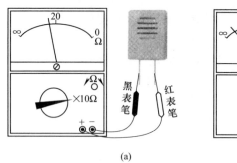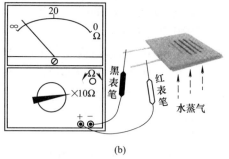

图 2-25　湿敏电阻器的检测

示。图中的湿敏电阻器的标称阻值为 200Ω，故选择 $R \times 10\Omega$ 挡。将红、黑表笔分别接湿敏电阻器两个电极，然后在刻度盘上查看测得阻值的大小。

若湿敏电阻器正常，测得的阻值与标称阻值一致或接近。

若阻值为 0Ω，说明湿敏电阻器短路。

若阻值为无穷大，说明湿敏电阻器开路。

若阻值与标称阻值偏差过大，说明湿敏电阻器性能变差或损坏。

第二步：改变湿度测量阻值。将红、黑表笔分别接湿敏电阻器两个电极，再把湿敏电阻器放在水蒸气上方（或者用嘴对湿敏电阻器哈气），如图 2-25（b）所示，然后在刻度盘上查看测得阻值的大小。

若湿敏电阻器正常，测得的阻值与标称阻值比较应有变化。

若阻值往大于标称阻值方向变化，说明湿敏电阻器为正温度特性。

若阻值往小于标称阻值方向变化，说明湿敏电阻器为负温度特性。

若阻值不变化，说明湿敏电阻器损坏。

(5) 气敏电阻器

气敏电阻器是一种对某种或某些气体敏感的电阻器。当空气中某种或某些气体含量发生变化时，置于其中的气敏电阻器的阻值就会发生变化。

① 外形与图形符号　气敏电阻器的外形与图形符号如图 2-26 所示。

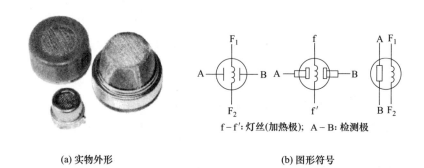

f-f′:灯丝(加热极)；A-B:检测极

(a) 实物外形　　　　　　　　　(b) 图形符号

图 2-26　气敏电阻器

② 主要参数　气敏电阻器的主要参数有允许工作电压范围、工作电压、灵敏度、响应时间、恢复时间等。

a. 允许工作电压范围。在保证基本电参数的情况下，气敏电阻器工作电压允许的变化范围。

b. 工作电压。工作条件下，气敏电阻器两极间的电压。

c. 灵敏度。气敏电阻器在最佳工作条件下，接触气体后其电阻值随气体浓度变化的特性。如果采用电压测量法，其值等于接触某种气体前后负载电阻上的电压降之比。

d. 响应时间。气敏电阻器在最佳工作条件下，接触待测气体后，负载电阻的电压变化到规定值所需的时间。

e. 恢复时间。气敏电阻器在最佳工作条件下，脱离被测气体后，负载电阻上的电压恢复到规定值所需要的时间。

③ 检测 气敏电阻器的检测通常分两步，在进行这两步检测时还可以判断其特性（P 型或 N 型）。气敏电阻器的检测如图 2-27 所示。气敏电阻器的检测步骤如下所述。

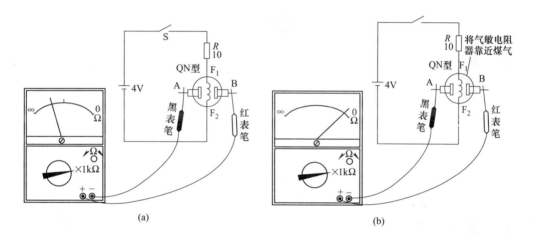

图 2-27 气敏电阻器的检测

第一步：测量静态阻值。先将气敏电阻器的加热极 F_1、F_2 串接在电路中，如图 2-27（a）所示；再将万用表置于 $R \times 1k\Omega$ 挡，将红、黑表笔分别接湿敏电阻器的 A、B 极；然后闭合开关，让电流对气敏电阻器加热，同时在刻度盘上查看阻值大小。

若气敏电阻器正常，阻值应先变小，然后慢慢增大，在几分钟后阻值稳定，此时的阻值称为静态电阻。

若阻值为 0Ω，说明气敏电阻器短路。

若阻值为无穷大，说明气敏电阻器开路。

若在测量过程中阻值始终不变，说明气敏电阻器已失效。

第二步：测量接触敏感气体时的阻值。先将红、黑表笔分别接湿敏电阻器两个电极；再把湿敏电阻器放在水蒸气上方（或者用嘴对湿敏电阻器哈气），如图 2-27（b）所示；然后在刻度盘上查看测得阻值的大小。

若气敏电阻器正常，测得的阻值与标称阻值比较应有变化。

若阻值往大于标称阻值方向变化，说明湿敏电阻器为正温度特性。

若阻值往小于标称阻值方向变化，说明湿敏电阻器为负温度特性。

若阻值不变化，说明湿敏电阻器损坏。

2.2 电容器

电容器是一种可以存储电荷的元件。相距很近且中间有绝缘介质（如空气、纸、云母和陶瓷等）的两块导电极板就构成了电容器。电容器通常分为固定电容器和可变电容器。

2.2.1 固定电容器

(1) 结构、外形与图形符号

电容器的结构、外形与图形符号如图 2-28 所示。

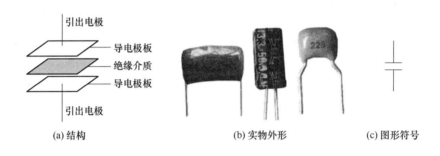

| 引出电极 |
| 导电极板 |
| 绝缘介质 |
| 导电极板 |
| 引出电极 |

(a) 结构　　　　　　　　(b) 实物外形　　　　　(c) 图形符号

图 2-28　电容器

(2) 主要参数

电容器主要参数有容量、允许误差、额定电压和绝缘电阻等。

① 容量与允许误差　电容器能存储电荷，其存储电荷的多少称为容量。这一点与蓄电池类似，不过蓄电池存储电荷的能力比电容器大得多。电容器的容量越大，存储的电荷越多。电容器的容量大小与下列因素有关。

a. 两导电极板相对面积。相对面积越大，容量越大。

b. 两极板之间的距离。极板相距越近，容量越大。

c. 两极板中间的绝缘介质。在极板相对面积和距离相同的情况下，绝缘介质不同的电容器，其容量也不同。

标注在电容器上的容量称为标称容量。允许误差是指电容器标称容量与实际容量之间允许的最大误差范围。

② 额定电压　额定电压又称电容器的耐压值，是指在正常条件下电容器长时间使用两端允许承受的最高电压。一旦加到电容器两端的电压超过额定电压，两极板之间的绝缘介质容易被击穿而失去绝缘能力，造成两极板短路。

③ 绝缘电阻　电容器两极板之间隔着绝缘介质，绝缘电阻用来表示绝缘介质的绝缘程度。绝缘电阻越大，表明绝缘介质绝缘性能越好；反之如果绝缘电阻比较小，表明绝缘介质绝缘性能下降，则一个极板上的电流会通过绝缘介质流到另一个极板上，这种现象称为漏电。由于绝缘电阻小的电容器存在着漏电，故不能继续使用。

一般情况下，无极性电容器的绝缘电阻接近于无穷大，而有极性电容器（电解电容器）绝缘电阻很大，但一般不是无穷大。

(3) 极性

固定电容器可分为无极性电容器和有极性电容器。

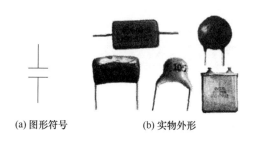

(a) 图形符号　　　　(b) 实物外形

图 2-29　无极性电容器

① 无极性电容器　无极性电容器的引脚无正、负极之分。无极性电容器的容量小，但耐压高。无极性电容器外形与图形符号如图 2-29 所示。

② 有极性电容器　有极性电容器又称电解电容器，引脚有正、负极之分。有极性电容器的容量大，但耐压较低。有极性电容器外形与图形符号如图 2-30 所示。

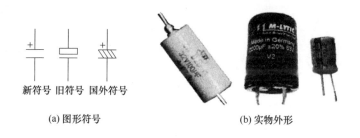

新符号　旧符号　国外符号

(a) 图形符号　　　　　　　(b) 实物外形

图 2-30　有极性电容器

有极性电容器引脚有正、负极之分，在电路中不能乱接。若正、负极位置接错，轻则电容器不能正常工作，重则电容器炸裂。有极性电容器正确的连接方法是：电容器正极接电路中的高电位，负极接电路中的低电位。有极性电容器正确和错误的接法如图 2-31 所示。

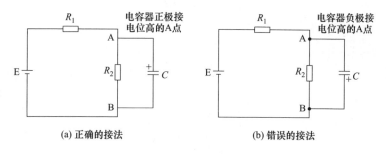

(a) 正确的接法　　　　　　　(b) 错误的接法

图 2-31　有极性电容器正确与错误连接方法

③ 有极性电容器的极性判别　由于有极性电容器有正、负极之分，在电路中不能乱接，因此在使用有极性电容器前需要判别出正、负极。其判别方法如下。

方法一：对于未使用过的新电容器，可以根据引脚长短来判别。引脚长的为正极，引脚短的为负极，如图 2-32 所示。

方法二：根据电容器上标注的极性判别。电容器上标"＋"的为正极，标"－"的为负极，如图 2-33 所示。

图 2-32　引脚长的为正极

图 2-33　标 "—" 的引脚为负极

　　方法三：用万用表判别。将万用表拨至 $R \times 10k\Omega$ 挡，测量电容器两极之间阻值，正、反各测一次，每次测量时表针都会先向右摆动，然后慢慢往左返回，待表针稳定后再观察阻值大小。两次测量会出现阻值一大一小，以阻值大的那次为准，如图 2-34（b）所示，黑表笔接的为电容器正极，红表笔接的为电容器负极。

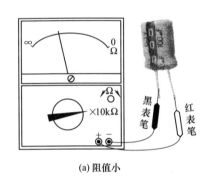

(a) 阻值小

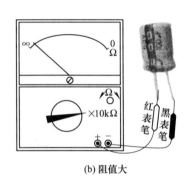

(b) 阻值大

图 2-34　用万用表检测电容器的极性

（4）容量标注

电容器容量标注方法很多，下面介绍一些常用的容量标注方法。

图 2-35　直标法例图

　　① 直标法　直标法是指在电容器上直接标出容量值和容量单位。

　　电解电容器常采用直标法，图 2-35 所示左方电容器的容量为 $2200\mu F$，耐压为 63V，误差为 $\pm 20\%$；右方电容器的容量为 68nF，J 表示误差为 $\pm 5\%$。

　　② 小数点标注法　容量较大的无极性电容器常采用小数点标注法。小数点标注法的容量单位是 μF。

　　图 2-36 中所示的两个实物电容器的容量分别是 $0.01\mu F$ 和 $0.033\mu F$。有的电容器用 μ、n、p 来表示小数点，同时指明容量单位，如图 2-36 中的 p1、4n7、$3\mu3$ 分别表示容量 0.1pF、4.7nF、3.3pF。如果用 R 表示小数点，单位则为 μF，如 R33 表示容量是 $0.33\mu F$。

　　③ 整数标注法　容量较小的无极性电容器常采用整数标注法，单位为 pF。

　　若整数末位是 0，如标 "330" 则表示该电容器容量为 330pF；若整数末位不是 0，如标 "103"，则表示容量为 10×10^3 pF。图 2-37 中所示的几只电容器的容量分别是 180pF、330pF 和 22000pF。如果整数末尾是 9，不是表示 10^9，而是表示 10^{-1}，如 339 表示 3.3pF。

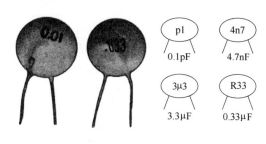

图 2-36 小数点标注法例图　　　　　　　图 2-37 整数标注法例图

④ 色码标注法　色码标注法是指用不同颜色的色环、色带或色点表示容量大小的方法，色码标注法的单位为 pF。

电容器的色码标注法与色环电阻器相同。第一、二色码分别表示第一、二位有效数；第三色码表示倍乘数；第四色码表示误差数。

在图 2-38 中，左方的电容器往引脚方向，色码依次为"棕、红、橙"，表示容量为 $12 \times 10^3 = 12000 pF = 0.012 \mu F$；右方电容器只有两条色码"红、橙"，较宽的色码要当成两条相同的色码，该电容器的容量为 $22 \times 10^3 = 22000 pF = 0.022 \mu F$。

(5) 检测

① 无极性电容器的检测　检测时，将万用表拨至 $R \times 10k\Omega$ 或 $R \times 1k\Omega$ 挡（对于容量小的电容器选 $R \times 10k\Omega$ 挡位），测量电容器两引脚之间的阻值。

如果电容器正常，则表针先往右摆动，然后慢慢返回到无穷大处，容量越小向右摆动的幅度越小，该过程如图 2-39 所示。表针摆动过程实际上就是万用表内部电池通过表笔对被测电容器充电过程，被测电容器容量越小充电越快，表针摆动幅度越小。充电完成后表针就停在无穷大处。

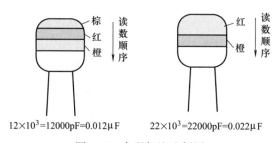

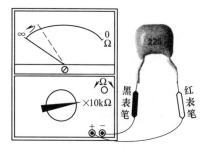

$12 \times 10^3 = 12000 pF = 0.012 \mu F$　　$22 \times 10^3 = 22000 pF = 0.022 \mu F$

图 2-38 色码标注法例图　　　　　　　图 2-39 无极性电容器的检测

若检测时表针无摆动过程，而是始终停在无穷大处，说明电容器不能充电，该电容器开路。

若表针往右摆动，也能返回，但回不到无穷大，说明电容器能充电，但绝缘电阻小，该电容器漏电。

若表针始终指在阻值小或 0Ω 处不动，则说明电容器不能充电，并且绝缘电阻很小，该电容器短路。

注：对于容量小于 $0.01 \mu F$ 的正常电容器，在测量时表针可能不会摆动。故无法用万用表判断是否开路，但可以判别是否短路和漏电。如果怀疑容量小的电容器开路，又无法用万用表检测时，可找相同容量的电容器代换。如果故障消失，就说明原电容器开路。

② 电解电容器的检测　将万用表拨至 $R\times1k\Omega$ 挡或 $R\times10k\Omega$ 挡（对于容量很大的电容器，可选择 $R\times100\Omega$ 挡），测量电容器正、反向电阻。

如果电容器正常，在测正向电阻（黑表笔接电容器正极引脚，红表笔接负极引脚）时，表针先向右作大幅度摆动，然后慢慢返回到无穷大处（用 $R\times10k\Omega$ 挡测量可能到不了无穷大处，但非常接近也是正常的），如图 2-40（a）所示。在测反向电阻时，表针也是先向右摆动，也能返回，但一般回不到无穷大处，如图 2-40（b）所示。即正常电解电容器的正向电阻大，反向电阻小，它的检测过程与判别正、负极是一样的。

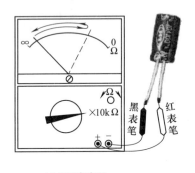 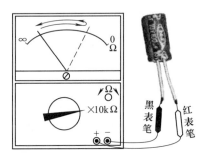

(a) 测正向电阻　　　　　　　　　　　　　　　　(b) 测反向电阻

图 2-40　电解电容器的检测

若正、反向电阻均为无穷大，表明电容器开路。

若正、反向电阻都很小，说明电容器漏电。

若正、反向电阻均为 0Ω，说明电容器短路。

③ 可变电容器的检测　用手轻轻旋动转轴，应感觉十分平滑，不应感觉有时松时紧甚至有卡滞现象。将转轴向前、后、上、下、左、右等各个方向推动时，转轴不应有松动的现象。

用一只手旋动转轴，另一只手轻摸动片组的外缘，不应感觉有任何松脱现象。对于转轴与动片之间接触不良的可变电容器，是不能继续使用的。

将万用表置于 $R\times10k\Omega$ 挡，检测方法如图 2-41 所示。一只手将两个表笔分别接可变电容器的动片和定片的引出端，另一只手将转轴缓缓旋动几个来回，万用表指针都应在无穷大位置不动。在旋动转轴的过程中，如果指针有时指向零，说明动片和定片之间存在短路点；如果碰到某一角度，万用表读数不为无穷大而是出现一定阻值，说明可变电容器动片与定片之间存在漏电现象。

2.2.2　可变电容器

可变电容器又称可调电容器，是指容量可以调节的电容器。可变电容器可分为微调电容器、单联电容器和多联电容器等。

(1) 微调电容器

微调电容器又称半可变电容器，通常是指不带调节手柄的可变电容器。微调电容器的实物外形与图形符号如图 2-42 所示。

(2) 单联电容器

单联电容器是由多个连接在一起的金属片作定片，多个与金属转轴连接的金属片作动片构成。单联电容器的实物外形和图形符号如图 2-43 所示。

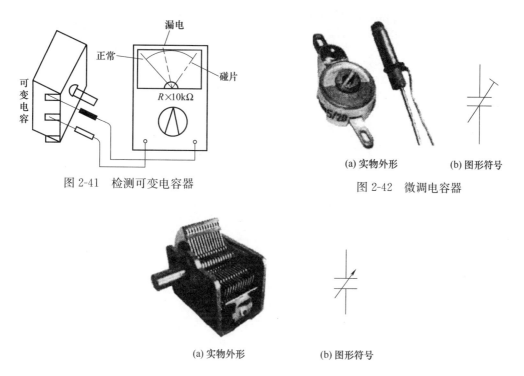

图 2-41 检测可变电容器

(a) 实物外形　(b) 图形符号

图 2-42 微调电容器

(a) 实物外形　(b) 图形符号

图 2-43 单联电容器

(3) 多联电容器

多联电容器是指将两个或两个以上的可变电容器结合在一起并且可同时调节的电容器。常见的多联电容器有双联电容器和四联电容器。多联电容器的实物外形和图形符号如图 2-44所示。

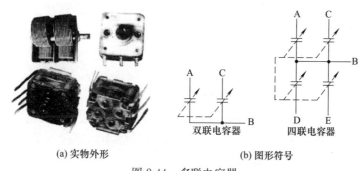

双联电容器　　四联电容器

(a) 实物外形　　　　　(b) 图形符号

图 2-44 多联电容器

2.3 电感器

2.3.1 外形与图形符号

将导线在绝缘支架上绕制一定的匝数（圈数）就构成了电感器。常见电感器的实物外形如图 2-45（a）所示。根据绕制的支架不同，电感器可分为空心电感器（无支架）、磁芯电感器（磁性材料支架）和铁芯电感器（硅钢片支架）。它们的图形符号如图 2-45（b）所示。

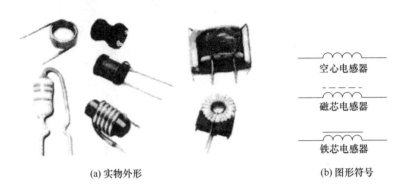

(a) 实物外形　　　　　　　　　　(b) 图形符号

图 2-45　电感器

2.3.2　主要参数

电感器的主要参数有电感量、误差、品质因数和额定电流等。

(1) 电感量

电感器由线圈组成。当电感器通过电流时就会产生磁场，电流越大，产生的磁场越强，穿过电感器的磁场（又称磁通量）就越大。

电感器的电感量大小主要与线圈的匝数（圈数）、绕制方式和磁芯材料等有关。线圈匝数越多、绕制的线圈越密集，电感量就越大；有磁芯的电感器比空芯的电感量大；电感器的磁芯磁导率越高，电感量也就越大。

(2) 误差

误差是指电感器上标称电感量与实际电感量的差距。对于精度要求高的电路，电感器的允许误差范围通常为 $\pm0.2\%\sim\pm0.5\%$；一般的电路可采用误差为 $\pm10\%\sim\pm15\%$ 的电感器。

(3) 品质因数

品质因数也称 Q 值，是衡量电感器质量的主要参数。品质因数是指当电感器两端加某一频率的交流电压时，其感抗及与直流电阻的比值。

提高品质因数既可通过提高电感器的电感量来实现，也可通过减小电感器线圈的直流电阻来实现。例如用粗线圈绕制而成的电感器，直流电阻较小，其 Q 值高；有磁芯的电感器较空心电感器的电感量大，其 Q 值也高。

(4) 额定电流

额定电流是指电感器在正常工作时允许通过的最大电流值。电感器在使用时，流过的电流不能超过额定电流，否则电感器就会因发热而导致性能参数发生改变，甚至会因过流而烧坏。

2.3.3　参数标注

电感器的参数标注方法主要有直标法和色标法。

（1）直标法

电感器采用直标法标注时，一般会在外壳上标注电感量、误差和额定电流值。图 2-46 所示列出了几个采用直标法标注的电感器。

在标注电感量时，通常会将电感量值及单位直接标出。在标注误差时，分别用Ⅰ、Ⅱ、Ⅲ表示±5％、±10％、±20％。在标注额定电流时，用 A、B、C、D、E 分别表示 50mA、150mA、300mA、0.7A、1.6A。

（2）色标法

色标法是采用色点或色环标在电感器上来表示电感量和误差的方法。采用色标法标注的电感器称为色码电感器，其电感量和误差标注方法同色环电阻器，单位为 μH。色码电感器的各种颜色含义及代表的数值与色环电阻器相同。色码电感器颜色的排列顺序方法也与色环电阻器相同。色码电感器与色环电阻器识读不同仅在于单位不同，色码电感器单位为 μH。色码电感器参数的识别如图 2-47 所示，图中的色码电感器上标注"红、棕、黑、银"表示电感量为 21μH，误差为±10％。

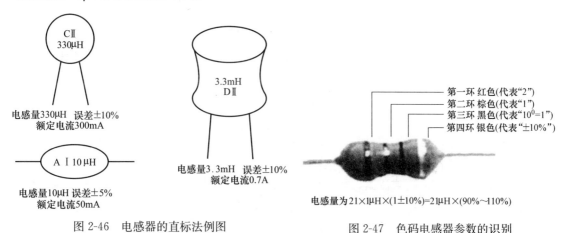

图 2-46　电感器的直标法例图　　　　图 2-47　色码电感器参数的识别

2.3.4　种类

电感器的种类繁多，分类方式也多种多样。按照外形电感器可分为空心电感器和磁芯电感器。按照工作性质电感器可分为高频电感器（即天线线圈、振荡线圈）、低频电感器（即各种扼流圈、滤波线圈）。按照封装形式电感器可分为普通电感器（色点电感器、色环电感器）、环氧树脂电感器和贴片电感器等。按照电感量电感器可分为固定电感器和可调电感器。

（1）可调电感器

可调电感器是指电感量可以调节的电感器。可调电感器的实物外形与图形符号如图2-48所示。

可调电感器是通过调节磁芯在线圈中的位置来改变电感量的电感器，磁芯进入线圈内部越多，电感器的电感量越大。如果电感器没有磁芯，可以通过减少或增多线圈的匝数来降低或提高电感器的电感量。另外，改变线圈之间的疏密程度也能调节电感量。

（2）高频扼流圈

高频扼流圈又称高频阻流圈。它是一种电感量很小的电感器，常用在高频电路中，其图形符号如图 2-49（a）所示。

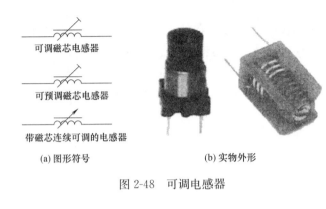

(a) 图形符号　　　　　(b) 实物外形

图 2-48　可调电感器

(a) 图形符号　　　　　(b) 高频扼流圈在电路中的作用

图 2-49　高频扼流圈

高频扼流圈又分为空心和磁芯两种。空心高频扼流圈多用较粗铜线或镀银铜线绕制而成，可以通过改变匝数或匝距来改变电感量；磁芯高频扼流圈用铜线在磁芯材料上绕制一定的匝数构成，其电感量可以通过调节磁芯在线圈中的位置来改变。

高频扼流圈在电路中的作用是"阻高频，通低频"。如图 2-49（b）所示，当高频扼流圈输入高、低频信号和直流信号时，高频信号不能通过，只有低频信号和直流信号能通过。

（3）低频扼流圈

低频扼流圈又称低频阻流圈，是一种电感量很大的电感器，常用在低频电路（如音频电路和电源滤波电路）中，其图形符号如图 2-50（a）所示。

低频扼流圈是用较细的漆包线在铁芯（硅钢片）或铜芯上绕制很多匝数制成的。低频扼流圈在电路中的作用是"通直流，阻低频"。如图 2-50（b）所示，当低频扼流圈输入高、低频信号和直流信号时，高、低频信号均不能通过，只有直流信号才能通过。

(a) 图形符号　　　　　(b) 低频扼流圈在电路中的作用

图 2-50　低频扼流圈

图 2-51　色码电感器

（4）色码电感器

色码电感器是一种高频电感线圈，它是在磁芯上绕上一定匝数的漆包线，再用环氧树脂或塑料封装而制成的。色码电感器的实物外形如图 2-51 所示。

色码电感器的工作频率范围一般在 10kHz～200MHz 之间，电感量在 0.1～3300μH 范围内。色码电感器是具有固定电感量的电感器，其电感量标注与识读方法与色环电阻器相同，但色码电感器的电感量单位为 μH。

（5）贴片电感器

贴片电感器主要分为小功率贴片电感器和大功率贴片电感器。小功率贴片电感器的外形体积与贴片式普通电感器类似，表面颜色多为灰黑色。贴片电感器的实物外形如图 2-52 所示。

图 2-52　贴片电感器

2.3.5　检测

电感器在使用过程中，常会出现断路、短路等现象，可通过测量和观察来判断。

（1）普通电感器的检测

电感器实际上就是线圈。由于线圈的电阻一般比较小，测量时一般用万用表的 $R \times 1\Omega$ 挡。电感器的检测如图 2-53 所示。

线径粗、匝数少的电感器电阻小，接近于 0Ω；线径细、匝数多的电感器阻值较大。在测量电感器时，万用表可以很容易检测出是否开路（开路时测出的电阻为无穷大），但很难判断它是否匝间短路，因为电感器匝间短路时电阻减小很少，解决方法是：当怀疑电感器匝间有短路，万用表又无法检测出来时，可更换新的同型号电感器，故障排除则说明原电感器已损坏。

（2）色码电感器的检测

如图 2-54 所示，将万用表置于 $R \times 1\Omega$ 挡，红、黑表笔各接色码电感器的任一引出端，此时指针应向右摆动。根据测出的电阻值大小，判断电感器的好坏。

被测色码电感器电阻值为零，其内部有短路故障。

被测色码电感器直流电阻值的大小与绕制电感器线圈所用的漆包线径、绕制圈数有直接关系，只要能测出电阻值，则可认为被测色码电感器是正常的。

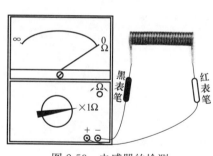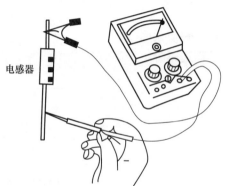

图 2-53　电感器的检测　　　　　　　　图 2-54　色码电感器的检测

2.4 二极管

2.4.1 构成

当 P 型半导体（含有大量的正电荷）和 N 型半导体（含有大量的电子）结合在一起时，P 型半导体中的正电荷向 N 型半导体中扩散，N 型半导体中的电子向 P 型半导体中扩散，于是在 P 型半导体和 N 型半导体中间就形成一个特殊的薄层，这个薄层称为 PN 结，该过程如图 2-55 所示。

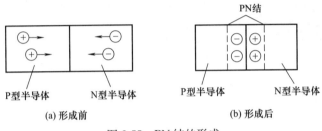

图 2-55　PN 结的形成

从含有 PN 结的 P 型半导体和 N 型半导体两端各引出一个电极并封装起来就构成了半导体二极管，简称二极管。与 P 型半导体连接的电极称为正极（或阳极），用"＋"或"A"表示；与 N 型半导体连接的电极称为负极（或阴极），用"－"或"K"表示。

2.4.2 结构与图形符号

二极管内部结构和图形符号如图 2-56 所示。

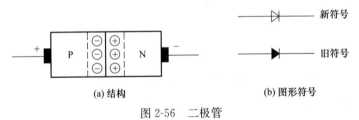

图 2-56　二极管

2.4.3 性质

(1) 性质说明

下面通过分析图 2-57 中所示的两个电路来说明二极管的性质。

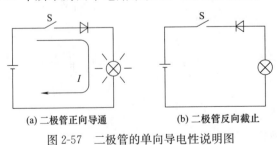

图 2-57　二极管的单向导电性说明图

在图 2-57 （a） 所示电路中，当闭合开关 S 后，发现灯泡会发光，说明有电流流过二极管，二极管导通；而在图 2-57 （b） 所示电路中，当开关 S 闭合后灯泡不亮，说明无电流流过二极管，二极管不导通。通过观察这两个电路中二极管的接法可以发现：在图 2-57 （a） 所示电路中，二极管的正极通过开关 S 与电源的正极连接，二极管的负极通过灯泡与电源的负极相连；在图 2-57 （b） 所示电路中，二极管的负极通过开关 S 与电源的正极连接，二极管的正极通过灯泡与电源的负极相连。

由此可以得出这样的结论：当二极管正极与电源正极连接，负极与电源负极相连时，二极管能导通；反之，二极管不能导通。二极管这种单方向导通的性质称为二极管的单向导电性。

（2）伏安特性曲线

在电子工程技术中，常采用伏安特性曲线来说明元器件的性质。伏安特性曲线又称电压电流特性曲线，它用来说明元器件两端电压的高低与通过电流的变化规律。

二极管的伏安特性曲线用来说明加到二极管两端的电压 U 与通过电流 I 之间的关系。二极管的伏安特性曲线如图 2-58 （a） 所示；图 2-58 （b）、（c） 则是为解释伏安特性曲线而画的电路。

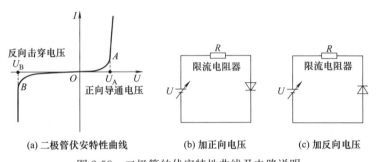

图 2-58　二极管的伏安特性曲线及电路说明

在图 2-58 （a） 所示的坐标图中，第一象限内的曲线表示二极管的正向特性；第三象限内的曲线则是表示二极管的反向特性。下面从两方面来分析伏安特性曲线。

① 正向特性。正向特性是指给二极管加正向电压（二极管正极接高电位，负极接低电位）时的特性。在图 2-58 （b） 所示电路中，电源直接接到二极管两端，此电源电压对二极管来说是正向电压。将电源电压 U 从 0V 开始慢慢调高，在刚开始时，由于电压 U 很低，流过二极管的电流极小，故可认为二极管没有导通。只有当正向电压达到图 2-58 （a） 所示的 U_A 电压时，流过二极管的电流急剧增大，二极管导通。这里的 U_A 电压称为正向导通电压，又称门电压（或阈值电压）。不同材料的二极管，其门电压是不同的。硅材料二极管的门电压为 $0.5 \sim 0.7V$；锗材料二极管的门电压为 $0.2 \sim 0.3V$。

从上面的分析可以看出，二极管的正向特性是：当二极管加正向电压时不一定能导通，只有正向电压达到门电压时，二极管才能导通。

②反向特性。反向特性是指给二极管加反向电压（二极管正极接低电位，负极接高电位）时的特性。在图 2-58 （c） 所示电路中，电源直接接到二极管两端，此电源电压对二极管来说是反向电压。将电源电压 U 从 0V 开始慢慢调高，在反向电压不高时，没有电流流过二极管，二极管不能导通。当反向电压达到图 2-58 （a） 所示 U_B 电压时，流过二极管的电流急剧增大，二极管反向导通，这里的 U_B 电压称为反向击穿电压。反向击穿电压一般很高，

远大于正向导通电压，不同型号的二极管反向击穿电压不同，低的十几伏，高的有几千伏。因为普通二极管反向击穿导通后通常是损坏性的，所以反向击穿导通的普通二极管一般不能再使用。

从上面的分析可以看出，二极管的反向特性是：当二极管加较低的反向电压时不能导通，但当反向电压达到反向击穿电压时，二极管会反向击穿导通。

二极管的正、反向特性与生活中的开门类似。当你从室外推门（门是朝室内开的）时，如果力很小，门是推不开的，只有力气较大时门才能被推开，这与二极管加正向电压，只有达到门电压才能导通相似；当你从室内往外推门时，是很难推开的，但如果推门的力气非常大，门也会被推开，不过门被开的同时一般也就损坏了，这与二极管加反向电压时不能导通，但反向电压达到反向击穿电压（电压很高）时二极管会击穿导通相似。

2.4.4 主要参数

二极管的主要参数有以下几个。

(1) 最大整流电流 I_F

二极管长时间使用时允许流过的最大正向平均电流称为最大整流电流，或称为二极管的额定工作电流。当流过二极管的电流大于最大整流电流时，二极管容易被烧坏。二极管的最大整流电流与 PN 结面积、散热条件有关。PN 结面积大的面接触型二极管的 I_F 大，点接触型二极管的 I_F 小；金属封装二极管的 I_F 大，而塑封二极管的 I_F 小。

(2) 最高反向工作电压 U_R

最高反向工作电压是指二极管正常工作时两端能承受的最高反向电压。最高反向工作电压一般为反向击穿电压的一半。在高压电路中需要采用 U_R 大的二极管，否则二极管易被击穿损坏。

(3) 最大反向电流 I_R

最大反向电流是指二极管两端加最高反向工作电压时流过的反向电流。该值越小，表明二极管的单向导电性越佳。

(4) 最高工作频率 f_M

最高工作频率是指二极管在正常工作条件下的最高频率。如果加给二极管的信号频率高于该频率，二极管将不能正常工作。f_M 的大小通常与二极管的 PN 结面积有关，PN 结面积越大，f_M 越低。故点接触型二极管的 f_M 较高，而面接触型二极管的 f_M 较低。

2.4.5 极性判别

二极管引脚有正、负之分，在电路中乱接轻则不能正常工作，重则损坏二极管。二极管极性判别可采用下面一些方法。

(1) 根据标注或外形判断极性

为了让人们更好区分出二极管正、负极，有些二极管会在表面标注一定的标志来指示正、负极；有些特殊的二极管，从外形也可看出正、负极。

图 2-59 所示左上方的二极管表面标有二极管符号，其中三角形端对应的电极为正极，另一端为负极；左下方的二极管标有白色圆环的一端为负极。右方的二极管金属螺栓为负极，另一端为正极。

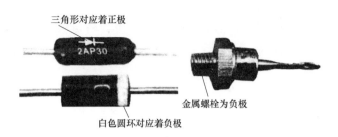

图 2-59 根据标注或外形判断二极管的极性

(2) 用指针万用表判断极性

对于没有标注极性或无明显外形特征的二极管,可用指针万用表的欧姆挡来判断极性。将万用表拨至 $R \times 100\Omega$ 或 $R \times 1\text{k}\Omega$ 挡,测量二极管两个引脚之间的阻值,正、反各测一次,会出现阻值一大一小,如图 2-60 所示。以阻值小的一次为准,如图 2-60(a)所示,黑表笔接的为二极管的正极,红表笔接的为二极管的负极。

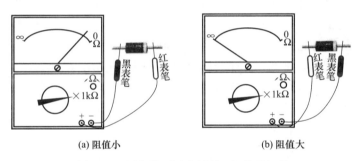

图 2-60 用指针万用表判断二极管的极性

(3) 用数字万用表判断极性

数字万用表与指针万用表一样,也有欧姆挡,但由于两者测量原理不同,数字万用表欧姆挡无法判断二极管的正、负极(因为测量正、反向电阻时阻值都显示无穷大符号"1"),不过数字万用表有一个二极管专用测量挡,可以用该挡来判断二极管的极性。用数字万用表判断二极管极性如图 2-61 所示。

(a) 未导通   (b) 导通

图 2-61 用数字万用表判断二极管极性

在检测判断时,将数字万用表拨至"━▷┝━"挡(二极管测量专用挡),然后红、黑表笔分别接被测二极管的两极,正、反各测一次。测量会出现一次显示"1",如图 2-61(a)所示；另一次显示 100～800 的数字，如图 2-61（b）所示。以显示 100～·800 数字的那次测量为准，红表笔接的为二极管的正极，黑表笔接的为二极管的负极。在图 2-61 所示测量中，显示"1"表示二极管未导通；显示"585"表示二极管已导通，并且二极管当前的导通电压为 585mV（即 0.585V）。

2.4.6 常见故障及检测

二极管的常见故障有开路、短路和性能不良。

在检测二极管时，将万用表拨至 $R \times 1\text{k}\Omega$ 挡，测量二极管正、反向电阻，测量方法与极性判断相同，可见图 2-60。正常锗材料二极管正向阻值在 $1\text{k}\Omega$ 左右，反向阻值在 $500\text{k}\Omega$ 以上；正常硅材料二极管正向电阻在 $1\sim10\text{k}\Omega$，反向电阻为 ∞（注：不同型号万用表测量值略有差距）。也就是说，正常二极管的正向电阻小、反向电阻很大。

若测得二极管正、反电阻均为 0Ω，说明二极管短路。

若测得二极管正、反向电阻均为 ∞，说明二极管开路。

若测得正、反向电阻差距小（即正向电阻偏大、反向电阻偏小），说明二极管性能不良。

2.4.7 识读二极管

二极管的种类有很多，根据制作半导体材料的不同，可分为锗二极管、硅二极管和砷化镓二极管。根据结构的不同，可分为点接触型和面接触型二极管。根据实际功能的不同，可分为整流二极管、检波二极管、稳压二极管、恒流二极管、开关二极管等。

电路中常用的二极管实物外形如图 2-62 所示。

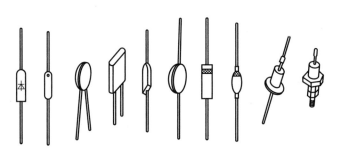

图 2-62　二极管

根据标注符号或外形判断二极管的极性。

通常可根据二极管上标志的符号来判断，如标志不清或无标志时，可根据二极管的正向电阻小、反向电阻大的特点，利用万用表的"欧姆"挡来判断极性。

① 观察外壳上的符号标记。通常在二极管的外壳上标有二极管的符号，带有三角形箭头的一端为正极，另一端是负极。如图 2-63 所示。

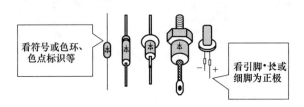

图 2-63　根据标注符号或外形判断二极管的极性

② 观察外壳上的色点。在点接触型二极管的外壳上，一般标有 2～3 个色点（白色或红色的圆点）的一端为正极。还有的二极管上标有色环，带色环的一端则为负极，如图 2-63 所示。

③ 观察二极管的引脚。通常长或细脚为正极，如图 2-63 所示。

④ 如图 2-64 所示，将万用表拨到欧姆挡的 $R\times100\Omega$ 或 $R\times1k\Omega$ 挡上，将万用表的两个表笔分别与二极管的两个引脚相连，正反测量两次，若一次电阻值大（几十千欧到几百千欧）、一次电阻值小（硅管为几百到几千欧，锗管为 $100\sim1000\Omega$），说明二极管是好的，以阻值较小的一次测量为准，黑表笔所接的一端为正极，红表笔所接的一端则为负极。

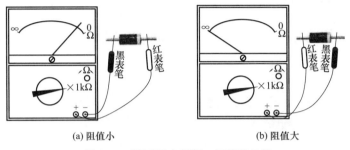

(a) 阻值小　　　　　　　　　　　(b) 阻值大

图 2-64　用万用表判断二极管的极性

因为二极管是单相导通的电子元件，所以测量出的正反向电阻值相差越大越好。如果相差不大，说明二极管的性能不好或已经损坏；如果测量时万用表针不动，说明二极管内部已断路。如果所测量的电阻值为零，说明二极管内部短路。

2.4.8　常用的二极管

(1) 稳压二极管

稳压二极管又称齐纳二极管或反向击穿二极管，在电路中起稳压作用。稳压二极管的实物外形和图形符号如图 2-65 所示。

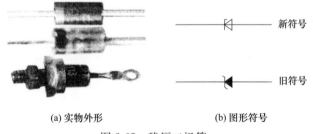

(a) 实物外形　　　　　　　　　　(b) 图形符号

图 2-65　稳压二极管

稳压二极管的检测如图 2-66 所示。通过使用万用表 $R\times100\Omega$ 或 $R\times1k\Omega$ 挡测量，正向电阻小、反向电阻接近或为无穷大；对于稳压值小于 9V 的稳压二极管，用万用表 $R\times10k\Omega$ 挡测反向电阻时，稳压二极管会被击穿，测出的阻值会变小。

(2) 发光二极管

发光二极管是一种电-光转换器件，能将电信号转换成光。发光二极管的实物外形和图形符号如图 2-67 所示。

对于未使用过的发光二极管，引脚长的为正极，引脚短的为负极，也可以通过观察发光二极管内电极来判别引脚极性，内电极大的引脚为负极。

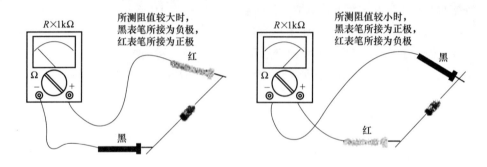

图 2-66　检测稳压二极管

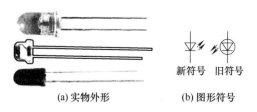

(a) 实物外形　　(b) 图形符号

图 2-67　发光二极管

发光二极管的检测如图 2-68 所示。通过使用万用表 $R \times 10k\Omega$ 挡测量，红、黑表笔分别接发光二极管两个引脚，正、反各测一次，两次测量中阻值会出现一大一小，以阻值小的那次为准。黑表笔接的引脚为正极，红表笔接的引脚为负极。

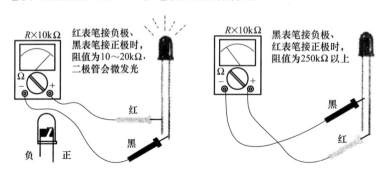

图 2-68　检测发光二极管

(3) 光电二极管

光电二极管是一种光-电转换器件，能将光转换成电信号。光电二极管的实物外形和图形符号如图 2-69 所示。

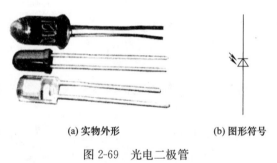

(a) 实物外形　　　　(b) 图形符号

图 2-69　光电二极管

与普通二极管一样，光电二极管也有正、负极。对于未使用过的光电二极管，引脚长的为正极，引脚短的为负极。光电二极管也具有正向电阻小、反向电阻大的特点。根据这一特点可以用万用表检测光电二极管的极性。

光电二极管的检测如图 2-70 所示。通过使用万用表 $R \times 1k\Omega$ 挡测量，用黑色物体遮住光电二极管，然后将红、黑表笔分别接光电二极管两个电极，正、反各测一次，两次测量中阻值会出现一大一小的情况，以阻值小的那次为准。黑表笔接的为正极，红表笔接的为负极。

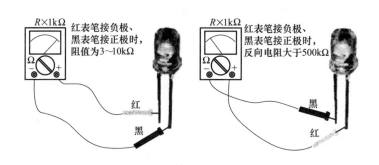

图 2-70　检测光电二极管

（4）变容二极管

变容二极管在电路中可以相当于电容，并且容量可调。变容二极管的实物外形和图形符号如图 2-71 所示。

变容二极管的检测方法与普通二极管基本相同。检测时将万用表拨至 $R \times 10k\Omega$ 挡，测量变容二极管正、反向电阻，正常的变容二极管反向电阻为无穷大，正向电阻一般在 $200k\Omega$ 左右（不同型号该值略有差距）。

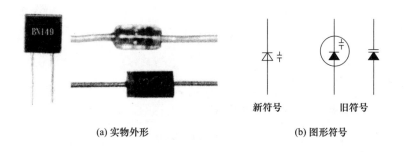

(a) 实物外形　　　　　　　　　(b) 图形符号

图 2-71　变容二极管

（5）双向二极管

双向二极管在电路中可以双向导通。双向二极管的实物外形和图形符号如图 2-72 所示。

将万用表拨至 $R \times 10k\Omega$ 挡，测量双向二极管正、反向电阻值。若双向二极管正常，则正、反向电阻均为无穷大。若测得的正、反向电阻很小或为 0Ω，说明双向二极管漏电或短路，不能使用。

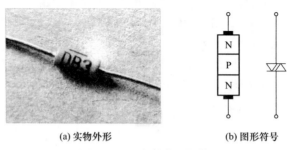

(a) 实物外形　　　　　　(b) 图形符号

图 2-72　双向触发二极管

2.5　三极管

2.5.1　外形与图形符号

晶体三极管简称三极管，是一种具有放大功能的半导体器件。三极管的实物外形和图形符号如图 2-73 所示。

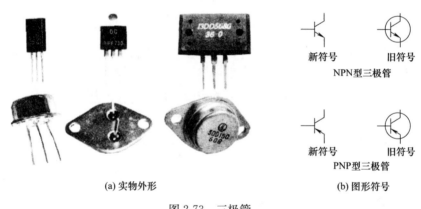

(a) 实物外形　　　　　　　　　(b) 图形符号

图 2-73　三极管

2.5.2　结构

三极管有 PNP 型和 NPN 型两种。PNP 型三极管的构成如图 2-74 所示。

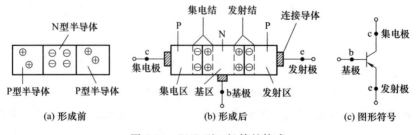

(a) 形成前　　　　　　　(b) 形成后　　　　　　　(c) 图形符号

图 2-74　PNP 型三极管的构成

将两个 P 型半导体和一个 N 型半导体按图 2-74 （a） 所示的方式结合在一起，两个 P 型半导体中的正电荷会向中间的 N 型半导体中移动，N 型半导体中的负电荷会向两个 P 型半导体移动，结果在 P、N 型半导体的交界处形成 PN 结，如图 2-74（b）所示。

在两个 P 型半导体和一个 N 型半导体上通过连接导体各引出一个电极，然后封装起来就构成了三极管。三极管 3 个电极分别称为集电极（用 c 或 C 表示）、基极（用 b 或 B 表示）和发射极（用 e 或 E 表示）。PNP 型三极管的图形符号如图 2-74（c）所示。

三极管内部有两个 PN 结，其中基极和发射极之间的 PN 结称为发射结；基极与集电极之间的 PN 结称为集电结。两个 PN 结将三极管内部分作三个区，与发射极相连的区称为发射区；与基极相连的区称为基区；与集电极相连的区称为集电区。因发射区的半导体掺入杂质多，故有大量的电荷，便于发射电荷；集电区掺入的杂质少且面积大，便于收集发射区送来的电荷；因基区处于两者之间，发射区流向集电区的电荷要经过基区，故基区可控制发射区流向集电区电荷的数量，基区就像设在发射区与集电区之间的关卡。

NPN 型三极管的构成与 PNP 型三极管类似，它是由两个 N 型半导体和一个 P 型半导体构成的，具体如图 2-75 所示。

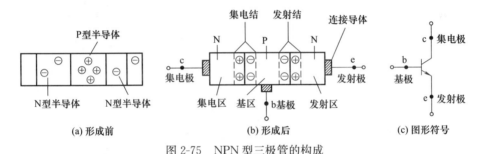

图 2-75　NPN 型三极管的构成

2.5.3　主要参数

三极管的主要参数有以下几个。

(1) 电流放大倍数

三极管的电流放大倍数有直流电流放大倍数和交流电流放大倍数。三极管集电极电流 I_c 与基极电流 I_b 的比值称为三极管的直流电流放大倍数。

(2) 穿透电流 I_{CEO}

穿透电流又称集电极-发射极反向电流，它是指在基极开路时，给集电极与发射极之间加一定的电压，由集电极流往发射极的电流。穿透电流的大小受温度的影响较大，三极管的穿透电流越小，热稳定性越好，通常锗管的穿透电流较硅管要大些。

(3) 集电极最大允许电流 I_{CM}

当三极管的集电极电流 I_c 在一定的范围内变化时，其 β 值基本保持不变，但当增大到某一值时，β 值会下降。使电流放大系数 β 明显减小（约减小到 $2/3\beta$）的 I_c 电流称为集电极最大允许电流。三极管用作放大时，电流不能超过 I_{CM}。

(4) 击穿电压 U_{BR}

击穿电压是指基极开路时，允许加在集射极之间的最高电压。在使用时，若三极管集射极之间的电压 $U_{CE} > U_{BR(CEO)}$，集电极电流 I_c 将急剧增大，这种现象称为击穿。被击穿的三极管属于永久损坏。故选用三极管时要注意其击穿电压不能低于电路的电源电压。一般三极管的击穿电压应是电源电压的两倍。

（5）集电极最大允许功耗 P_{CM}

三极管在工作时，集电极电流流过集电结时会产生热量，使三极管温度升高。在规定的散热条件下，集电极电流 I_c 在流过三极管集电极时允许消耗的最大功率称为集电极最大允许功耗 P_{CM}。当三极管的实际功耗超过 P_{CM} 时，温度会上升很高而烧坏。三极管散热良好时的 P_{CM} 较正常时要大。

2.5.4 检测

三极管的检测包括类型检测、电极检测和好坏检测。

（1）类型检测

三极管类型有 NPN 型和 PNP 型，三极管的类型可用万用表欧姆挡进行检测。

① 检测规律　NPN 型和 PNP 型三极管的内部都有两个 PN 结。故三极管可视为两只二极管的组合。万用表在测量三极管任意两个引脚之间时有 6 种情况，如图 2-76 所示。

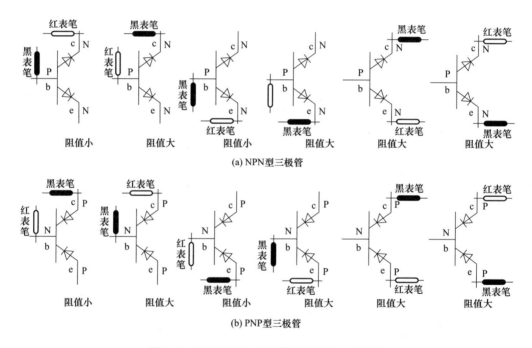

图 2-76　万用表测三极管任意两脚的 6 种情况

从图中不难得出这样的规律：当万用表的黑表笔接 P 极、红表笔接 N 极时，测得的是 PN 结的正向电阻，该阻值小；当黑表笔接 N 极、红表笔接 P 极时，测得的是 PN 结的反向电阻，该阻值很大（接近无穷大）；当黑、红表笔接的两极都为 P 极（或两极都为 N 极）时，测得的阻值大（两个 PN 结不会导通）。

② 类型检测方法　在检测三极管类型时，将万用表拨至 $R \times 100\Omega$ 挡或 $R \times 1k\Omega$ 挡，测量三极管任意两脚之间的电阻，当测量出现一次阻值小时，黑表笔接的为 P 极，红表笔接的为 N 极，如图 2-77（a）所示；然后黑表笔不动（即让黑表笔仍接 P 极），将红表笔接到另外一个极，有两种可能：若测得的阻值很大，红表笔接的一定是 P 极，该三极管为 PNP 型，红表笔先前接的为基极，如图 2-77（b）所示；若测得的阻值小，则红表笔接的为 N 极，该三极管为 NPN 型，黑表笔所接为基极。

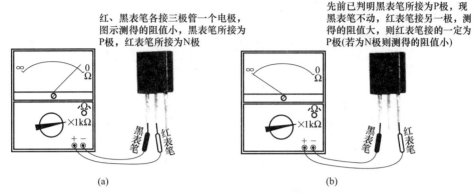

图 2-77　三极管类型的检测

（2）集电极与发射极的检测

三极管有发射极、基极和集电极 3 个电极，在使用时不能混用。在检测类型时已经找出基极，下面介绍如何用万用表欧姆挡检测出发射极和集电极。

① NPN 型三极管集电极和发射极的判别　NPN 型三极管集电极和发射极的判别如图2-78 所示。

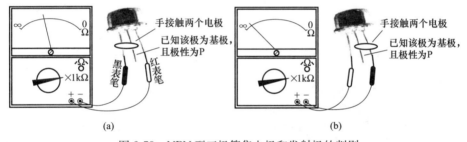

图 2-78　NPN 型三极管集电极和发射极的判别

将万用表置于 $R\times100\Omega$ 挡或 $R\times1k\Omega$ 挡，黑表笔接基极以外任意一个极，再用手接触该极与基极（手相当于一个电阻，即在该极与基极之间接一个电阻），红表笔接另外一个极，测量并记下阻值的大小，该过程如图 2-78（a）所示；然后红、黑表笔互换，手再捏住基极与对换后黑表笔所接的极，测量并记下阻值大小，该过程如图 2-78（b）所示。两次测量会出现阻值一大一小，以阻值小的那次为准，如图 2-78（a）所示，黑表笔接的为集电极，红表笔接的为发射极。

注意：如果两次测量出来的阻值大小区别不明显，可先将手沾点水，让手的电阻减小，再用手接触两个电极进行测量。

② PNP 型三极管集电极和发射极的判别　PNP 型三极管集电极和发射极的判别如图2-79 所示。

将万用表置于 $R\times100\Omega$ 挡或 $R\times1k\Omega$ 挡，红表笔接基极以外任意一个极，再用手接触该极与基极，黑表笔接余下的一个极，测量并记下阻值的大小，该过程如图 2-79（a）所示；然后红、黑表笔互换，手再接触基极与对换后红表笔所接的极，测量并记下阻值大小，该过程如图 2-79（b）所示。两次测量会出现阻值一大一小，以阻值小的那次为准，如图 2-79（a）所示，红表笔接的为集电极，黑表笔接的为发射极。

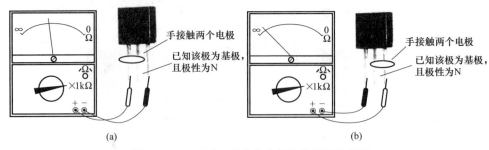

图 2-79   PNP 型三极管集电极和发射极的判别

③ 利用 hFE 挡来判别发射极和集电极   如果万用表有 hFE 挡（三极管放大倍数测量挡），可利用该挡判别三极管的电极。这种方法应在已检测出三极管的类型和基极时使用。

利用万用表的三极管放大倍数挡来判别极性的测量过程如图 2-80 所示。

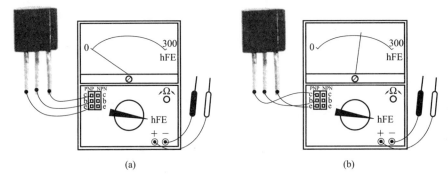

图 2-80   利用 hFE 挡来判别发射极和集电极

将万用表拨至"hFE"挡（三极管放大倍数测量挡），再根据三极管类型选择相应的插孔，并将基极插入基极插孔中，另外两个极分别插入另外两个插孔中，记下此时测得的放大倍数值，如图 2-80（a）所示；然后让三极管的基极不动，将另外两极互换插孔，观察这次测得的放大倍数值，如图 2-80（b）所示，两次测得的放大倍数会出现一大一小，以放大倍数大的那次为准，如图 2-80（b）所示，c 极插孔对应的电极是集电极，e 极插孔对应的电极为发射极。

（3）三极管好坏检测

三极管的好坏检测具体包括下面的内容。

① 测量集电结和发射结的正、反向电阻   三极管内部有两个 PN 结，任意一个 PN 结损坏，三极管就不能使用。所以三极管检测先要测量两个 PN 结是否正常。检测时，将万用表拨至 $R \times 100\Omega$ 挡或 $R \times 1k\Omega$ 挡，测量 PNP 型或 NPN 型三极管集电极和基极之间的正、反向电阻（即测量集电结的正、反向电阻），然后测量发射极与基极之间的正、反向电阻（即测量发射结的正、反向电阻）。正常时，集电结和发射结正向电阻都比较小，几百欧至几千欧；而反向电阻都很大，几百千欧至无穷大。

② 测量集电极与发射极之间的正、反向电阻   对于 PNP 型三极管，红表笔接集电极，黑表笔接发射极，测得的阻值为正向电阻，正常为十几千欧至几百千欧（用 $R \times 1k\Omega$ 挡测得），互换表笔测得的阻值为反向电阻，与正向电阻阻值相近；对于 NPN 型三极管，黑表笔接集电极，红表笔接发射极，测得的阻值为正向电阻，互换表笔测得的阻值为反向电阻。

正常时，正、反向电阻阻值相近，几百欧至无穷大。

如果三极管任意一个 PN 结的正、反向电阻不正常，或发射极与集电极之间正、反向电阻不正常，说明三极管损坏。如发射结正、反向电阻阻值均为无穷大，说明发射结开路；如集射极之间阻值为 0Ω，说明集电极与发射极之间击穿短路。

综上所述，一只三极管的好坏检测需要进行六次测量：其中测发射结正、反向电阻各一次（两次），集电结正、反向电阻各一次（两次）和集电极与发射极之间的正、反向电阻各一次（两次）。只有这六次检测都正常才能说明三极管是正常的。只要有一次测量发现不正常，该三极管就不能使用。

2.6 晶闸管

2.6.1 单向晶闸管

(1) 外形与图形符号

单向晶闸管又称可控硅，它有 3 个电极，分别是阳极（A）、阴极（K）和栅极（G）。晶闸管的实物外形与图形符号如图 2-81 所示。

(a) 实物外形　　　　　　　　　(b) 图形符号

图 2-81　单向晶闸管

(2) 结构原理

① 结构　单向晶闸管内有三个 PN 结，它们是由相互交叠的 4 层 P 区和 N 区所构成的，如图 2-82（a）所示。晶闸管的三个电极是从 P_1 引出阳极 A，从 N_2 引出阳极 K ，从 P_2 引出控制极 G。因此可以说它是一个四层三端半导体器件。

为了便于说明，可以把图 2-82（a）所示晶闸管看成是由两部分组成的，如图 2-82（b）所示。这样可以把晶闸管等效为两只三极管组成的一对互补管。左下部分为 NPN 型管，右上部分为 PNP 型管，如图 2-82（c）所示。

② 工作原理　当接上电源 E_a 后，VT_1 及 VT_2 都处于放大状态，若在 G 、K 极间加入一个正触发信号，就相当于 VT_1 基极与发射极回路中有一个控制电流 I_c，它就是 VT_1 的基极电流 I_{B1}。经放大后，VT_1 产生集电极电流 I_{C1}。此电流流出 VT_2 的基极，成为 VT_2 的基极电流 I_{B2}。于是，VT_2 产生了集电极电流 I_{C2}。I_{C2} 再流入 VT_1 的基极，再次得到放大。这样循环下去，一瞬间便可使 VT_1 和 VT_2 全部导通并达到饱和。所以，当晶闸管加上正电压后，一旦输入触发信号，它就会立即导通。晶闸管一经导通后，由于 VT_1 基极上总是流过比控制极电流 I_G 大得多的电流，因此即使触发信号消失，晶闸管仍旧能保持导通状态。只有降低电源电压 E_a，使 VT_1、VT_2 集电极电流小于某一维持导通的最小值，晶闸管才能转

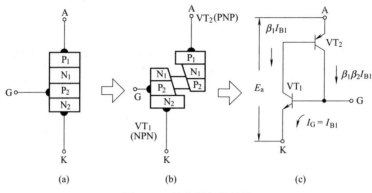

图 2-82　单向晶闸管结构

为关断状态。

如果把电源 E_a 反接，VT_1 和 VT_2 都不具备放大工作条件，即使有触发信号，晶闸管也无法工作而处于关断状态。同样，在没有输入触发信号或触发信号极性相反时，即使晶闸管加上正向电压，它也无法导通。上述的几种情况可参见图 2-83。

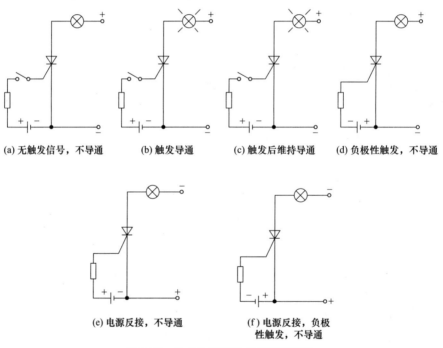

图 2-83　单向晶闸管的几种工作状态

总而言之，单向晶闸管具有可控开关的特性，但是这种控制作用是触发控制，它与一般半导体三极管构成的开关电路的控制作用是不同的。

（3）主要参数

单向晶闸管的主要参数有以下几个。

① 额定平均电流 I_T：在规定的条件下，晶闸管允许通过的 50Hz 正弦波电流的平均值。

② 正向转折电压 U_{BO}：是指在额定结温及控制极开路的条件下，在阳极和阴极间加以正弦半波正向电压，使其由关断状态发生正向转折变为导通状态时所对应的电压峰值。

③ 正向阻断峰值电压U_{DRM}：定义为正向转折电压减去100V后的电压值。

④ 反向击穿电压U_{BR}：是指在额定结温下，阳极和阴极间加以正弦波反向电压，反向漏电流急剧上升时所对应的电压峰值。

⑤ 反向峰值电压U_{RRM}：定义为反向击穿电压减去100V后的电压值。

⑥ 正向平均压降U_T：是指在规定的条件下，当通过的电流为其额定电流时，晶闸管阳极、阴极间电压降的平均值。

⑦ 维持电流I_H：是指维持晶闸管导通的最小电流。

⑧ 控制极触发电压U_{GT}和触发电流I_{GT}：在规定的条件下，加在控制极上的可以使晶闸管导通的所必需的最小电压和电流。

(4) 检测

晶闸管电极可以用万用表检测，也可以根据晶闸管封装形式来判断。螺栓形晶闸管的螺栓一端为阳极A，较细的引线端为门极G，较粗的引线端为阴极K；平板形晶闸管的引出线端为门板G，平面端为阳极A，另一端为阴极K；金属壳封装（TO-3）的晶闸管，其外壳为阳极A。

① 电极检测　如图2-84所示，将万用表拨至$R\times100\Omega$挡，两支表笔任意接两个电极。只要测得低电阻值，证明测得的是PN结正向电阻，这时黑表笔接的是阳极，红表笔接的是控制极。这是因为G-A之间反向电阻趋于无穷大，A-K间电阻也总是无穷大，均不会出现低阻的情况。

② 好坏检测　如图2-85所示，将万用表拨至$R\times1\Omega$挡。开关S打开，晶闸管截止，测出的电阻值很大或无穷大；开关S闭合时，相当于给控制极加上正向触发信号，晶闸管导通，若测出的电阻值很小（几欧或几十欧），则表示该管质量良好。

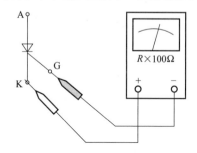
图2-84　用万用表判断单向晶闸管电极

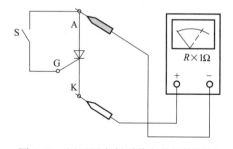
图2-85　用万用表判别单向晶闸管好坏

2.6.2 双向晶闸管

(1) 外形与图形符号

双向晶闸管的结构与图形符号如图2-86所示。双向晶闸管有3个电极：主电极T_1、主电极T_2、控制极G。

(2) 结构

双向晶闸管与单向晶闸管一样，也具有触发控制特性。不过，它的触发控制特性与单向晶闸管有很大的不同，这就是无论在阳极和阴极间接

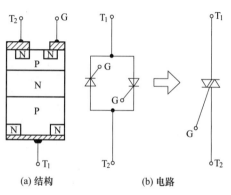
(a) 结构　　　　　(b) 电路
图2-86　双向晶闸管

入何种极性的电压，只要在它的控制极上加上一个触发脉冲，也不管这个脉冲是什么极性的，都可以便于双向晶闸管导通。

由于双向晶闸管在阳、阴极间接任何极性的工作电压都可以实现触发控制，因此双向晶闸管的主电极也就没有阳极、阴极之分，通常把这两个主电极称为 T_1 电极和 T_2 电极，将接在 P 型半导体材料上的主电极称为 T_1 电极，将接在 N 型半导体材料上的电极称为 T_2 电极。

（3）检测

双向晶闸管的检测包括电极检测、好坏检测。

① 电极检测　如图 2-87 所示，将万用表拨至 $R \times 10\Omega$ 挡，测出晶闸管相互导通的两个引脚，这两个引脚与第三个引脚均不通，即第三个引脚为 T_2 极，相互导通的两引脚为 T_1 极和 G 极。当黑表笔接 T_1 极，红表笔接控制极 G 时，所测得的正向电阻总要比反向电阻小一些，根据这一特性识别 T_1 极和 G 极。

② 好坏检测　如图 2-88 所示，将万用表拨在 $R \times 10\Omega$ 挡，黑表笔接 T_2，红表笔接 T_1，然后将 T_2 与 G 瞬间短路一下，立即离开，此时若表针有较大幅度的偏转，并停留在某一位置上，说明 T_1 与 T_2 已触发导通；把红、黑表笔调换后再重复上述操作，如果 T_1、T_2 仍维持导通，说明这只双向晶闸管质量良好，反之则是坏的。

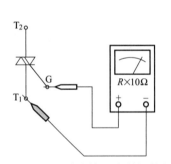

图 2-87　用万用表判断双向晶闸管电极

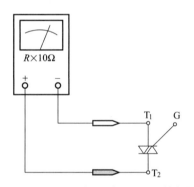

图 2-88　用万用表判别双向晶闸管好坏

第3章

低压电器识读与检测

低压电器是指在交流 50Hz、额定电压 1200V 以下及直流额定电压 1500V 以下的电路中，能根据外界的信号和要求，手动或自动地接通、断开电路，以实现对电路或电气设备的切换、控制、保护、检测和调节的工业电器。

3.1 闸刀开关

闸刀开关又称为开启式负荷开关、瓷底胶盖闸刀开关，简称刀开关，其结构简单、价格低廉、应用维修方便。常用作照明电路的电源开关，也可用于 5.5kW 以下电动机作不频繁启动和停止控制。因其无专门的灭弧装置，故不宜频繁分、合电路。

（1）闸刀开关的结构

闸刀开关由瓷质手柄、动触点、出线座、瓷底座、静触点、熔丝、进线座和胶盖等部分组成，带有短路保护功能。闸刀开关的外形与结构如图 3-1 所示。

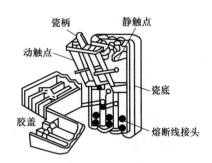

图 3-1　闸刀开关外形与结构

（2）闸刀开关的选用

① 实际应用中，用于普通照明电路，作为隔离或负载开关时，一般选择额定电压大于或等于 220V、额定电流大于或等于电路最大工作电流的两极开关。

② 用于电动机控制时，如果电动机功率小于 5.5kW，可直接用于电动机的启动、停止控制；如果电动机功率大于 5.5kW，则只能作为隔离开关使用。选用时，应选择额定电压大于或等于 380V、额定电流大于电动机额定电流 3 倍的三极开关。

（3）闸刀开关的检测

① 目测检测：检查外壳有无破损；动触刀和静触座接触是否歪扭。

图 3-2 万用表调零

② 手动检测：扳动刀开关手柄，看转动是否灵活。

③ 万用表检测：用万用表检测各相是否正常。

a. 万用表调零。将万用表转换开关拨到 $R \times 10\Omega$ 挡，将红、黑表笔短接，通过刻度盘右下方的调零旋钮将指针调整到 Ω 挡的零刻度，如图 3-2 所示。

b. 手柄向下断开刀开关，将万用表红、黑表笔分别放到刀开关一相的进线端和出线端时，万用表指针指向"∞"，如图 3-3（a）所示；表笔不动，向上合上手柄，万用表指针由"∞"指向"0"，如图 3-3（b）所示，则此相正常。

c. 用同样的方法检测刀开关其他相的性能。

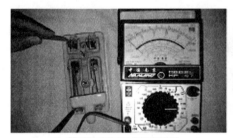

(a) 手柄断开时刀开关性能检测　　　　　(b) 手柄合上时刀开关性能检测

图 3-3　刀开关性能检测

（4）闸刀开关的故障处理

闸刀开关在使用过程中会出现各种各样的问题，闸刀开关的常见故障及其检修方法，如表 3-1 所示。

表 3-1　闸刀开关的常见故障及检修方法

故障现象	产 生 原 因	检 修 方 法
合闸后一相或两相没电	①插座弹性消失或开口过大 ②熔丝熔断或接触不良 ③插座、触刀氧化或有污垢 ④电源进线或出线头氧化	①更换插座 ②更换熔丝 ③清洁插座或触刀 ④检查进出线头
触刀和插座过热或烧坏	①开关容量太小 ②分、合闸时动作太慢造成电弧过大,烧坏触点 ③夹座表面烧毛 ④触刀与插座压力不足 ⑤负载过大	①更换较大容量的开关 ②改进操作方法 ③用细锉刀修整 ④调整插座压力 ⑤减轻负载或调换较大容量的开关
封闭式负荷开关的操作手柄带电	①外壳接地线接触不良 ②电源线绝缘损坏碰壳	①检查接地线 ②更换导线

3.2　组合开关

组合开关常用作电源引入开关，也可用作小容量电动机不经常启动停止的控制。但它的通断能力较低，一般不可用来分断故障电流。

(1) 组合开关的结构

组合开关又称为转换开关，是由多组相同结构的触点组件叠装而成的多回路控制电器。组合开关靠旋转手柄来实现线路的转换。

组合开关由动触点、静触点、方形转轴、手柄、定位机构及外壳组成，外形及结构如图 3-4 所示。动触片分别叠装在数层绝缘座内，转动手柄，每层的动触片随着方形手柄转动，并使静触片插入对应的动触片内，接通电路。

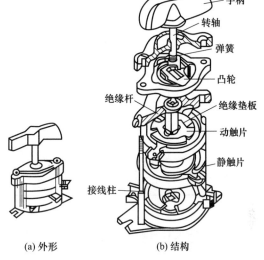

图 3-4　组合开关外形及结构图

手柄
转轴
弹簧
凸轮
绝缘杆
绝缘垫板
动触片
静触片
接线柱

(a) 外形　　　　(b) 结构

(2) 组合开关的选用

选用组合开关时，应根据电源类型、用电设备的耐压等级、负载容量、所需触点数、接线方式等综合考虑。

① 用于控制照明或电气设备时，其额定电流应≥被控制电路中各负荷电流之和。

② 用于控制电动机时，额定电流一般取电动机额定电流的 1.5～2.5 倍。

③ 如果组合开关控制的用电设备功率因数较低，应按容量等级降低使用，以利于延长其使用寿命。

(3) 组合开关的检测

① 目测外观　检查开关外壳有无破损，触点是否歪扭。

② 手动检测　转动组合开关手柄，看动作是否灵活。

③ 万用表检测　用万用表检测组合开关的触点工作是否正常。

a. 万用表调零。将万用表拨到 $R \times 10\Omega$ 挡，将红、黑表笔短接，通过刻度盘右下方的调零旋钮将指针调整到欧姆挡的零刻度。

b. 触点检测。将万用表红、黑表笔分别放到组合开关同一层的两个触点上，当组合开关置于图 3-5（a）所示挡位时，万用表指针指向"∞"，说明此时这对触点是断开的；转换挡位（手柄旋转 90°），当组合开关置于图 3-5（b）所示挡位时，万用表指针指向"0"，说明此时这对触点是接通的。

c. 用相同的办法检测其他几对触点，如检测现象与描述相符，说明触点良好，否则，说明触点或组合开关损坏。

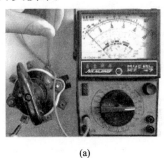 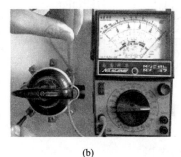

(a)　　　　　　　　　　(b)

图 3-5　组合开关触点检测

(4) 组合开关的故障处理

组合开关在使用过程中会出现各种各样的问题，组合开关的常见故障及其检修方法，如表3-2所示。

表3-2　组合开关故障及检修方法

故障现象	可能的原因	检修方法
手柄转动后，内部触点未动	①手柄上的轴孔磨损变形 ②绝缘杆变形(由方形磨为圆形) ③手柄与轴，或轴与绝缘杆配合松动 ④操作机构损坏	①调换手柄 ②更换绝缘杆 ③紧固松动部件 ④修理更换
手柄转动后，动、静触点不能按要求动作	①组合开关型号选用不正确 ②触点角度装配不正确 ③触点失去弹性或接触不良	①更换开关 ②重新装配 ③更换触点或清除氧化层或尘污
接线柱间短路	铁屑或油污附着在接线间，形成导电层，将胶木烧焦，绝缘损坏而形成短路	更换开关

3.3　熔断器

熔断器是低压电路及电动机控制线路中一种最简单的过载和短路保护电器。熔断器内装有一个低熔点的熔体，它串联在电路中，正常工作时，相当于导体，保证电路接通。当电路发生过载或短路时，熔体熔断，电路随之自动断开，从而保护了线路和设备。熔断器作为一种保护电器，具有结构简单、价格低、使用维护方便、体积小、重量轻等优点，所以得到了广泛应用。

(1) 熔断器的结构

熔断器一般由熔体和安装熔体的熔管或熔座两部分组成。常用的低压熔断器有瓷插式、螺旋式、无填料封闭管式、有填料封闭管式等几种。它具有结构简单、维护方便、价格便宜、体小量轻之优点。常用熔断器的外形与结构如图3-6所示。

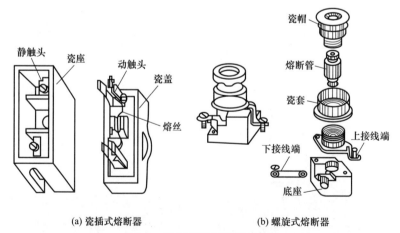

(a) 瓷插式熔断器　　　　　(b) 螺旋式熔断器

图3-6　常用熔断器外形与结构

(2) 熔断器的选用

熔断器的选择主要包括熔断器类型、额定电压、额定电流和熔体额定电流等的确定。熔断器的类型主要由电控系统整体设计确定，熔断器的额定电压应大于或等于实际电路的工作电压；熔断器额定电流应大于或等于所装熔体的额定电流。熔断器的类型根据线路要求和安装条件而定。

（3）熔断器的检测

① 外观检测　熔断器应完整无损，并应有额定电压、电流值的标志。

② 万用表检测　对于没有装熔体的熔体座，打开与合上时，万用表指针都指向"∞"，如图 3-7 所示。

图 3-7　无熔体检测

图 3-8　有熔体检测

对于有熔体的熔体座，打开时，万用表指针指向"∞"；当合上熔体座时，万用表指针由"∞"指向"0"，如图 3-8 所示。

如果在检测有熔体的熔体器时，合上熔体器万用表指针没有指向"0"，则可能是熔体损坏。

③ 熔体的检测　将万用表的转换开关拨到 $R\times10\Omega$ 挡上，红、黑表笔对接调零。将万用表的红、黑两个表笔分别放在熔体的两端，如图 3-9 所示。若万用表读数近似为"0"，则说明熔体正常；若万用表读数为"∞"，则说明熔体损坏。

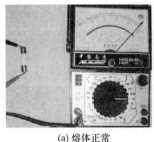

(a) 熔体正常　　　　　　　　(b) 熔体损坏

图 3-9　熔体检测

(4) 熔断器的故障处理

熔断器在使用过程中会出现各种各样的问题，熔断器的常见故障及其检修方法，如表3-3所示。

表 3-3 熔断器的常见故障及其检修方法

故障现象	产生原因	检修方法
电动机启动瞬间 熔体即熔断	①熔体规格选择太小 ②负载侧短路或接地 ③熔体安装时损伤	①调换适当的熔体 ②检查短路或接地故障 ③调换熔体
熔丝未熔断但电路不通	①熔体两端或接线端接触不良 ②熔断器的螺母盖未旋紧	①清扫并旋紧接线端 ②旋紧螺母盖

3.4 低压断路器

低压断路器又称自动空气开关，在电气线路中起接通、分断和承载额定工作电流的作用，并能在线路和电动机发生过载、短路、欠电压的情况下进行可靠的保护。它的功能相当于刀开关、过电流继电器、欠电压继电器、热继电器及漏电保护器等电器部分或全部的功能总和，是低压配电网中一种重要的保护电器。

(1) 低压断路器的结构

常用的低压断路器有 DZ 系列、DW 系列和 DWX 系列。图 3-10 所示为常用低压断路器外形。低压断路器的结构示意如图 3-11 所示，低压断路器主要由触点、灭弧系统、各种脱扣器和操作机构等组成。脱扣器又分电磁脱扣器、热脱扣器、复式脱扣器、欠压脱扣器和分励脱扣器 5 种。

DZ47系列三相断路器　　DZ108系列塑壳式断路器　　DZ20系列断路器　　DW45系列万能式断路器

图 3-10　常用低压断路器外形

图 3-11 所示断路器处于闭合状态，3 个主触点通过传动杆与锁扣保持闭合，锁扣可绕轴 5 转动。断路器的自动分断是由电磁脱扣器 6、欠压脱扣器 11 和双金属片 12 使锁扣 4 被杠杆 7 顶开而完成的。正常工作中，各脱扣器均不动作，而当电路发生短路、欠压或过载故障时，分别通过各自的脱扣器使锁扣被杠杆顶开，实现保护作用。

(2) 低压断路器的选用

低压断路器的选择应注意以下几点：

① 低压断路器的额定电流和额定电压应大于或等于线路、设备的正常工作电压和工作电流。

② 低压断路器的极限通断能力应大于或等于电路最大短路电流。

③ 欠电压脱扣器的额定电压应等于线路的额定电压。

④ 过电流脱扣器的额定电流应大于或等于线路的最大负载电流。

使用低压断路器来实现短路保护比熔断器优越，因为当三相电路短路时，很可能只有一相的熔断器熔断，造成断相运行。对于低压断路器来说，只要造成短路都会使开关跳闸，将三相同时切断。另外还有其他自动保护作用。但由于其结构复杂、操作频率低、价格较高，因此适用于要求较高的场合，如电源总配电盘。

（3）低压断路器的检测

① 目测外观　检查外壳有无破损。

② 手动检测　扳动低压断路器手柄，看动作是否灵活。

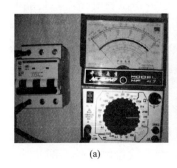

图 3-11　低压断路器结构示意图

1—弹簧；2—主触点；3—传动杆；4—锁扣；
5—轴；6—电磁脱扣器；7—杠杆；
8,10—衔铁；9—弹簧；11—欠压脱扣器；
12—双金属片；13—发热元件

③ 万用表检测　用万用表检测低压断路器一相的进、出线端工作是否正常。

a. 万用表调零。将万用表拨到 $R \times 10\Omega$ 挡，将红、黑表笔短接，通过刻度盘右下方的调零旋钮将指针调整到 Ω 挡的零刻度。

b. 将万用表红、黑表笔分别放到低压断路器一相的进线端和出线端时，万用表指针指向"∞"，如图 3-12（a）所示；向上合上手柄，若万用表指针由"∞"指向"0"，如图 3-12（b）所示，则此相正常，否则损坏。

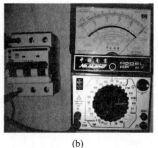

(a) (b)

图 3-12　三相断路器检测

c. 用同样的方法检测低压断路器的其他两相。

（4）低压断路器故障处理

低压断路器在使用过程中会出现各种各样的问题，低压断路器常见故障及其处理方法，如表 3-4 所示。

表 3-4　低压断路器常见故障及其处理方法

故障现象	产 生 原 因	处 理 方 法
手动操作断路器不能闭合	①电源电压太低 ②热脱扣的双金属片尚未冷却复原 ③欠电压脱扣器无电压或线圈损坏 ④储能弹簧变形，导致闭合力减小 ⑤反作用弹簧力过大	①检查线路并调高电源电压 ②待双金属片冷却后再合闸 ③检查线路，施加电压或调换线圈 ④调换储能弹簧 ⑤重新调整弹簧反力

续表

故障现象	产生原因	处 理 方 法
电动操作断路器不能闭合	①电源电压不符 ②电源容量不够 ③电磁铁拉杆行程不够 ④电动机操作定位开关变位	①调换电源 ②增大操作电源容量 ③调整或调换拉杆 ④调整定位开关
电动机启动时断路器立即分断	①过电流脱扣器瞬时整定值太小 ②脱扣器某些零件损坏 ③脱扣器反力弹簧断裂或落下	①调整瞬间整定值 ②调换脱扣器或损坏的零部件 ③调换弹簧或重新装好弹簧
分励脱扣器不能使断路器分断	①线圈短路 ②电源电压太低	①调换线圈 ②检修线路调整电源电压
欠电压脱扣器噪声大	①反作用弹簧力太大 ②铁芯工作面有油污 ③短路环断裂	①调整反作用弹簧 ②清除铁芯油污 ③调换铁芯
欠电压脱扣器不能使断路器分断	①反力弹簧弹力变小 ②储能弹簧断裂或弹簧力变小 ③机构生锈卡死	①调整弹簧 ②调换或调整储能弹簧 ③清除锈污

3.5 交流接触器

接触器是一种用来接通或切断交、直流主电路和控制电路，并且能够实现远距离控制的电器。大多数情况下其控制对象是电动机，也可用于其他电力负载。接触器不仅能自动地接通和断开电路，还具有控制容量大、欠电压释放保护、零压保护、频繁操作、工作可靠、寿命长等优点。因此，在电力拖动和自动控制系统中，接触器是应用最广泛的控制电器之一。

（1）交流接触器的结构

交流接触器的结构主要由触点系统、电磁系统、灭弧装置三大部分组成，另外还有反作用力弹簧、缓冲弹簧、触点压力弹簧和传动机构等部分。按控制电流性质不同，接触器分为交流接触器和直流接触器两大类。图 3-13 所示为几款接触器外形图。

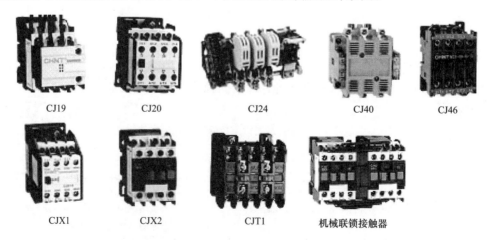

| CJ19 | CJ20 | CJ24 | CJ40 | CJ46 |

| CJX1 | CJX2 | CJT1 | 机械联锁接触器 |

图 3-13　常用交流接触器外形

交流接触器常用于远距离、频繁地接通和分断额定电压至 1140V、电流至 630A 的交流电路。图 3-14 为交流接触器的结构示意图，它分别由电磁系统、触点系统、灭弧状置和其他部件组成。

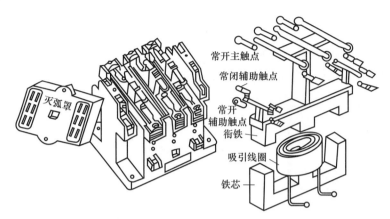

图 3-14　交流接触器结构示意图

当交流接触器的电磁线圈接通电源时，线圈电流产生磁场，使静铁芯产生足以克服弹簧反作用力的吸力，将动铁芯向下吸合，使常开主触点和常开辅助触点闭合，常闭辅助触点断开。主触点将主电路接通，辅助触点则接通或分断与之相连的控制电路。当接触器线圈断电时，静铁芯吸力消失，动铁芯在反作用弹簧力的作用下复位，各触点也随之复位。

交流接触器的铁芯和衔铁由 E 形硅钢片叠压而成，防止涡流和过热，铁芯上还装有短路环防止振动和噪声。接触器的触点分主触点和辅助触点。主触点通常有三对，用于通断主电路；辅助触点通常有两开两闭，用在控制电路中起电气自锁和互锁等作用。当接触器的动静触点分开时，会产生空气放电，即"电弧"，由于电弧的温度高达 3000℃ 或更高，会导致触点被严重烧灼，缩短电器的寿命，给电气设备的运行安全和人身安全等都造成了极大的威胁，因此，必须采取有效方法，尽可能消灭电弧。

常用的交流接触器有 CJ10 系列可取代 CJ0、CJ8 等老产品；CJ12、CJ12B 系列可取代 CJ1、CJ2、CJ3 等老产品。其中 CJ10 是统一设计产品。

(2) 交流接触器的选用

交流接触器的选择主要考虑以下几个方面：

① 接触器的类型。根据接触器所控制的负载性质，选择直流接触器或交流接触器。

② 额定电压。接触器的额定电压应大于或等于所控制线路的电压。

③ 额定电流。接触器的额定电流应大于或等于所控制电路的额定电流。对于电动机负载可按下列经验公式计算：

$$I_c = \frac{P_N}{KU_N}$$

式中，I_c 为接触器主触点电流，A；P_N 为电动机额定功率，kW；U_N 为电动机额定电压，V；K 为经验系数，一般取 1.4。

(3) 交流接触器的检测

在使用交流接触器之前，应进行必要的检测。

检测的内容包括：电磁线圈是否完好；对结构不甚熟悉的交流接触器，应区分出电磁线圈、常闭触点和常开触点的位置及质量好坏。

检测步骤如下。

① 万用表调零　如图 3-15 所示，将万用表拨到 $R \times 100\Omega$ 挡，然后将红、黑表笔短接，通过刻度盘左下方的调零旋钮将指针调整到欧姆挡的零刻度。

② 线圈的检测　将红、黑表笔分别放在 A1 和 A2 两接线柱上，测量电磁线圈电阻，此时万用表指针应指示交流接触器线圈的电阻值（几十欧至几千欧），如图 3-16 所示。若电阻为"0"，则说明线圈短路；若电阻为"∞"，则说明线圈断路。

图 3-15　万用表调零

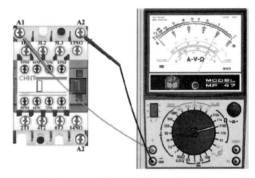

图 3-16　交流接触器线圈的检测

③ 主触点检测　将万用表的两表笔分别放在 L_1、T_1 接线柱上，万用表指针指向电阻"∞"，如图 3-17（a）所示；强制按下交流接触器衔铁或给其线圈通电，则万用表指针由"∞"指向"0"，如图 3-17（b）所示。说明此对主触点完好。

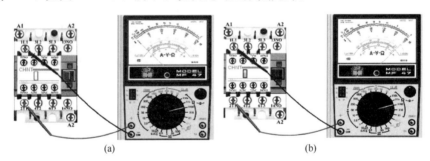

(a)　　　　　　　　　　　(b)

图 3-17　交流接触器主触点的检测

用同样的方法检测交流接触器其他两对主触点 L_2、T_2 和 L_3、T_3。

④ 常开辅助触点检测　将万用表两表笔分别放在一对常开辅助触点 53NO-54NO 或 83NO-84NO 的两个接线柱上，当接触器的线圈不通电或没有强制按下交流接触器衔铁时，万用表指针指示电阻应为"∞"，如图 3-18（a）所示；万用表两表笔不动，强制动作交流接触器或给其线圈通电，若万用表指针指示电阻为"0"，如图 3-18（b）所示，则此对触点正常，否则有故障。

⑤ 常闭辅助触点检测　将万用表红、黑表笔分别放在一对常闭辅助触点 61NC-62NC 的两个接线柱上，当接触器的线圈未通电或未强制按下交流接触器衔铁时，万用表指针指示电阻应为"0"，如图 3-19（a）所示；万用表两表笔不动，强制按下交流接触器衔铁或给其线圈通电，则万用表指针指示电阻应为"∞"，如图 3-19（b）所示，交流接触器此对常闭辅助触点正常。用同样方法测量另一对常闭辅助触点 71NC-72NC。

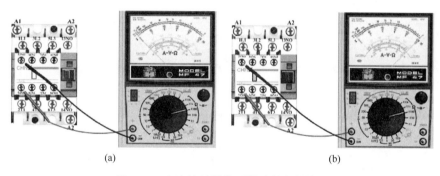

图 3-18 交流接触器常开辅助触点的检测

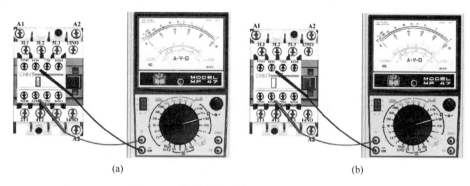

图 3-19 交流接触器常闭辅助触点的检测

（4）交流接触器故障处理

交流接触器在使用过程中会出现各种各样的问题，交流接触器常见故障及其处理方法，如表 3-5 所示。

表 3-5 交流接触器常见故障及其处理方法

故障现象	产 生 原 因	处 理 方 法
接触器不吸合或吸不牢	①电源电压过低 ②线圈断路 ③线圈技术参数与使用条件不符 ④铁芯机械卡阻	①调高电源电压 ②调换线圈 ③调换线圈 ④排除卡阻物
线圈断电，接触器不释放或释放缓慢	①触点熔焊 ②铁芯表面有油污 ③触点弹簧压力过小或复位弹簧损坏 ④机械卡阻	①排除熔焊故障，修理或更换触点 ②清理铁芯极面 ③调整触点弹簧力或更换复位弹簧 ④排除卡阻物
触点熔焊	①操作频率过高或过负载使用 ②负载侧短路 ③触点弹簧压力过小 ④触点表面有电弧灼伤 ⑤机械卡阻	①调换合适的接触器或减小负载 ②排除短路故障更换触点 ③调整触点弹簧压力 ④清理触点表面 ⑤排除卡阻物
铁芯噪声过大	①电源电压过低 ②短路环断裂 ③铁芯机械卡阻 ④铁芯极面有油垢或磨损不平 ⑤触点弹簧压力过大	①检查线路并提高电源电压 ②调换铁芯或短路环 ③排除卡阻物 ④用汽油清洗极面或更换铁芯 ⑤调整触点弹簧压力

续表

故障现象	产生原因	处理方法
线圈过热或烧毁	①线圈匝间短路 ②操作频率过高 ③线圈参数与实际使用条件不符 ④铁芯机械卡阻	①更换线圈并找出故障原因 ②调换合适的接触器 ③调换线圈或接触器 ④排除卡阻物

3.6 热继电器

热继电器是一种利用流过继电器的电流所产生的热效应而反时限动作的保护电器，它主要用作电动机的过载保护、断相保护、电流不平衡运行及其他电气设备发热状态的控制。

(1) 热继电器的结构

电动机在运行过程中若过载时间长、过载电流大，电动机绕组的温升就会超过允许值，使电动机绕组绝缘老化，缩短电动机的使用寿命，严重时甚至会使电动机绕组烧毁。因此，电动机在长期运行中，需要对其过载提供保护装置。热继电器是利用电流的热效应原理实现电动机的过载保护的，图 3-20 为几种常用的热继电器外形图。

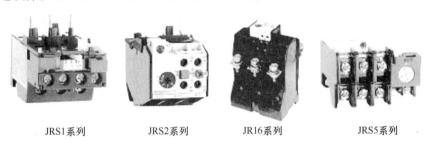

| JRS1系列 | JRS2系列 | JR16系列 | JRS5系列 |

图 3-20　常用热继电器外形

热继电器主要由热元件、双金属片和触点 3 部分组成。双金属片是热继电器的感测元件，由两种线膨胀系数不同的金属片用机械碾压而成。线膨胀系数大的称为主动层，小的称为被动层。图 3-21 (a) 是热继电器的结构示意图。热元件串联在电动机定子绕组中，电动机正常工作时，热元件产生的热量虽然能使双金属片弯曲，但还不能使继电器动作。当电动机过载时，流过热元件的电流增大，经过一定时间后，双金属片推动导板使继电器触点动作，切断电动机的控制线路。

电动机断相运行是电动机烧毁的主要原因之一。因此要求热继电器还应具备断相保护功能，如图 3-21 (b) 所示。热继电器的导板采用差动机构，在断相工作时，其中两相电流增大，一相逐渐冷却，这样可使热继电器的动作时间缩短，从而更有效地保护电动机。

(2) 热继电器的选用

热继电器主要用于电动机的过载保护，使用中应考虑电动机的工作环境、启动情况、负载性质等因素，具体应按以下几个方面来选择。

① 热继电器结构形式的选择：Y 接法的电动机可选用两相或三相结构热继电器；△接法的电动机应选用带断相保护装置的三相结构热继电器。

② 根据被保护电动机的实际启动时间选取 6 倍额定电流下具有相应可返回时间的热继电器。一般热继电器的可返回时间为 6 倍额定电流下动作时间的 $50\% \sim 70\%$。

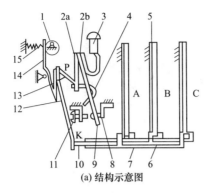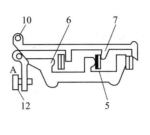

(a) 结构示意图　　　　　(b) 差动式断相保护示意图

图 3-21　JR16 系列热继电器结构示意

1—电流调节凸轮；2a，2b—簧片；3—手动复位按钮；4—弓簧；5—双金属片；
6—外导板；7—内导板；8—常闭静触点；9—动触点；10—杠杆；11—调节螺钉；
12—补偿双金属片；13—推杆；14—连杆；15—压簧

③ 热元件额定电流一般可按下式确定：

$$I_N = (0.95 \sim 1.05)I_{MN}$$

式中　I_N——热元件额定电流；

　　　I_{MN}——电动机的额定电流。

对于工作环境恶劣、启动频繁的电动机，则按下式确定：

$$I_N = (1.15 \sim 1.5)I_{MN}$$

热元件选好后，还需用电动机的额定电流来调整它的整定值。

④ 对于重复短时工作的电动机（如起重机电动机），由于电动机不断重复升温，热继电器双金属片的温升跟不上电动机绕组的温升，电动机将得不到可靠的过载保护，因此，不宜选用双金属片热继电器，而应选用过电流继电器或能反映绕组实际温度的温度继电器来进行保护。

(3) 热继电器的检测

在使用热继电器之前应进行必要的检测。检测的内容包括：区分出热元件主接线柱位置及是否完好；区分出常闭触点和常开触点的位置及是否完好。检测步骤如下。

① 万用表调零　将万用表拨到 $R \times 10\Omega$ 挡，将红、黑表笔短接，通过刻度盘右下方的调零旋钮，将指针调整到欧姆挡的零刻度。

② 热继电器主接线柱（热元件）的检测　将红、黑表笔分别放在热继电器任意两主接线柱上，由于热元件的电阻值较小，几乎为零，因此若测得电阻为"0"，说明所测两点为热元件的一对主接线柱，且热元件完好，如图 3-22（a）所示，L_1-T_1 是一对完好的主接线柱；若阻值为"∞"，说明这两点不是热元件的一对主接线柱或热元件损坏，如图 3-22（b）所示，L_3-T_3 不是一对主接线柱。

③ 常闭常开触点的检测　将万用表红、黑表笔放在任意两个触点上。若万用表所测得的阻值为"0"，说明这是一对常闭触点，如图 3-23（a）所示；拨动热继电器的机械按钮，指针从"0"指向了"∞"，如图 3-23（b）所示，确定 93-98 是一对常闭触点。

若所测得的阻值为"∞"，则可能是一对常开触点，如图 3-24（a）所示，93-96 可能是一对常开触点。拨动热继电器的机械按钮，指针从"∞"指向了"0"，如图 3-24（b）所示，确定 93-96 是一对常开触点。

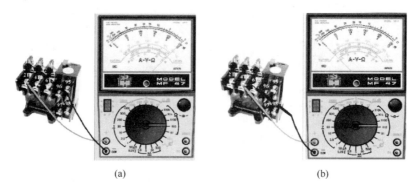

(a)　　　　　　　　　　　(b)

图 3-22　热继电器主接线柱的检测

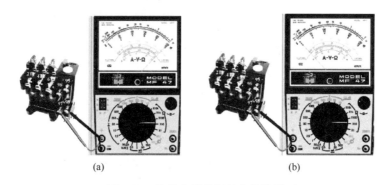

(a)　　　　　　　　　　　(b)

图 3-23　热继电器常闭触点的检测

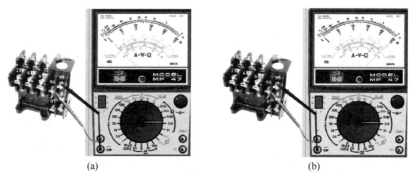

(a)　　　　　　　　　　　(b)

图 3-24　热继电器常开触点的检测

（4）热继电器故障处理

热继电器在使用过程中会出现各种各样的问题，热继电器常见故障及其处理方法，如表 3-6 所示。

表 3-6　热继电器的常见故障及其处理方法

故障现象	产　生　原　因	处　理　方　法
热继电器误动作 或动作太快	①整定电流偏小 ②操作频率过高 ③连接导线太细	①调大整定电流 ②调换热继电器或限定操作频率 ③选用标准导线
热继电器不动作	①整定电流偏大 ②热元件烧断或脱焊 ③导板脱出	①调小整定电流 ②更换热元件或热继电器 ③重新放置导板并试验动作灵活性

续表

故障现象	产　生　原　因	处　理　方　法
热元件烧断	①负载侧电流过大 ②反复 ③短时工作 ④操作频率过高	①排除故障调换热继电器 ②限定操作频率或调换合适的热继电器
主电路不通	①热元件烧毁 ②接线螺钉未压紧	①更换热元件或热继电器 ②旋紧接线螺钉
控制电路不通	①热继电器常闭触点接触不良或弹性消失 ②手动复位的热继电器动作后,未手动复位	①检修常闭触点 ②手动复位

3.7　中间继电器

中间继电器一般用来控制各种电磁线圈,使信号得到放大,或将信号同时传给几个控制元件。

(1) 中间继电器的结构

中间继电器实质上是一种电压继电器,但它的触点数量较多,容量较小。它是作为控制开关使用的接触器。它在电路中的作用主要是扩展控制触点数和增加触点容量。其输入信号是线圈的通电和断电,输出信号是触点的动作。常用中间继电器外形,如图 3-25 所示。

| JZ7系列 | JZ14系列 | JZ15系列 | JZC1系列 | JZC4系列 |

图 3-25　常用中间继电器外形

中间继电器的结构和交流接触器基本相同,如图 3-26 所示。

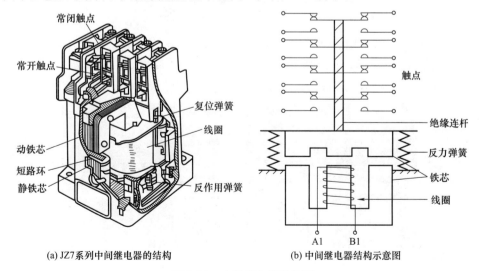

(a) JZ7系列中间继电器的结构　　　(b) 中间继电器结构示意图

图 3-26　中间继电器结构图

（2）中间继电器的选用

继电器是组成各种控制系统的基础元件，选用时应综合考虑继电器的适用性、功能特点、使用环境、工作制、额定工作电压及额定工作电流等因素，做到合理选择。具体应从以下几方面考虑。

① 类型和系列的选用。

② 使用环境的选用。

③ 使用类别的选用。典型用途是控制交、直流电磁铁，例如，交、直流接触器线圈。使用类别如 AC-11、DC-11。

④ 额定工作电压、额定工作电流的选用。继电器线圈的电流种类和额定电压，应与系统一致。

⑤ 工作制的选用。工作制不同对继电器的过载能力要求也不同。

（3）中间继电器的检测

在使用中间继电器之前，应进行必要的检测。检测的内容包括电磁线圈是否完好；对结构不甚熟悉的中间继电器，应区分出电磁线圈、常闭触点和常开触点的位置及状况。检测步骤如下。

① 万用表调零　将万用表拨到 $R \times 10\Omega$ 挡，然后将红、黑表笔短接，通过刻度盘左下方的调零旋钮将指针调整到欧姆挡的零刻度。

② 线圈的检测　将红、黑表笔分别放在 A1 和 A2 两接线柱上，万用表表示数为几十欧姆至几千欧姆，如图 3-27 所示。若电阻为 "0" 或者 "∞"，说明线圈出现短路或断路故障。

图 3-27　中间继电器线圈的检测

③ 触点的检测　将万用表红、黑表笔放在任意两个触点上。若万用表所测阻值为 "0"，说明这是一对常闭触点，如图 3-28（a）所示。强制按下中间继电器的衔铁，指针从 "0" 指向了 "∞"，如图 3-28（b）所示，确定这是一对常闭触点。

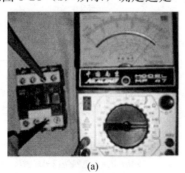

（a）　　　　　　　　　　　（b）

图 3-28　中间继电器常闭触点的检测

若所测阻值"∞",则可能是一对常开触点,如图 3-29(a)所示。强制按下中间继电器的衔铁,指针从"∞"指向了"0",如图 3-29(b)所示,确定这是一对常开触点。

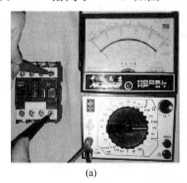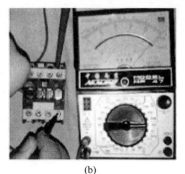

(a)   (b)

图 3-29 中间继电器常开触点的检测

(4)中间继电器的常见故障及检修方法

中间继电器的常见故障及检修方法与接触器类似。

3.8 时间继电器

在自动控制系统中,需要有瞬时动作的继电器,也需要有延时动作的继电器。时间继电器就是利用某种原理实现触点延时动作的自动电器,经常用于时间控制原则进行控制的场合。

(1)时间继电器的结构

常用时间继电器外形,如图 3-30 所示。

JS7系列空气阻尼式   JS14P数字式   JS14A晶体管式   JS14S数字式

JSZ3系列   JSS1数字式   JS11系列电动机式   时间继电器底座

图 3-30 常用时间继电器外形

(2)时间继电器的选用

时间继电器形式多样,各具特点,选择时应从以下几方面考虑:

① 根据控制电路对延时触点的要求选择延时方式,即通电延时型或断电延时型。

② 根据延时范围和精度要求选择继电器类型。

③ 根据使用场合、工作环境选择时间继电器的类型。如电源电压波动大的场合可选空气阻尼式或电动式时间继电器,电源频率不稳定的场合不宜选用电动式时间继电器;环境温

度变化大的场合不宜选用空气阻尼式和电子式时间继电器。

（3）时间继电器的检测

在使用时间继电器之前，应进行必要的检测。检测的内容包括：线圈是否完好；区分出延时闭合触点对和延时断开触点对的位置及是否完好。

① JS3-1A 时间继电器检测如下。

a. 万用表调零。将万用表拨到 $R \times 100\Omega$ 挡，然后将红、黑表笔短接，通过刻度盘左下方的调零旋钮将指针调整到 Ω 挡的零刻度。

b. 线圈的检测。将红、黑表笔放在线圈两端 A1 和 A2 接线柱上，此时万用表指针应指示时间继电器线圈的电阻值（几十欧至几千欧），如图 3-31 所示。

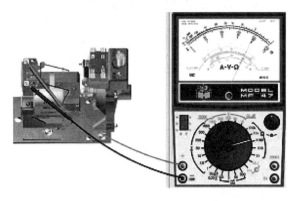

图 3-31　时间继电器线圈的检测

c. 触点检测。将红、黑两表笔接在任意两个触点上，手动推动衔铁，模拟时间继电器动作，延时时间到了以后，若表针从"∞"指向"0"，说明这对触点是延时闭合的常开触点对，如图 3-32 所示；若表针从"0"指向"∞"，说明这对触点是延时断开的触点对，如图 3-33 所示；若表针不动，说明这两点不是一对触点。

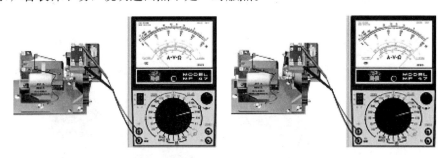

图 3-32　时间继电器常开触点的检测

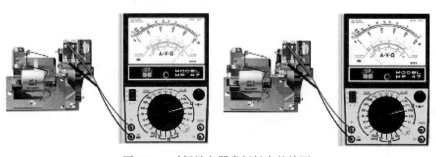

图 3-33　时间继电器常闭触点的检测

② ST3P 时间继电器检测如下。

a. 外观检测。观察时间继电器线圈底座，如图 3-34 所示，并对照时间继电器的铭牌标示，如图 3-35 所示，找出时间继电器的线圈和延时闭合及延时断开的触点数字标号：

线圈：2-7；

延时闭合的常开触点：1-3 和 6-8；

延时断开的常闭触点：1-4 和 5-8。

图 3-34　时间继电器线圈底座

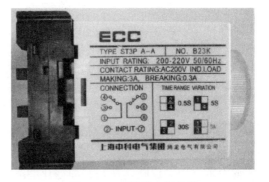

图 3-35　时间继电器铭牌

b. 线圈的检测。将万用表拨到 $R \times 10\text{k}\Omega$ 挡，并进行欧姆调零。将时间继电器主体可靠插入底座上，将红、黑两表笔放在线圈两触点 2-7 接线端子上，万用表指针显示线圈阻值约为 1000kΩ，如图 3-36 所示。否则，线圈损坏。

c. 触点检测。将万用表调到 $R \times 10\Omega$ 挡，红、黑表笔对接调零。将万用表的红、黑两表笔分别放在 5-8（或 1-4）接线端，万用表指针指向 "0"；将万用表的红、黑两表笔分别放在 6-8（或 1-3）接线端，万用表指针指向 "∞"，如图 3-37 所示，说明延时闭合的常开触点和延时断开的常闭触点完好。

图 3-36　时间继电器线圈的检测

(4) 时间继电器的故障处理

空气阻尼式时间继电器常见故障及其处理方法，如表 3-7 所示。

图 3-37　时间继电器触点的检测

表3-7　空气阻尼式时间继电器常见故障及其处理方法

故 障 现 象	产 生 原 因	处 理 方 法
延时触点不动作	①电磁铁线圈断线 ②电源电压低于线圈额定电压很多 ③电动式时间继电器的同步电动机线圈断线 ④电动式时间继电器的棘爪无弹性，不能刹住棘齿 ⑤电动式时间继电器游丝断裂	①更换线圈 ②更换线圈或调高电源电压 ③调换同步电动机 ④调换棘爪 ⑤调换游丝
延时时间缩短	①空气阻尼式时间继电器的气室装配不严，漏气 ②空气阻尼式时间继电器的气室内橡皮薄膜损坏	①修理或调换气室 ②调换橡皮薄膜
延时时间变长	①空气阻尼式时间继电器的气室内有灰尘，使气道阻塞 ②电动式时间继电器的传动机构缺润滑油	①清除气室内灰尘，使气道畅通 ②加入适量的润滑油

3.9　速度继电器

速度继电器是用来反映转速与转向变化的继电器。它可以按照被控电动机转速的大小使控制电路接通或断开。速度继电器主要用于三相异步电动机反接制动的控制电路中，故也称其为反接制动继电器。

（1）速度继电器的结构

速度继电器通常与接触器配合，实现对电动机的反接制动。常用速度继电器外形，如图3-38所示。

JY-1型速度继电器　　CT-822速度继电器　　JMP-S速度继电器　　FKJ-CB速度控制继电器

JMP-SD(S1)双功能速度继电器　　DSK-F电子速度继电器　　SKJ-C电子速度继电器

图3-38　常用速度继电器外形

速度继电器主要由转子、定子及触点三部分组成。速度继电器的结构如图3-39所示。

速度继电器的转轴和电动机的主轴通过联轴器相连，当电动机转动时，速度继电器的转子随之转动，定子内的绕组便切割磁感线，产生感应电动势，而后产生感应电流，此电流与转子磁场作用产生转矩，使定子开始转动。电动机转速达到某一值时，产生的转矩能使定子转到一定角度，使摆杆推动常闭触点动作；当电动机转速低于某一值或停转时，定子产生的转矩会减小或消失，触点在弹簧的作用下复位。

速度继电器有两组触点（每组各有一对常开触点和常闭触点），可分别控制电动机正、反转的反接制动。

（2）速度继电器的选用

速度继电器主要根据电动机的额定转速来选择。使用时，速度继电器的转轴应与电动机同轴连接；安装接线时，正反向的触点不能接错，否则不能起到反接制动时接通和断开反向电源的作用。

（3）速度继电器的检测

① 万用表调零　将万用表拨到 $R \times 10\Omega$ 挡，然后将红、黑表笔短接，通过刻度盘左下方的调零旋钮将指针调整到 Ω 挡的零刻度。

② 触点检测　将红、黑两表笔接在任意两个触点上，万用表指针指向"0"，说明这是一对常闭触点，如图 3-40（a）所示。推动衔铁，模拟速度继电器动作，若表针从"0"指向"∞"，说明这对触点完好，如图 3-40（b）所示；否则触点损坏。

将红、黑两表笔接在任意两个触点上，若万用表指针指向"∞"，说明这可能是一对常开触点，如图 3-41（a）所示。推动衔铁，模拟速度继电器动作，若表针无变化，说明这不是一对触点，或触点损坏；若表针从"∞"指向"0"，说明这是一对常开触点，且触点完好，如图 3-41（b）所示。

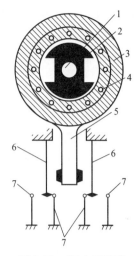

图 3-39　JY-1 型速度
继电器结构示意图
1—转轴；2—转子；3—定子；
4—绕组；5—胶木摆杆；
6—动触点；7—静触点

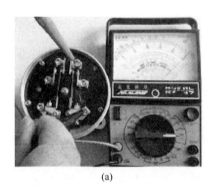 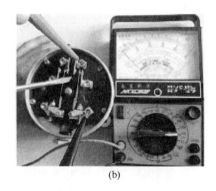

(a)　　　　　　　　(b)

图 3-40　速度继电器常闭触点的检测

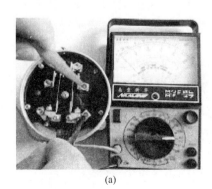 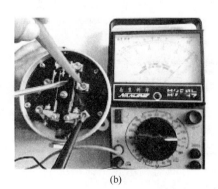

(a)　　　　　　　　(b)

图 3-41　速度继电器常开触点的检测

（4）速度继电器的故障处理

速度继电器在使用过程中会出现各种各样的问题，速度继电器的常见故障及其处理方法如表 3-8 所示。

表 3-8　速度继电器的常见故障及其处理方法

故 障 现 象	产 生 原 因	处 理 方 法
制动时速度继电器失效，电动机不能制动	①速度继电器胶木摆杆断裂 ②速度继电器常开触点接触不良 ③弹性动触片断裂或失去弹性	①调换胶木摆杆 ②清洗触点表面油污 ③调换弹性动触片

3.10　按钮

按钮是一种手按下即动作、手释放即复位的短时接通的小电流开关电器。它适用于交流电压 500V 或直流电压 440V，电流为 5A 及以下的电路中。一般情况下它不直接操纵主电路的通断，而是在控制电路中发出"指令"，通过接触器、继电器等电器去控制主电路；也可用于电气联锁等线路中。

（1）按钮的结构

按钮由按钮帽、复位弹簧、常开触点、常闭触点、接线桩、外壳等组成，按钮按照用途和触点结构的不同分为停止按钮（常闭按钮）、启动按钮（常开按钮）及复合按钮（常开常闭组合按钮）。按钮的种类很多，常用的按钮外形如图 3-42 所示。

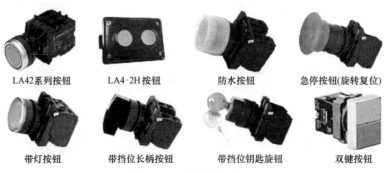

| LA42系列按钮 | LA4-2H按钮 | 防水按钮 | 急停按钮(旋转复位) |
| 带灯按钮 | 带挡位长柄按钮 | 带挡位钥匙旋钮 | 双键按钮 |

图 3-42　常用按钮外形

实用中，为了避免误操作，通常在按钮上做出不同标记或涂以不同的颜色加以区分，其颜色有红、黄、蓝、白、绿、黑等。一般红色表示停止按钮；绿色表示启动按钮；急停按钮必须用红色蘑菇按钮。

（2）按钮的选用

按钮主要根据使用场合、用途、控制需要及工作状况等进行选择。

① 根据使用场合选择控制按钮的种类，如开启式、防水式、防腐式等。

② 根据用途选用合适的形式，如钥匙式、紧急式、带灯式等。

③ 根据控制回路的需要，确定不同的按钮数，如单钮、双钮、三钮、多钮等。

④ 根据工作状态指示和工作情况的要求，选择按钮及指示灯的颜色。

（3）按钮的检测

① 目测外观　检查按钮外观是否完好，有无损坏。

② 手动检测 按动按钮看动作是否灵活，有无卡阻。

③ 万用表检测 用万用表检查常开、常闭触点工作是否正常。

a. 万用表调零。将万用表拨到 $R \times 10\Omega$ 挡，将红、黑表笔短接，通过刻度盘右下方的调零旋钮将指针调整到 Ω 挡的零刻度。

b. 常闭触点的检测。将万用表红、黑表笔分别放在按钮一对触点的两端，万用表指针指向 "0"，如图 3-43（a）所示；按下按钮，若万用表指针由 "0" 指向 "∞"，如图 3-43（b）所示，则常闭触点完好，否则触点损坏。

c. 常开触点的检测。将万用表红、黑表笔分别放在按钮另一对触点的两端，万用表指针指向 "∞"，如图 3-44（a）所示；按下按钮，若万用表指针由 "∞" 指向 "0"，如图 3-44（b）所示，则常开触点完好，否则触点损坏。

（4）按钮的故障处理

按钮在使用过程中会出现各种各样的问题，按钮的常见故障及其处理方法，如表 3-9 所示。

| (a) | (b) |

图 3-43 按钮常闭触点的检测

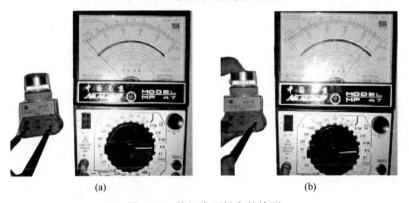

| (a) | (b) |

图 3-44 按钮常开触点的检测

表 3-9 按钮常见故障及其处理方法

故 障 现 象	可 能 原 因	处 理 方 法
触点接触不良	①触点烧损 ②触点表面有尘垢 ③触点弹簧失效	①修理触点或更换产品 ②清洁触点表面 ③重绕弹簧或更换产品
触点间短路	①塑料受热变形导致接线螺钉相碰短路 ②杂物或油污在触点间形成通路	①查明发热原因排除，并更换产品 ②清洁按钮内部

3.11 行程开关

行程开关又称限位开关或位置开关，是一种利用生产机械的某些运动部件的碰撞来发出控制指令的主令电器，用于控制生产机械的运动方向、行程大小和位置保护等。

(1) 行程开关的结构

行程开关的种类很多，常用的行程开关有按钮式、单轮旋转式、双轮旋转式行程开关，它们的外形如图 3-45 所示。

各种系列的行程开关其基本结构大体相同，都是由操作头、触点系统和外壳组成。其结构示意图如图 3-46～图 3-48 所示。

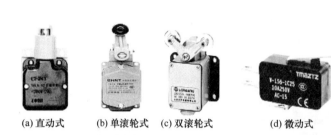

(a) 直动式　　(b) 单滚轮式　(c) 双滚轮式　　(d) 微动式

图 3-45　常用行程开关外形

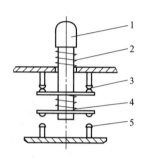

图 3-46　直动式行程开关
1—顶杆；2—弹簧；3—常闭触点；
4—触点弹簧；5—常开触点

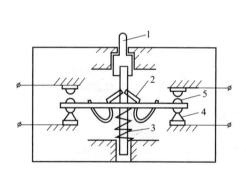

图 3-47　微动式行程开关
1—推杆；2—弹簧；3—压缩弹簧；
4—常闭触点；5—常开触点

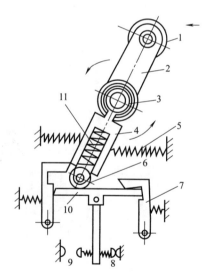

图 3-48　滚动式行程开关
1—滚轮；2—上传臂；3,5,11—弹簧；4—套架；
6—滑轮；7—压板；8,9—触点；10—横板

(2) 行程开关的选用

行程开关在选用时，应根据不同的使用场合，满足额定电压、额定电流、复位方式和触点数量等方面的要求。

① 根据应用场合及控制对象选择种类。

② 根据控制要求确定触点的数量和复位方式。

③ 根据控制回路的额定电压和电流选择系列。

④ 根据安装环境确定开关的防护形式，如开启式或保护式。

(3) 行程开关的检测

① 目测外观　检查行程开关外观是否完好。

② 手动检测　按动行程开关的顶杆，看动作是否灵活，并观察行程开关的触点，尝试区分常开和常闭触点。

③ 万用表检测　用万用表检查行程开关的常开和常闭触点工作是否正常。

a. 万用表调零。把万用表拨在 $R \times 10\Omega$ 挡上，红、黑表笔对接调零。

b. 常闭触点的检测。将万用表红、黑两表笔分别放在行程开关一对触点的两接线端，万用表指针指向"0"，如图 3-49（a）所示；按下顶杆时，若万用表指针由"0"指向"∞"，如图 3-49（b）所示，说明此对触点为常闭触点。

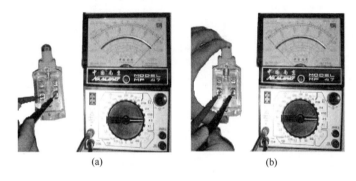

图 3-49　行程开关常闭触点的检测

c. 常开触点的检测。将万用表红、黑两表笔分别放在行程开关的另一对触点的两接线端，万用表指针指向"∞"，如图 3-50（a）所示；按下顶杆时，若万用表指针由"∞"指向"0"，如图 3-50（b）所示，说明此对触点为常开触点。

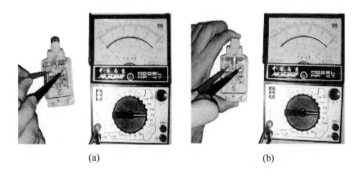

图 3-50　行程开关常开触点的检测

(4) 行程开关的故障处理

行程开关在使用过程中会出现各种各样的问题，行程开关的常见故障及其处理方法，如表 3-10 所示。

表 3-10 行程开关常见故障及其处理方法

故障现象	可能原因	处理方法
挡铁碰撞开关后触点不动作	①开关位置安装不合适 ②触点接触不良 ③触点连接线脱落	①调整开关位置 ②清洁触点 ③紧固连接线
行程开关复位后,常闭触点不能闭合	①触杆被杂物卡住 ②动触点脱落 ③弹簧弹力减退或被卡住 ④触点偏斜	①清扫开关 ②重新调整动触点 ③调换弹簧 ④调换触点
杠杆偏转后触点未动	①行程开关位置太低 ②机械卡阻	①将开关向上调到合适位置 ②打开后盖清扫开关

第4章

常用电工仪表的使用

4.1 指针式万用表

万用表是万用电表的简称，它是电子制作中一个必不可少的工具。万用表能测量电流、电压、电阻，有的还可以测量三极管的放大倍数、频率、电容值、逻辑电位、分贝值等。

（1）MF-47 型万用表结构

① 万用表面板　MF-47 型万用表的面板如图 4-1 所示。

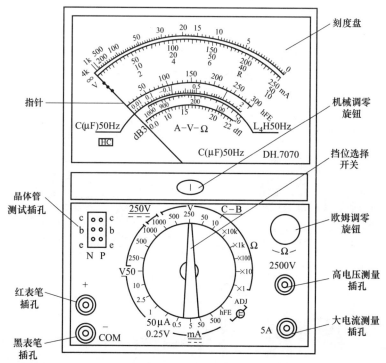

图 4-1　MF-47 型万用表

万用表由表头、测量电路及转换开关 3 个主要部分组成。

a. 表头。MF-47 型万用表是一只高灵敏度的磁电式直流电流表，万用表的主要性能指标基本上取决于表头的性能。表头的灵敏度是指表头指针满刻度偏转时流过表头的直流电流值，这个值越小，表头的灵敏度越高。测电压时的内阻越大，其性能就越好。表盘上印有多条刻度线，其中右端标有"Ω"的是电阻刻度线，其右端为零，左端为∞，刻度值分布是不均匀的。符号"－"或"DC"表示直流；"～"或"AC"表示交流；"≈"表示交流和直流共用的刻度线。刻度线下的几行数字是与选择开关的不同挡位相对应的刻度值。另外表盘上还有一些表示表头参数的符号：如 DC20kΩ/V、AC9kΩ/V 等。

b. 测量电路。测量电路是用来把各种被测量转换到适合表头测量的微小直流电流的电路，它由电阻、半导体元件及电池组成。它能将各种不同的被测量（如电流、电压、电阻等）不同的量程，经过一系列的处理（如整流、分流、分压等）统一变成一定量限的微小直流电流送入表头进行测量。

c. 转换开关。转换开关的作用是选择各种不同的测量线路，以满足不同种类和不同量程的测量要求。

② 万用表符号含义

a. ≈ 表示交直流。

b. V-2.5kV4000Ω/V 表示对于交流电压及 2.5kV 的直流电压挡，其灵敏度为 4000Ω/V。

c. A-V-Ω 表示可测量电流、电压及电阻。

d. 2000Ω/V DC 表示直流挡的灵敏度为 2000Ω/V。

(2) MF-47 型万用表使用

① 测量电阻　将万用表的红黑表笔分别接在电阻的两侧，根据万用表的电阻挡位和指针在欧姆刻度线上的指示数确定电阻值。

a. 选择挡位。将万用表的功能旋钮调整至电阻挡，如图 4-2 所示。

b. 欧姆调零。选好合适的欧姆挡后，将红黑表笔短接，指针自左向右偏转，这时表针应指向 0（表盘的右侧，电阻刻度的 0 值）；如果不在 0 处，就需要调整零欧姆校正钮使万用表表针指向 0 刻度，如图 4-3 所示。

图 4-2　调整万用表的功能旋钮

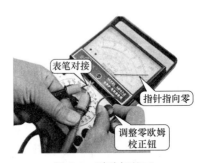

图 4-3　零欧姆校正

注意：每次更换量程前，必须重新进行欧姆调零。

c. 测量。将红黑表笔分别接在被测电阻的两端，表头指针在欧姆刻度线上的示数乘以该电阻挡位的倍率，即为被测电阻值。如图 4-4 所示。

被测电阻的值为表盘的指针指示数乘以欧姆挡位，被测电阻值＝刻度示值×倍率（单位：欧姆）。这里选用 $R\times100\Omega$ 挡测量，万用表指针指示 13，则被测电阻值为 $13\times100=1300\Omega=1.3k\Omega$。

图 4-4　检测电阻

② 测量直流电压

a. 选择挡位。将万用表的红黑表笔连接到万用表的表笔插孔中，并将功能旋钮调整至直流电压最高挡位，估算被测量电压大小选择量程，如图 4-5 所示。

b. 选择量程。若不清楚电压大小，应先用最高电压挡测量，逐渐换用低电压挡。图 4-6 电路中电源电压只有 9V，所以选用直流 10V 挡。

c. 测量。万用表应与被测电路并联。红表笔接开关 S_3 左端，黑表笔接电阻 R_2 左端，测量电阻 R_2 两端电压，如图 4-6 所示。

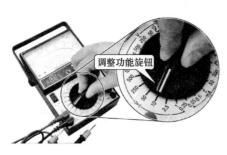

图 4-5　调整万用表功能旋钮

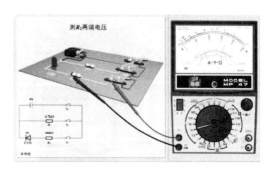

图 4-6　检测直流电压

d. 读数。仔细观察表盘，直流电压挡刻度线是第二条刻度线，用 10V 挡时，可用刻度线下第三行数字直接读出被测电压值。注意读数时，视线应正对指针。根据示数大小及所选量程读出所测电压值大小。本次测量所选量程是 10V，示数是 6.8（用 0～10 标度尺），则本次所测电压值是 $10/10 \times 6.8 = 6.8V$。

③ 测量交流电压

a. 选择挡位。将万用表的红黑表笔连接到万用表的表笔插孔中，将转换开关转到对应的交流电压最高挡位。

b. 选择量程。若不清楚电压大小，应先用最高电压挡测量，图 4-7 电路中测量变压器输入市电电压，所以应选用 250V 挡。

c. 测量。测电压时应使万用表与被测电路相并联，打开电源开关，然后将红、黑表笔放在变压器输入端 1、2 测试点，测量交流电压，如图 4-7 所示。

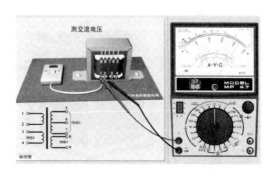

图 4-7　检测交流电压

d. 读数。仔细观察表盘，交流电压挡是第二条刻度线，用 250V 挡时，可用刻度线下第一行数字直接读出被测电压值。注意读数时，视线应正对指针。根据示数大小及所选量程读出所测电压值大小。本次测量所选量程是交流 250V，示数是 218（用 0～250 标度尺），则本次所测电压值是 $250/250 \times 218 \approx 220V$。

④ 测量直流电流

a. 选择挡位。指针式万用表检测电流前，要将电流量程调整至最大挡位，即将红表笔连接到"5A"插孔，黑表笔连接负极性插孔，如图 4-8 所示。

b. 选择量程。将功能调整开关调整至直流电流挡，若不清楚电流的大小，应先用最高电流挡（500mA 挡）测量，逐渐换用低电流挡，直至找到合适电流挡，如图 4-9 所示。

图 4-8 连接万用表表笔

图 4-9 调整功能旋钮

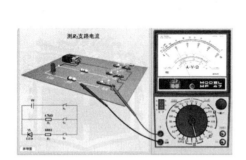

图 4-10 检测直流电流

c. 测量。将万用表串联在待测电路中进行电流的检测，并且在检测直流电流时，要注意正负极性的连接。测量时，应断开被测支路，红表笔连接电路的正极端，黑表笔连接电路的负极端，如图 4-10 所示。

d. 读数。仔细观察表盘，直流电流挡是第二条刻度线，用 50mA 挡时，可用刻度线下第二行数字直接读出被测电流值。注意读数时，视线应正对指针。根据示数大小及所选量程读出所测电流值大小。本次测量所选量程是直流 50mA，示数是 10（用 0～50 标度尺），则本次所测电压值是 $50/50 \times 10 = 10$mA。

⑤ 检测晶体管 三极管有 NPN 型和 PNP 型两种类型，三极管的放大倍数可以用万用表进行检测。

a. 选择挡位。将万用表的功能旋钮调整至"hFE"挡，如图 4-11 所示。然后调节欧姆校零旋钮，让表针指到标有"hFE"刻度线的最大刻度"300"处，实际上表针此时也指在欧姆刻度线"0"刻度处。

b. 测量。根据三极管的类型和引脚的极性将检测三极管插入相应的测量插孔，NPN 型三极管插入标有"N"字样的插孔，PNP 型三极管插入标有"P"字样的插孔，如图 4-12 所示，即可检测出该晶体管的放大倍数为 30 左右。

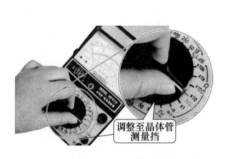

图 4-11 调整万用表功能旋钮

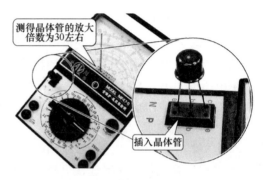

图 4-12 检测晶体管放大倍数

(3) MF-47 型万用表维护

① 节能意识 万用表使用完之后要将转换开关拨到 OFF 挡位。

② 更换电池 更换电池如图 4-13 所示。顺着 OPEN 的箭头方向，打开万用表的电池盒，看到有两个电池，一个是圆形的 1.5V 的电池；另一个是方形的 9V 的电池。如图4-14所示。

图 4-13　更换电池

图 4-14　万用表的电池

③ 更换熔丝 打开保险管盒，更换同一型号的熔丝即可。如图 4-15 所示。

图 4-15　更换万用表的熔丝

(4) 万用表使用注意事项

① 在测量电阻时，人的两只手不要同时和测试棒一起搭在内阻的两端，以避免人体电阻的并入。

② 若使用"×1"挡测量电阻，应尽量缩短万用电表使用时间，以减少万用电表内电池的电能消耗。

③ 测电阻时，每次换挡后都要调节零点，若不能调零，则必须更换新电池。切勿用力再旋"调零"旋钮，以免损坏。此外，不要用双手同时接触两支表笔的金属部分，测量高阻值电阻更要注意。

④ 在电路中测量某一电阻的阻值时，应切断电源，并将电阻的一端断开。不能用万用电表测电源内阻。若电路中有电容，应先放电。也不能测额定电流很小的电阻（如灵敏电流计的内阻等）。

⑤ 测直流电流或直流电压时，红表笔应接入电路中高电位一端（或电流总是从红表笔流入电表）。

⑥ 测量电流时，万用电表必须与待测对象串联；测电压时，它必须与待测对象并联。

⑦ 测电流或电压时，手不要接触表笔金属部分，以免触电。

⑧ 绝对不允许用电流挡或欧姆挡去测量电压！

⑨ 试测时应用跃接法，即在表笔接触测试点的同时，注视指针偏转情况，并随时准备在出现意外（指针超过满刻度、指针反偏等）时，迅速将电笔脱离测试点。

⑩ 测量完毕，务必将"转换开关"拨离欧姆挡，应拨到空挡或最大交流电压挡，以免他人误用，造成仪表损坏，也可避免由于将量程拨至电阻挡，而把表笔碰在一起致使表内电池长时间放电。

4.2 数字式万用表

(1) VC9805A 型万用表结构

VC9805A 型数字万用表面板如图 4-16 所示。

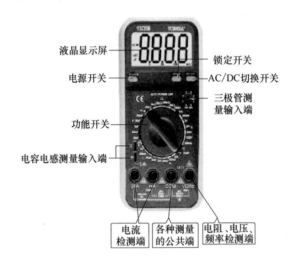

图 4-16 VC9805A 型数字万用表面板

数字万用表面板上主要由液晶显示屏、按键、挡位选择开关和各种插孔组成。

a. 液晶显示屏。在测量时，数字万用表依靠液晶显示屏（简称显示屏）显示数字来表明被测对象的量值大小。图中的液晶显示屏可以显示 4 位数字和一个小数点，选择不同挡位时，小数点的位置会改变。

b. 按键。VC9805A 型数字万用表面板上有三个按键，左边标"POWER"的为电源开关键，按下时内部电源启动，万用表可以开始测量；弹起时关闭电源，万用表无法进行测量。中间标"HOLD"的为锁定开关键，当显示屏显示的数字变化时，可以按下该键，显示的数字保持稳定不变。右边标"AC/DC"的为 AC/DC 切换开关键。

c. 挡位选择开关。在测量不同的量时，挡位选择开关要置于相应的挡位。挡位选择开关如图 4-17 所示，挡位有直流电压挡、交流电压挡、交流电流挡、直流电流挡、温度测量挡、容量测量挡、二极管测量挡和欧姆挡及三极管测量挡。

d. 插孔。面板上插孔，如图 4-18 所示。标"VΩHz"的为红表笔插孔，在测电压、电阻和频率时，红表笔应插入该插孔；标"COM"的为黑表笔插孔；标"mA"的为小电流插孔，当测 0～200mA 电流时，红表笔应插入该插孔；标"20A"的为大电流插孔，当测 200mA～20A 电流时，红表笔应插入该插孔。

图 4-17 挡位选择开关及各种挡位

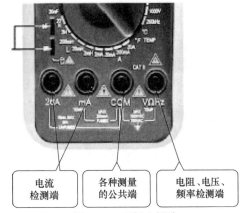

图 4-18 面板上插孔

(2) VC9805A 型万用表的使用

① 测量电压

a. 打开数字式万用表的开关后，将红黑表笔分别插入数字式万用表的电压检测端 V/Ω 插孔与公共端 COM 插孔，如图 4-19 所示。

b. 旋转数字式万用表的功能旋钮，将其调整至直流电压检测区域的 20 挡，如图 4-20 所示。

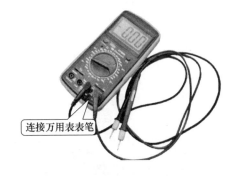

图 4-19 连接表笔

图 4-20 调整功能旋钮至电压挡

c. 将数字式万用表的红表笔连接待测电路的正极，黑表笔连接待测电路的负极，如图 4-21 所示，即可检测出待测电路的电压值为 3V。

② 测量电流

a. 打开数字式万用表的电源开关，如图 4-22 所示。

b. 将数字式万用表的红黑表笔，分别连接到数字式万用表的负极性表笔连接插孔和 "10AMAX" 表笔插孔，如图 4-23 所示，以防止电流过大无法检测数值。

c. 将数字式万用表功能旋钮调整至直流电流挡最大量程处，如图 4-24 所示。

d. 将数字式万用表串联入待测电路中，红表笔连接待测电路的正极，黑表笔连接待测电路的负极，如图 4-25 所示，即可检测出待测电路的电流值为 0.15 A。

③ 测量电容器

a. 打开数字式万用表的电源开关后，将数字式万用表的功能旋钮旋转至电容检测区域，如图 4-26 所示。

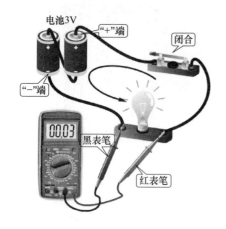

图 4-21　检测电压

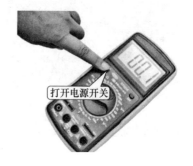

图 4-22　打开电源开关

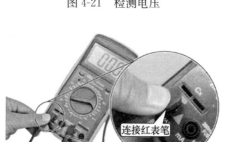

图 4-23　连接表笔

图 4-24　调整数字式万用表量程

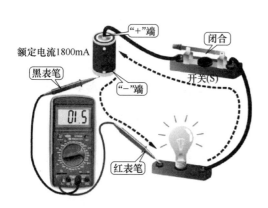

图 4-25　检测电流

图 4-26　调整电容检测挡

　　b. 将待测电容器的两个引脚，插入数字式万用表的电容检测插孔，如图 4-27 所示，即可检测出该电容器的容量值。

　　④ 测量晶体管

　　a. 将数字式万用表的电源开关打开，并将数字式万用表的功能旋钮旋转至晶体管检测挡，如图 4-28 所示。

　　b. 将已知的待测晶体管，根据晶体管检测插孔的标识插入晶体管检测插孔中，如图 4-29所示，即可检测出该晶体管的放大倍数。

图 4-27 检测电容器

图 4-28 功能开关调整至晶体管检测挡

⑤ 测量电阻

a. 将黑表笔插入 COM 插孔，红表笔插入 V/Ω 插孔。

b. 将功能开关置于 Ω 量程，如果被测电阻大小未知，应先选择最大量程，再逐步减小。

c. 将两表笔跨接在被测电阻两端，显示屏即显示被测电阻值，如图 4-30 所示。

图 4-29 检测晶体管

图 4-30 测量电阻

(3) 万用表使用注意事项

① 在测量电阻时，应注意一定不要带电测量。

② 在刚开始测量时，数字万用表可能会出现跳数现象，应等到 LCD 液晶显示屏上所显示的数值稳定后再读数。这样才能确保读数的正确。

③ 注意数字万用表的极限参数。掌握出现过载显示、极限显示、低电压指示以及其他声光报警的特征。

④ 在更换电池或熔丝前，请先将测试表笔从测试点移开，再关闭电源开关。

⑤ 严禁在测量的同时拨动量程开关，特别是在高电压、大电流的情况下。以防产生电弧将转换开关的触点烧毁。

⑥ 在测量高压时要注意安全，当被测电压超过几百伏时应选择单手操作测量，即先将黑表笔固定在被测电路的公共端，再用一只手持红表笔去接触测试点。

⑦ 在电池没有装好和电池后盖没安装时，不要进行测试操作。

⑧ 换功能和量程时，表笔应离开测试点。

4.3 钳形电流表

电工常用的钳形电流表，简称钳形表，是一种用于测量正在运行的电气线路电流大小的仪表，可在不断电的情况下测量电流。

(1) 钳形电流表的组成与性能指标

① 钳形电流表的种类　钳形电流表根据其不同的结构形式可分为模拟式钳形电流表和数字式钳形电流表两种；根据其功能不同可分为通用型钳形电流表和交直流两用型钳形电流表两种；根据其测量的范围不同又分为高压钳形电流表和漏电电流钳形电流表两种。

常用模拟式钳形电流表和数字式钳形电流表外形如图 4-31 所示。

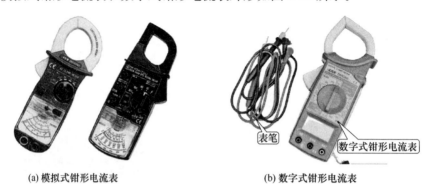

(a) 模拟式钳形电流表　　　　　(b) 数字式钳形电流表

图 4-31　钳形电流表

② 钳形电流表的工作原理　握紧钳形电流表的把手时，铁芯张开，将通有被测电流的导线放入钳口中。松开把手后铁芯闭合，被测载流导线相当于电流互感器的一次绕组，绕在钳形电流表铁芯上的线圈相当于电流互感器的二次绕组。于是二次绕组便感应出电流，送入整流系电流表，使指针偏转，指示出被测电流值。钳形电流表结构示意图如图 4-32 所示。

③ 钳形电流表的按键功能　通用型钳形电流表外形如图 4-33 所示。

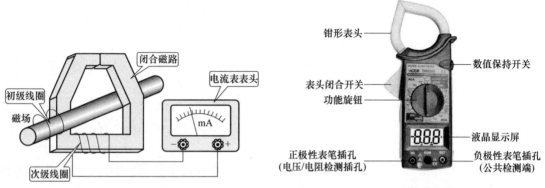

图 4-32　钳形电流表结构示意图　　　　　图 4-33　钳形电流表外形

a. 钳形电流表头。钳形电流表表头在其内部缠有线圈，通过缠绕的线圈组成一个闭合磁路，按下表头闭合开关可以看到钳形表头的连接处缠有线圈，如图 4-34 所示。

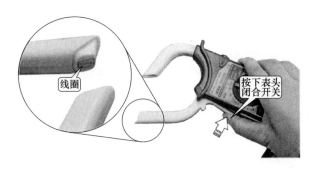

图 4-34 钳形电流表头

b. 数值保持开关。数值保持开关主要用于测量数值时，对于一直闪烁变换的数值可以按下数值保持开关，通过查看数值的不同，判断所测量的电子设备是否正常。

c. 功能旋钮。钳形电流表的功能旋钮位于操作面板的主体位置，在其四周都有量程刻度盘，主要包括电流、电压、电阻等，如图 4-35 所示。在功能旋钮四周的刻度盘以"OFF"为标志，刻度盘分成相对应的测量范围。

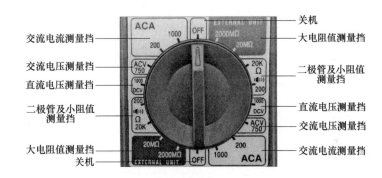

图 4-35 钳形电流表的功能面板

在对电子产品进行测量时，旋动中间的功能旋钮，使其指示到相应的挡位及量程刻度，即可进行相应的状态，同时会在液晶显示屏上显示出所测的数值。

d. 液晶显示屏。液晶显示屏主要用来显示当前的测量状态和测量数值，如图 4-36 所示。如果在测量时所选择的测量功能为交流电，根据所选择交流电流挡位的不同，液晶显示屏显示也不相同，如果选择"200"挡位，在液晶屏的下部会显示有小数点及"200"。而若选择电压挡则会在显示屏的右方显示字符"V"，表示电压测量。

在进行检测时，若出现"−1"的显示，则表明所选择的量程不正确，需要重新调整钳形表的量程进行检测。

e. 表笔插孔。钳形表的操作面板下主要有 3 个插孔，用来与表笔进行连接。钳形表的每个表笔插孔都用文字或符号进行标识，如图 4-37 所示。其中，使用红色表示的为正极性表笔连接端，也标识为"VΩ"；使用黑色表示的为负极性表笔连接端，也标识为"COM"；绝缘测试附件接口端，则使用"EXT"标识。

（2）钳形电流表的操作方法

在使用钳形表进行检测时，通过调整钳形表的不同量程来调整钳形表的功能旋钮，进行电阻、电流、电压等的测量。

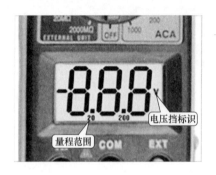

图 4-36　液晶显示屏

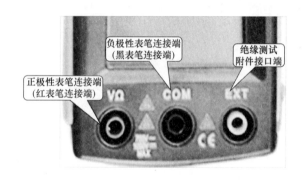

图 4-37　表笔插孔

① 测量电阻

a. 测量电阻前，将钳形电流表的表笔分别插入表笔插孔中，如图 4-38 所示，将红表笔连接正极性插孔，黑表笔连接负极性插孔。

b. 将钳形电流表的量程调整至测量电阻挡，如图 4-39 所示。

c. 将钳形电流表的红、黑表笔分别连接在电阻器的两端，如图 4-40 所示，此时即可检测该电阻器的电阻值。在读取电阻值时，根据液晶显示屏的显示数值读数，所测得的电阻值为 6.66kΩ。

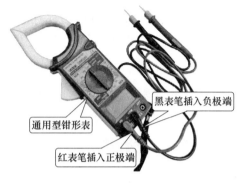

图 4-38　插入钳形电流表表笔

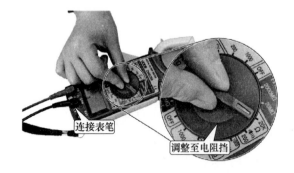

图 4-39　调整钳形电流表电阻量程

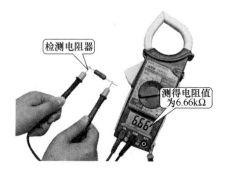

图 4-40　检测电阻器

② 测量电流　用钳形电流表检测工作电流为 10A 的插座电流。

a. 剥开外接插座的一段电源线，使其外露出内部的零线、火线和地线，如图 4-41 所示。

b. 将外接插座与市电连接，打开插座的电源开关，如图 4-42 所示。

c. 使用钳形电流表检测电源线上流过的电流时，不能同时测量电源线的地线、零线和火线，只能将钳形电流表的钳口单独钳住电源线中的火线（或零线），方可检测出电源线上流过的电流。如图 4-43 所示。

d. 在检测接线板的电流时，需要在接线板上连接正在工作的设备，按下钳形电流表的

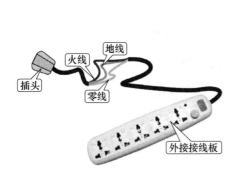

图 4-41　剥开电源线

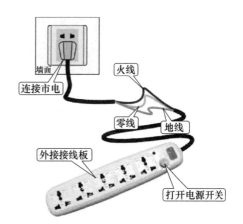

图 4-42　连接市电

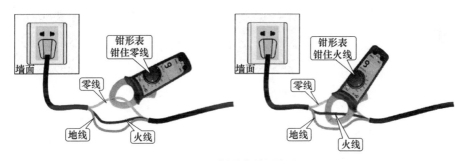

图 4-43　钳形表检测方法

表头闭合开关，使其钳住电源线的相线（或零线），如图 4-44 所示，此时，即可检测出该插座的电流值为 10A 左右。

③ 测量电压　钳形电流表可以检测交流和直流电压，通过调整钳形电流表的功能旋钮，选择不同的电压检测范围。

a. 检测交流电压

• 使用钳形电流表检测交流电压时，先将表笔连接到钳形电流表的电压检测插孔，并将钳形电流表调整至交流电压检测挡，如图 4-45 所示。

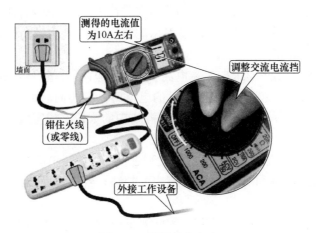

图 4-44　检测插座电流

图 4-45　调整交流电压挡

• 使用钳形电流表检测电压时，其方法与普通数字万用表相同。将钳形电流表并联接入被测电路中，并且在检测交流电压时，不用区分电压的正负极，如图 4-46 所示。

b. 检测直流电压　在使用钳形电流表检测直流电压时，将钳形电流表的量程调整至直流电压挡，如图 4-47 所示，并且在检测时需要考虑电压的正负极之分，即红表笔（正极）连接电路中的正极端，黑表笔（负极）连接负极端。

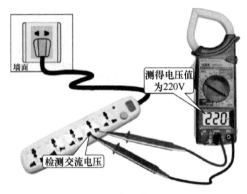

图 4-46　检测交流电压

图 4-47　调整直流电压挡

④ 使用注意事项

a. 在高压环境使用钳形电流表进行检测时，操作人员应佩戴绝缘手套。

b. 在测量时，要根据钳形电流表的额定工作电压进行测量，若所测量的电压超过钳形电流表的工作电压，则会使钳形电流表烧坏。因此，在进行检测时，要选择合适的钳形电流表。

c. 在使用钳形电流表进行测量前，要根据测量要求设置测量功能，如检测交/直流电流、交/直流电压、电阻等。

d. 根据设置的测量功能（如交/直流电流、电压、电阻），进一步调整检测的量程。

e. 在使用钳形电流表检测电源线上流过的电流时，不能同时测量电源线的地线、零线和火线，只能将钳形电流表的钳口单独钳住电源线中的火线（或零线），方可检测出电源线上流过的电流。

f. 测量完毕，钳形电流表不用时，应将量程选择开关旋至最高量程挡。

g. 严禁在测量进行过程中切换钳形电流表的挡位；若需要换挡，应先将被测导线从钳口退出再更换挡位。

h. 由于钳形电流表要接触被测线路，因此测量前一定检查表的绝缘性能是否良好。即外壳应无破损，手柄应清洁干燥。

(3)钳形电流表的应用实例

在家庭电路中，配电箱主要用于电路的分配工作，若配电箱出现故障，则会出现断电。因此配电箱是家庭电路中必不可少的电气设备，如图 4-48 所示。

检测配电箱时，将钳形电流表调整至交流电压挡，将红黑表笔分别插入钳形电流表的表笔插孔检测总开关的输出电压。由于室内电路为交流电，因此，在检测电压时不需要区分正负极即可检测室内电路的交流电压，如图 4-49 所示。若检测的电压值为 220V，则表明室内电源供电电路正常；若检测的电压值低于 220V，则表明室内电源供电电路出现问题，需要对室内电源供电电路进行进一步的检测。

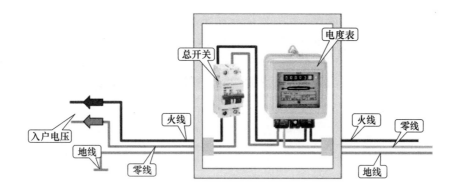

图 4-48　室内配电箱

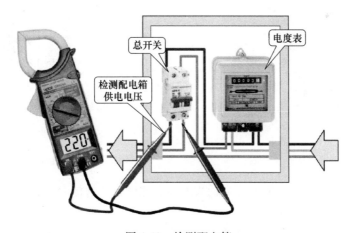

图 4-49　检测配电箱

4.4　兆欧表

兆欧表又称为绝缘电阻表，是测量电气设备绝缘电阻的常用仪表。兆欧表可以测量所有导电型、抗静电型及静电泄放型表面的阻抗或电阻值，并且兆欧表自身带有高压电源，能够反映出绝缘体在高压条件下工作的真正电阻值。

（1）兆欧表的组成与性能指标

① 兆欧表的种类及功能特点　兆欧表根据其不同的结构、特点、检测范围等有许多的分类方式，按照其结构形式可以分为模拟式兆欧表和数字式兆欧表。

a. 模拟式兆欧表。模拟式兆欧表又称为指针式兆欧表，模拟式兆欧表按照其不同的供电方式又分为手摇式兆欧表和电子式兆欧表两种。

• 手摇式兆欧表。图 4-50 所示为常用手摇式兆欧表，这种兆欧表中装有一个手摇式发电机，又被称为摇表。

手摇式兆欧表在测量时是通过发电机产生高压，以便借助高压产生的漏电电流，实现阻抗的检测。

手摇式兆欧表主要由直流发电机、磁电系比率表及测量线路组成，图 4-51 所示为发电机式兆欧表的结构示意图。发电机是兆欧表的电源；磁电系比率表是兆欧表的测量机构，由固定的永久磁铁和可在磁场中转动的两个线圈组成。当用手摇动发电机时，两个线圈中同时有电流通过，在两个线圈上产生方向相反的转矩，指针就随这两个转矩的合成转矩的大小而偏转。

图 4-50　常用手摇式兆欧表

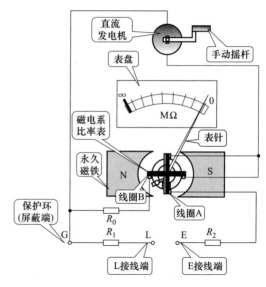

图 4-51　发电机式兆欧表结构示意图

• 电子式兆欧表。电子式兆欧表又称为电池式兆欧表或智能兆欧表，主要采用电池供电的方式为兆欧表提供工作电压。

随着电子技术的不断发展，传统的发电机式兆欧表正逐渐被电子式兆欧表所取代。电子式兆欧表又称为智能兆欧表，图 4-52 所示为常见的电子式兆欧表。

b. 数字式兆欧表。数字式兆欧表又称为智能化兆欧表，主要采通过液晶显示屏，将所测量的结果直接以数字形式显示出来的仪表，如图 4-53 所示为常见的数字式兆欧表。

② 兆欧表的结构　图 4-54 所示为典型的普通兆欧表外部结构，兆欧表由刻度盘、指针、使用说明、刻度盘、手动摇杆、检测端子和测试线等组成。

a. 手动摇杆。普通兆欧表主要通过手动摇杆摇动兆欧表内的自动发电机发电，为兆欧表提供工作电压。

b. 刻度盘。可调量程检测用电压表的刻度盘主要由几条弧线及不同量程标识组成，普通兆欧表的刻度盘主要由几条弧度线及固定量程标识所组成，如图 4-55 所示。

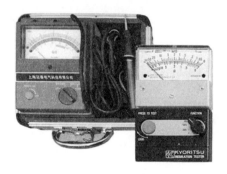

图 4-52 电子式兆欧表

图 4-53 常见数字式兆欧表

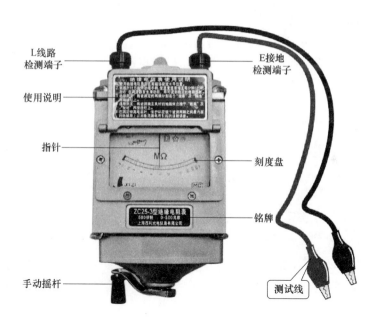

图 4-54 普通兆欧表外部结构

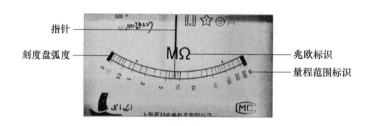

图 4-55 兆欧表的刻度盘

c. 检测端子。兆欧表的检测端子主要分为 L 线路检测端子和 E 接地端了，如图 4-56 所示。在 L 线路检测端子的下方还与保护环进行连接，保护环在电路中的标识为 G。

E接地
检测端子

L线路
检测端子

保护环
(G)

图 4-56　检测端子

d. 测试线。兆欧表有两条测试线，分别使用红色和黑色表示，用于与待测设备之间的连接，如图 4-57 所示。其中，测试线的连接端子主要用于与兆欧表进行连接，而鳄鱼夹则主要用于与待测设备进行连接。

（2）兆欧表的操作方法

测量前要先切断被测设备的电源，并将设备的导电部分与大地接通，进行充分放电，以保证安全。然后检查兆欧表是否完好。

① 兆欧表使用方法

a. 拧松兆欧表的 L 线路检测端子和 E 接地检测端子，如图 4-58 所示。

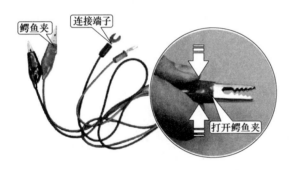

鳄鱼夹　　连接端子

打开鳄鱼夹

图 4-57　测试线

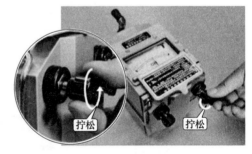

拧松　　拧松

图 4-58　拧松兆欧表检测端子

b. 将兆欧表的测试线的连接端子分别连接到兆欧表的两个检测端子上，即黑色测试线连接 E 接地检测端子，红色测试线连接 L 线路检测端子，如图 4-59 所示，并拧紧兆欧表的检测端子。

c. 连接被测设备，顺时针摇动摇杆，观察被测设备的绝缘电阻值，如图 4-60 所示。

d. 检测干燥并且干净的电缆或线路的绝缘电阻时，则不区分 L 线路、E 接地检测端子，红/黑色测试线可以任意连接电缆线芯及电缆外皮，如图 4-61 所示。

② 兆欧表使用注意事项

a. 兆欧表在不使用时应放置于固定的地点，环境气温不宜太冷或太热。切忌将兆欧表放置在潮湿、脏污的地面上，并避免将其置于有害气体的空气中，如酸碱等蒸气。

b. 应尽量避免剧烈、长期的振动，防止表头轴尖受损，影响仪表的准确度。

图 4-59 连接兆欧表与测试线

图 4-60 观察设备的绝缘电阻

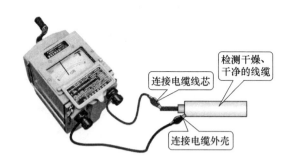

图 4-61 检测干燥并且干净的电缆

c. 接线柱与被测量物体间连接的导线不能用绞线，应分开单独连接，以防止因绞线绝缘不良而影响读数。

d. 用兆欧表测量含有较大电容的设备，测量前应先进行放电，以保障设备及人身安全；测量后应将被测设备对地放电。

e. 在雷电及临近带高压导电的设备时，禁止用兆欧表进行测量。只有在设备不带电又不可能受其他电源感应而带电时，才能使用兆欧表进行测量。

f. 在使用兆欧表进行测量时，用力安装兆欧表，防止兆欧表在摇动摇杆时晃动。

g. 转动摇手柄时由慢渐快，如发现指针指零，则不要继续用力摇动，以防止兆欧表内部线圈损坏。

h. 测量设备的绝缘电阻时，必须先切断设备的电源。

i. 测量时，切忌将两根测试线绞在一起，以免造成测量数据的不准确。

j. 测量完成后应立即对被测设备进行放电，并且兆欧表的摇杆未停止转动和被测设备未放电前，不可用手去触及被测物的测量部分或拆除导线，以防止触电。

(3) 兆欧表的应用实例

用兆欧表检测干燥和潮湿的线缆。

① 拧松兆欧表的 L 线路检测端子和 E 接地检测端子，如图 4-62 所示。

② 将兆欧表的测试线的连接端子分别连接到兆欧表的两个检测端子上，即黑色测试线连接 E 接地检测端子，红色测试线连接 L 线路检测端子，如图 4-63 所示，并拧紧兆欧表的检测端子。

③ 检测电器设备绝缘电阻，将红色测试线连接待测设备的电源线，黑色测试线连接待测设备的外壳（接地）线，如图 4-64、图 4-65 所示。

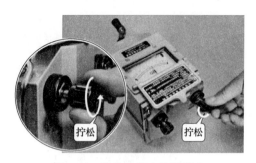

图 4-62　拧松兆欧表检测端子

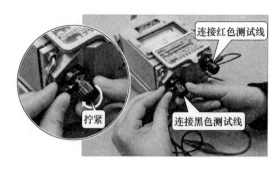

图 4-63　连接兆欧表与测试线

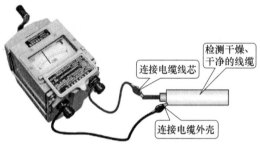

图 4-64　检测干燥的线缆

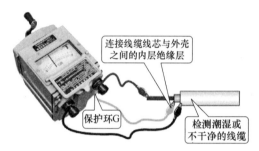

图 4-65　检测潮湿的线缆

第5章

照明电路的安装与调试

照明电路是最常用的室内线路。照明电路的安装与检修，是家庭、楼宇及工矿企业布线中最简单最基本的内容，也是电气职业人员必须掌握的一项基本功。熟悉基本的常用电工工具的使用，掌握常用的照明电路的安装，熟知常用照明电路的安装规程，培养安全用电的素养，是从事电类行业的基础。

5.1 电工基本工具的使用

（1）剥线钳

用来剖削小直径导线绝缘层的专用工具。使用剥线钳时，将要剖削的绝缘层长度用标尺定好后，把导线放入相应的刃口中；切口大小应略大于导线芯线直径，否则会切断芯线；握紧绝缘手柄，导线的绝缘层即被割破，并自动弹出，如图5-1所示。

（2）斜口钳

斜口钳主要用于剪断较粗的电线、金属丝及导线电缆，还可直接剪断低压带电导线，如图5-2所示。

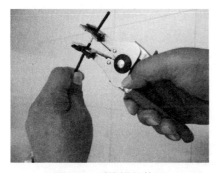

图5-1 剥线钳的使用

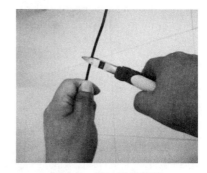

图5-2 斜口钳的使用

（3）尖嘴钳

在较窄小的工作环境中夹持轻巧的工件或线材，剪切、弯曲细导线，如图5-3所示。

（4）钢丝钳

钳口用来弯绞或钳夹导线线头；齿口用来固紧或起松螺母；刃口用来剪切导线或剖切导线绝缘层；铡口用来剪切电线芯线或钢丝等较硬金属线，如图5-4所示。

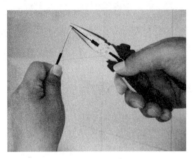

图 5-3　尖嘴钳的使用

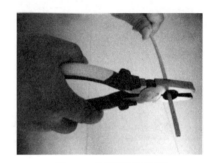

图 5-4　钢丝钳的使用

（5）验电笔

用来检验导线和电气设备是否带电的一种常用检测工具。验电笔测试范围为 $60\sim500\text{V}$。使用时，手拿验电笔，以一个手指触及金属盖或中心螺钉，使氖管小窗背光朝自己，金属笔尖与被检查的带电部分接触，如氖灯发亮则说明设备带电，如图 5-5 所示。灯愈亮则电压愈高，愈暗则电压愈低。低压验电笔的其他作用：

① 区别电压高低：测试时可根据氖管发光的强弱来判断电压的高低。

② 区别相线与零线：正常情况下，在交流电路中，当验电笔触及相线时，氖管发光；当验电笔触及零线时，氖管不发光。

③ 区别直流电与交流电：交流电通过验电笔时，氖管里的两极同时发光；直流电通过验电笔时，氖管两极只有一极发光。

④ 区别直流电的正、负极：将验电器连接在直流电的正、负极之间，氖管中发光的一极为直流电的负极。

（6）电工刀

用来剖削电线线头、切割木台缺口、削制木榫的专用工具。剖削导线绝缘层时，使刀面与导线呈较小的锐角，以免割伤导线，如图 5-6 所示。

图 5-5　验电笔的使用

图 5-6　电工刀的使用

注意：电工刀柄不带绝缘装置，不能带电操作，以免触电。

（7）螺钉旋具

用来旋动头部带一字形或十字形槽的螺钉，如图 5-7、图 5-8 所示。螺钉旋具的使用如图 5-9 所示。

（8）手电钻

手电钻是一种头部有钻头、内部装有单相换向器电动机、靠旋转钻孔的手持式电动工具，如图 5-10 所示。

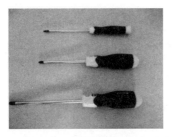

图 5-7 十字形螺钉旋具

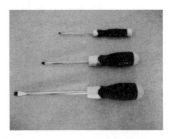

图 5-8 一字形螺钉旋具

图 5-9 螺钉旋具的使用

图 5-10 手电钻的使用

5.2 导线的剖削与连接

(1) 导线的剖削

导线绝缘层的剖削工具有电工刀、钢丝钳、剥线钳。

① 塑料硬线绝缘层的剖削

a. 线芯截面为 $4mm^2$ 及以下的塑料硬线用钢丝钳剖削塑料硬线绝缘层。如图 5-11 （a）所示，用左手捏住导线，在需剖削线头处，用钢丝钳刀口轻轻切破绝缘层，但不可切伤线芯。

如图 5-11 （b）所示，用左手拉紧导线，右手握住钢丝钳头部用力向外勒去塑料层。

注意：在勒去塑料层时，不可在钢丝钳刀口处加剪切力，否则会切伤线芯。剖削出的线芯应保持完整无损；如有损伤，应剪断后，重新剖削。

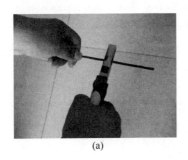

(a)

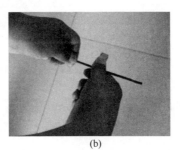

(b)

图 5-11 钢丝钳剖削塑料硬线绝缘层

b. 线芯面积大于 $4mm^2$ 的塑料硬线用电工刀剖削塑料硬线绝缘层。如图 5-12 （a）所示，在需剖削线头处，用电工刀以 45°角倾斜切入塑料绝缘层，注意刀口不能伤着线芯。

如图 5-12（b）所示，刀面与导线保持 25°角左右，用刀向线端推削，只削去上面一层塑料绝缘，不可切入线芯。

如图 5-12（c）所示，将余下的线头绝缘层向后扳翻，把该绝缘层剥离线芯，再用电工刀切齐。

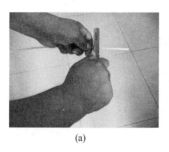 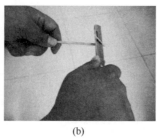 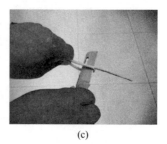

(a)   (b)   (c)

图 5-12　电工刀剖削塑料硬线绝缘层

② 塑料软线绝缘层的剖削　塑料软线绝缘层用剥线钳或钢丝钳剖削。用钢丝钳剖削方法与用钢丝钳剖削塑料硬线绝缘层方法相同；用剥线钳剖削方法见剥线钳的使用。不可用电工刀剖削，因为塑料软线由多股铜丝组成，用电工刀容易损伤线芯。

③ 塑料护套线绝缘层的剖削　塑料护套线绝缘层用电工刀剖削。塑料护套线具有二层绝缘：护套层和每根线芯的绝缘层。

如图 5-13（a）所示，在线头所需长度处，用电工刀刀尖对准护套线中间线芯缝隙处划开护套层，不可切入线芯。

如图 5-13（b）所示，向后扳翻护套层，用电工刀把它齐根切去。

如图 5-13（c）所示，在距离护套层 5～10mm 处，用电工刀以 45°角倾斜切入内部各绝缘层，其剖削方法与塑料硬线剖削方法相同。

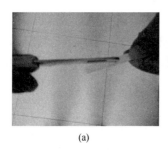 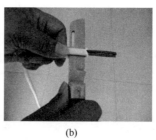 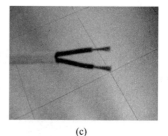

(a)   (b)   (c)

图 5-13　电工刀剖削塑料护套线绝缘层

（2）单股铜芯导线的连接

① 单股铜芯导线的"一字形"连接　如图 5-14（a）所示，剖削绝缘层，把两线头的芯线成 X 形相交，互相绞接 2～3 圈。

如图 5-14（b）所示，扳直两线头。

如图 5-14（c）所示，两线端分别紧密向芯线上并缠绕 6～8 圈，用钢丝钳切去多余的芯线，钳平切口。

如图 5-14（d）所示，用绝缘胶布缠好。

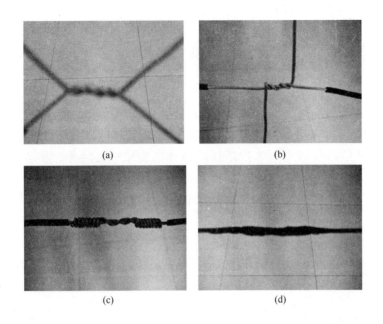

(a) (b) (c) (d)

图 5-14　单股铜芯线的"一字形"连接

② 单股铜芯线的"T 字形"连接　如图 5-15（a）所示，将分支芯线的线头与干芯线十字相交，使支路芯线根部留出 3~5mm。

如图 5-15（b）所示，先按顺时针方向在干线缠绕一圈，再环绕成结状，收紧线端向干线并缠绕 6~8 圈，用钢丝钳切去余下的芯线，并钳平芯线末端。

注意：如果连接导线截面较大，两芯线十字相交后，直接在干线上紧密缠 8 圈后剪去余线即可。

如图 5-15（c）所示，用绝缘胶布缠好。

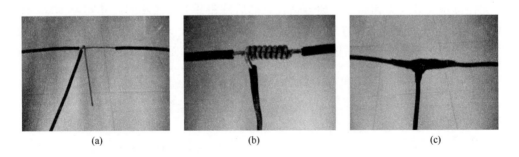

(a) (b) (c)

图 5-15　单股铜芯线的"T 字形"连接

5.3　照明设备的安装

照明电路的组成包括电源的引入、单相电能表、漏电保护器、熔断器、插座、灯头、开关、照明灯具和各类电线及配件辅料。

（1）照明开关和插座的接线

① 照明开关是控制灯具的电气元件，起控制照明电灯的亮与灭的作用（即接通或断开照明线路）。开关有明装和暗装之分，现家庭一般是暗装开关。开关的接线如图 5-16 所示。

注意：相线（火线）进开关。

② 根据电源电压的不同，插座可分为三相四孔插座和单相三孔或二孔插座；家庭一般都是单相插座，实验室一般安装三相插座。根据安装形式不同，插座又可分为明装式和暗装式，现家庭一般都是暗装插座。单相两孔插座有横装和竖装两种。横装时，接线原则是左零右相；竖装时，接线原则是上相下零。单相三孔插座的接线原则是左零右相上接地（见图 5-17）。另外在接线时也可根据插座后面的标识，L 端接相线，N 端接零线，E 端接地线。

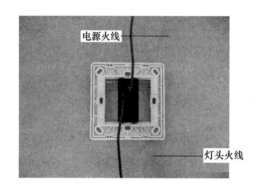
电源火线
灯头火线

图 5-16　开关的接线

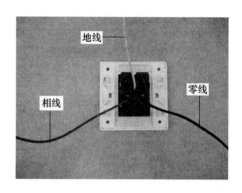
地线
相线
零线

图 5-17　单相三孔插座的接线

注意：根据标准规定，相线（火线）是红色线；零线（中性线）是黑色线；接地线是黄绿双色线。

（2）照明开关和插座的安装

首先在准备安装开关和插座的地方钻孔，然后按照开关和插座的尺寸安装线盒，接着按接线要求，将盒内甩出的导线与开关、插座的面板连接好，将开关或插座推入盒内对正盒眼，用螺钉固定。固定时要使面板端正，并与墙面平齐。如图 5-18、图 5-19 所示。

图 5-18　安装好的开关

图 5-19　安装好的插座

（3）灯座（灯头）的安装

插口灯座上的两个接线端子，可任意连接零线和来自开关的相线；但是螺口灯座上的接线端子，必须把零线连接在连通螺纹圈的接线端子上，把来自开关的相线连接在连通中心铜簧片的接线端子上（如图5-20、图5-21所示）。

（4）日光灯（荧光灯）的安装

日光灯的镇流器有电感镇流器和电子镇流器两种。目前，许多日光灯的镇流器都采用电子镇流器（如图5-22所示），电感镇流器逐渐被淘汰。电子镇流器具有高效节能、启动电压较宽、启动时间短（0.5s）、无噪声、无频闪等优点。

日光灯安装步骤：

① 根据采用电子镇流器（或电感镇流器）的日光灯电路接线图将电源线接入日光灯电路中（如图5-23、图5-24所示）。

图 5-20　灯座的接线

图 5-21　灯座的固定

图 5-22　采用电子镇流器的日光灯

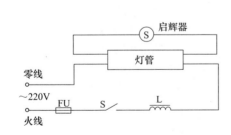

图 5-23　电感镇流器的日光灯电路

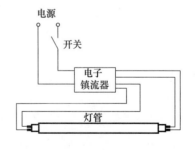

图 5-24　电子镇流器的日光灯电路

② 将日光灯的灯座固定在相应位置。

③ 安装日光灯灯管。先将灯管引脚插入有弹簧一端的灯脚内并用力推入，然后将另一端对准灯脚，利用弹簧的作用力将其插入灯脚内。

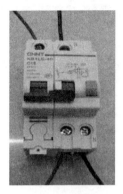

图 5-25　漏电保护器的接线

（5）漏电保护器（漏电断路器）的接线与安装

漏电保护器对电气设备的漏电电流极为敏感。当人体接触了漏电的用电器时，产生的漏电电流只要达到 $10\sim30\text{mA}$，就能使漏电保护器在极短的时间（如 0.1s）内跳闸，切断电源，有效地防止了触电事故的发生。漏电保护器还有断路器的功能，它可以在交、直流低压电路中手动或电动分合电路。

① 漏电保护器的接线　电源进线必须接在漏电保护器的正上方，即外壳上标有"电源"或"进线"端；出线均接在下方，即标有"负载"或"出线"端。倘若把进线、出线接反了，将会导致保护器动作后烧毁线圈或影响保护器的接通、分断能力（如图 5-25 所示）。

② 漏电保护器的安装

a. 漏电保护器应安装在进户线截面较小的配电盘上或照明配电箱内（见图 5-26）。安装在电度表之后，熔断器之前。

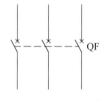

图 5-26　配电盘上的漏电保护器

b. 所有照明线路导线（包括中性线），均必须通过漏电保护器，且中性线必须与地绝缘。

c. 应垂直安装，倾斜度不得超过 5°。

d. 安装漏电保护器后，不能拆除单相闸刀开关或熔断器等。其原因一是维修设备时有一个明显的断开点；二是刀闸或熔断器起着短路或过负荷保护作用。

（6）熔断器的安装

低压熔断器（如图 5-27 所示）广泛用于低压供配电系统和控制系统中，主要用作电路的短路保护，有时也可用于过负载保护。常用的熔断器有瓷插式、螺旋式、无填料封闭式和有填料封闭式。使用时串联在被保护的电路中，当电路发生短路故障，通过熔断器的电流达到或超过某一规定值时，熔断器以其自身产生的热量使熔体熔断，从而自动分断电路，起到保护作用。

熔断器的安装要点：

① 安装熔断器时必须在断电情况下操作。

② 安装位置及相互间距应便于更换熔件。

③ 应垂直安装，并应能防止电弧飞溅在临近带电体上。

④ 螺旋式熔断器在接线时，为了更换熔断管时安全，下接线端应接电源，而连接螺口的上接线端应接负载。

⑤ 瓷插式熔断器安装熔丝时，熔丝应顺着螺钉旋紧方向绕过去，同时注意不要划伤熔

图 5-27 低压熔断器及接线

丝，也不要把熔丝绷紧，以免减小熔丝截面尺寸或拉断熔丝。

⑥ 有熔断指示的熔管，其指示器方向应装在便于观察侧。

⑦ 更换熔体时应切断电源，并应换上相同额定电流的熔体，不能随意加大熔体。

⑧ 熔断器应安装在线路的各相线（火线）上，在三相四线制的中性线上严禁安装熔断器；单相二线制的中性线上应安装熔断器。

(7) 单相电能表（电度表）的安装

① 单相电能表的接线　单相电能表接线盒里共有四个接线桩，从左至右按 1、2、3、4 编号。直接接线方法是按编号 1、3 接进线（1 接相线，3 接零线），2、4 接出线（2 接相线，4 接零线），如图 5-28 所示。

注意：在具体接线时，应以电能表接线盒盖内侧的线路图为准。

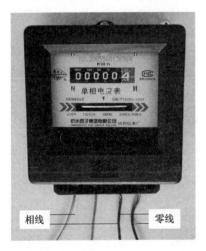
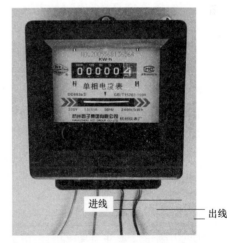

图 5-28 单相电能表的接线

② 电能表的安装要点

a. 电能表应安装在箱体内或涂有防潮漆的木制底盘、塑料底盘上。

b. 为确保电能表的精度，安装时表的位置必须与地面保持垂直，其垂直方向的偏移不大于 1°。表箱的下沿离地高度应在 1.7～2m 之间，暗装式表箱下沿离地 1.5m 左右。

c. 单相电能表一般应装在配电盘的左边或上方，而开关应装在右边或下方。与上、下进线间的距离大约为 80mm，与其他仪表左右距离大约为 60mm。

d. 电能表的安装部位，一般应在走廊、门厅、屋檐下，切忌安装在厨房、厕所等潮湿或有腐蚀性气体的地方。现住宅多采用集表箱安装在走廊。

e. 电能表的进线、出线应使用铜芯绝缘线，线芯截面积不得小于 1.5mm²。接线要牢固，但不可焊接，裸露的线头部分，不可露出接线盒。

f. 由供电部门直接收取电费的电能表，一般由其指定部门验表，然后由验表部门在表头盒上封铅封或塑料封，安装完后，再由供电局直接在接线桩头盖上或计量柜门上封铅封或塑料封。未经允许，不得拆掉铅封。

(8) 照明电路安装要求

① 照明电路安装的技术要求

a. 灯具安装的高度，室外一般不低于 3m，室内一般不低于 2.5m。

b. 照明电路应有短路保护。照明灯具的相线必须经开关控制，螺口灯头中心处应接相线，螺口部分与零线连接。不准将电线直接焊在灯泡的接点上使用。绝缘损坏的螺口灯头不得使用。

c. 室内照明开关一般安装在门边便于操作的位置，拉线开关一般应离地 2~3m，暗装跷板开关一般离地 1.3m，与门框的距离一般为 0.15~0.20m。

d. 明装插座的安装高度一般应离地 1.3~1.5m。暗装插座一般应离地 0.3m，同一场所暗装的插座高度应一致，其高度相差一般应不大于 5mm；多个插座成排安装时，其高度相差应不大于 2mm。

e. 照明装置的接线必须牢固，接触良好。接线时，相线和零线要严格区别，将零线接到灯头上，相线须经过开关再接到灯头。

f. 应采用保护接地（接零）的灯具金属外壳，要与保护接地（接零）干线连接完好。

g. 灯具安装应牢固，灯具质量超过 3kg 时，必须固定在预埋的吊钩或螺栓上。软线吊灯的质量限于 1kg 以下，超过时应加装吊链。固定灯具需用接线盒及木台等配件。

h. 照明灯具须用安全电压时，应采用双圈变压器或安全隔离变压器，严禁使用自耦（单圈）变压器。安全电压额定值的等级为 42V、36V、24V、12V、6V。

i. 灯架及管内不允许有接头。

j. 导线在引入灯具处应有绝缘保护，以免磨损导线的绝缘，也不应使其承受额外的拉力；导线的分支及连接处应便于检查。

② 照明电路安装的具体要求

a. 布局：根据设计的照明电路图，确定各元器件安装的位置，要求符合要求、布局合理、结构紧凑、控制方便、美观大方。

b. 固定器件：将选择好的器件固定在网板上，排列各个器件时必须整齐。固定的时候，先对角固定，再两边固定。要求元器件固定可靠、牢固。

c. 布线：先处理好导线，将导线拉直，消除弯、折，布线要横平竖直、整齐，转弯成直角，并做到高低一致或前后一致，少交叉，应尽量避免导线接头。多根导线并拢平行走，而且在走线的时候紧紧地记着"左零右火"的原则（即左边接零线，右边接火线）。

d. 接线：由上至下，先串后并；接线正确，牢固，各接点不能松动，敷线平直整齐，无漏铜、反圈、压胶，每个接线端子上连接的导线根数一般不超过两根，绝缘性能好，外形美观。红色线接电源火线（L），黑色线接零线（N），黄绿双色线专作地线（PE）；火线过开关，零线一般不进开关；电源火线进线接单相电能表端子"1"，电源零线进线接端子"3"，端子"2"为火线出线，端子"4"为零线出线。进出线应合理汇集在端子排上。

e. 检查线路：用肉眼观看电路，看有没有接出多余线头。参照设计的照明电路安装图检查每条线是否严格按要求来接，每条线有没有接错位；注意电能表有无接反，漏电保护器、熔断器、开关、插座等元器件的接线是否正确。

f. 通电：送电由电源端开始往负载依次送电，先合上漏电保护器开关，然后合上控制白炽灯的开关，白炽灯正常发亮；合上控制日光灯开关，日光灯正常发亮；插座可以正常工作；电能表根据负载大小决定表盘转动快慢，负荷大时，表盘就转动快，用电就多。

g. 故障排除：操作各功能开关时，若不符合要求，应立即停电，判断照明电路的故障。可以用万用表欧姆挡检查线路，要注意人身安全和万用表挡位。

5.4 照明电路的原理图和安装图

(1) 照明电路的平面布置图

照明电路的平面布置图如图 5-29 所示。图中 WH 为电能表，QF 为漏电保护器，FU 为熔断器。

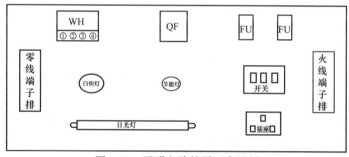

图 5-29 照明电路的平面布置图

(2) 照明电路的原理图

照明电路的原理图如图 5-30 所示。

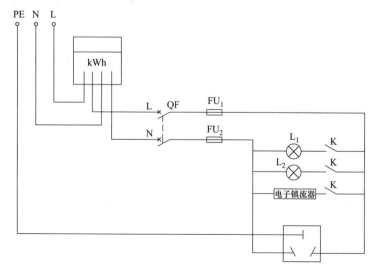

图 5-30 照明电路的原理图

（3）照明电路的接线图

照明电路的接线图如图 5-31 所示。

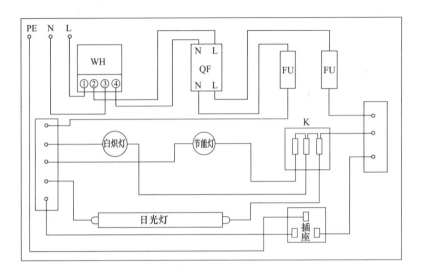

图 5-31　照明电路的接线图

5.5　照明电路的常见故障及排除

（1）照明电路的常见故障

照明电路的常见故障主要有断路、短路和漏电三种。

① 断路　相线、零线均可能出现断路。断路故障发生后，负载将不能正常工作。三相四线制供电线路负载不平衡时，如零线断线会造成三相电压不平衡，负载大的一相的相电压降低，负载小的一相的相电压增高；如负载是白炽灯，则会出现一相灯光暗淡，而接在另一相上的灯又变得很亮，同时零线断路负载侧将出现对地电压。

产生断路的原因主要是：熔丝熔断、线头松脱、断线、开关没有接通、铝线接头腐蚀等。

断路故障的检查：如果一个灯泡不亮而其他灯泡都亮，应首先检查灯丝是否烧断；若灯丝未断，则应检查开关和灯头是否接触不良、有无断线等。为了尽快查出故障点，可用验电器测灯座（灯头）的两极是否有电，若两极都不亮说明相线断路；若两极都亮（带灯泡测试），说明中性线（零线）断路；若一极亮一极不亮，说明灯丝未接通。对于日光灯来说，应对启辉器进行检查。如果几盏电灯都不亮，应首先检查总保险是否熔断或总闸是否接通，也可按上述方法及用验电器判断故障。

② 短路　短路故障表现为熔断器熔丝爆断；短路处有明显烧痕、绝缘碳化，严重的会使导线绝缘层烧焦甚至引起火灾。

造成短路的原因：

a. 用电器具接线不好，以致接头碰在一起。

b. 灯座或开关进水，螺口灯头内部松动或灯座顶芯歪斜碰及螺口，造成内部短路。

c. 导线绝缘层损坏或老化，并在零线和相线的绝缘处碰线。

当发现短路打火或熔丝熔断时应先查出发生短路的原因，找出短路故障点，处理后更换熔丝，恢复送电。

③ 漏电　漏电不但造成电力浪费，还可能造成人身触电伤亡事故。

产生漏电的原因主要有：相线绝缘损坏而接地、用电设备内部绝缘损坏使外壳带电等。

漏电故障的检查：漏电保护装置一般采用漏电保护器。当漏电电流超过整定电流值时，漏电保护器动作切断电路。若发现漏电保护器动作，则应查出漏电接地点并进行绝缘处理后再通电。照明线路的接地点多发生在穿墙部位和靠近墙壁或天花板等部位。查找接地点时，应注意查找这些部位。

a. 判断是否漏电。在被检查建筑物的总开关上接一只电流表，接通全部电灯开关，取下所有灯泡，进行仔细观察。若电流表指针摇动，则说明漏电。指针偏转的多少，取决于电流表的灵敏度和漏电电流的大小。若偏转多则说明漏电大。确定漏电后可按下一步继续进行检查。

b. 判断漏电类型。是火线与零线间的漏电，还是相线与大地间的漏电，或者是两者兼而有之。以接入电流表检查为例，切断零线，观察电流的变化：电流表指示不变，是相线与大地之间漏电；电流表指示为零，是相线与零线之间漏电；电流表指示变小但不为零，则表明相线与零线、相线与大地之间均有漏电。

c. 确定漏电范围。取下分路熔断器或拉下开关刀闸，电流表若不变化，则表明是总线漏电；电流表指示为零，则表明是分路漏电；电流表指示变小但不为零，则表明总线与分路均有漏电。

d. 找出漏电点。按前面介绍的方法确定漏电的分路或线段后，依次拉断该线路灯具的开关。当拉断某一开关时，电流表指针回零或变小。若回零则是这一分支线漏电；若变小则除该分支漏电外还有其他漏电处；若所有灯具开关都拉断后，电流表指针仍不变，则说明是该段干线漏电。

(2) 照明设备的常见故障及排除

① 开关的常见故障及排除方法见表5-1。

表 5-1　开关常见故障及排除方法

故障现象	产生原因	排除方法
开关操作后电路不通	接线螺钉松脱，导线与开关导体不能接触	打开开关，紧固接线螺钉
	内部有杂物，使开关触片不能接触	打开开关，清除杂物
	机械卡死，拨不动	给机械部位加润滑油，机械部分损坏严重时，应更换开关
接触不良	压线螺钉松脱	打开开关盖，压紧界限螺钉
	开关触头上有污物	断电后，清除污物
	拉线开关触头磨损、打滑或烧毛	断电后修理或更换开关

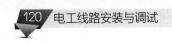

续表

故障现象	产生原因	排除方法
开关烧坏	负载短路	处理短路点,并恢复供电
	长期过载	减轻负载或更换容量大一级的开关
漏电	开关防护盖损坏或开关内部接线头外露	重新配全开关盖,并接好开关的电源连接线
	受潮或受雨淋	断电后进行烘干处理,并加装防雨措施

② 插座的常见故障及排除方法见表 5-2。

表 5-2　插座常见故障及排除方法

故障现象	产生原因	排除方法
插头插上后不通电或接触不良	插头压线螺钉松动,连接导线与插头片接触不良	打开插头,重新压接导线与插头的连接螺钉
	插头根部电源线在绝缘皮内部折断,造成时通时断	剪断插头端部一段导线,重新连接
	插座口过松或插座触片位置偏移,使插头接触不上	断电后,将插座触片收拢一些,使其与插头接触良好
	插座引线与插座压线导线螺钉松开,引起接触不良	重新连接插座电源线,并旋紧螺钉
插座烧坏	插座长期过载	减轻负载或更换容量大的插座
	插座连接线处接触不良	紧固螺钉,使导线与触片连接好并清除生锈物
	插座局部漏电引起短路	更换插座
插座短路	导线接头有毛刺,在插座内松脱引起短路	重新连接导线与插座,在接线时要注意将接线毛刺清除
	插座的两插口相距过近,插头插入后碰连引起短路	断电后,打开插座修理
	插头内部接线螺钉脱落引起短路	重新把紧固螺钉旋进螺母位置,固定紧
	插头负载端短路,插头插入后引起弧光短路	消除负载短路故障后,断电更换同型号的插座

③ 日光灯的常见故障及排除方法见表 5-3。

表 5-3　日光灯常见故障及排除方法

故障现象	产生原因	排除方法
日光灯不能发光	停电或熔丝烧断导致无电源	找出断电原因,检修好故障后恢复送电
	灯管漏气或灯丝断	用万用表检查或观察荧光粉是否变色,如确认灯管坏,可换新灯管
	电源电压过低	不必修理
	新装日光灯接线错误	检查线路,重新接线
	电子镇流器整流桥开路	更换整流桥

续表

故障现象	产生原因	排除方法
日光灯灯光抖动或两端发红	接线错误或灯座灯脚松动	检查线路或修理灯座
	电子镇流器谐振电容器容量不足或开路	更换谐振电容器
	灯管老化,灯丝上的电子发射将尽,放电作用降低	更换灯管
	电源电压过低或线路电压降过大	升高电压或加粗导线
	气温过低	用热毛巾对灯管加热
灯光闪烁或管内有螺旋滚动光带	电子镇流器的大功率晶体管开焊接触不良或整流桥接触不良	重新焊接
	新灯管暂时现象	使用一段时间,会自行消失
	灯管质量差	更换灯管
灯管两端发黑	灯管老化	更换灯管
	电源电压过高	调整电源电压至额定电压
	灯管内水银凝结	灯管工作后即能蒸发或将灯管旋转 $180°$
灯管光度降低或色彩转差	灯管老化	更换灯管
	灯管上积垢太多	清除灯管积垢
	气温过低或灯管处于冷风直吹位置	采取遮风措施
	电源电压过低或线路电压降得太大	调整电压或加粗导线
灯管寿命短或发光后立即熄灭	开关次数过多	减少不必要的开关次数
	新装灯管接线错误将灯管烧坏	检修线路,改正接线
	电源电压过高	调整电源电压
	受剧烈振动,使灯丝被振断	调整安装位置或更换灯管
断电后灯管仍发微光	荧光粉余辉特性	过一会将自行消失
	开关接到了零线上	将开关改接至相线上
灯管不亮,灯丝发红	高频振荡电路不正常	检查高频振荡电路,重点检查谐振电容器

④ 白炽灯常见故障及排除方法见表5-4。

表5-4 白炽灯常见故障及排除方法

故障现象	产生原因	排除方法
灯泡不亮	灯泡钨丝烧断	更换灯泡
	灯座或开关触点接触不良	把接触不良的触点修复;无法修复时,应更换完好的触点
	停电或电路开路	修复线路
	电源熔断器熔丝烧断	检查熔丝烧断的原因并更换新熔丝
灯泡强烈发光后瞬时烧毁	灯丝局部短路(俗称搭丝)	更换灯泡
	灯泡额定电压低于电源电压	换用额定电压与电源电压一致的灯泡
灯光忽亮忽暗,或忽亮忽熄	灯座或开关触点(或接线)松动,或表面存在氧化层(铝质导线、触点易出现)	修复松动的触头或接线,去除氧化层后重新接线,或去除触点的氧化层

续表

故障现象	产生原因	排除方法
灯光忽亮忽暗，或忽亮忽熄	电源电压波动(通常附近有大容量负载经常启动引起)	更换配电所变压器,增加容量
	熔断器熔丝接头接触不良	重新安装,或加固压紧螺钉
	导线连接处松散	重新连接导线
开关合上后熔断器熔丝烧断	灯座或挂线盒连接处两线头短路	重新接线头
	螺口灯座内中心铜片与螺旋铜圈相碰、短路	检查灯座并扳准中心铜片
	熔丝太细	正确选配熔丝规格
	线路短路	修复线路
	用电器发生短路	检查用电器并修复
灯光暗淡	灯泡内钨丝挥发后积聚在玻璃壳内表面,透光度降低,同时钨丝挥发后变细,电阻增大,电流减小,光通量减小	正常现象
	灯座、开关或导线对地严重漏电	更换完好的灯座、开关或导线
	灯座、开关接触不良,或导线连接处接触电阻增加	修复接触不良的触点,重新连接接头
	线路导线太长太细,线路压降太大	缩短线路长度,或更换较大截面的导线
	电源电压过低	调整电源电压

⑤ 漏电断路器的常见故障分析见表 5-5。漏电保护器的常见故障有拒动作和误动作。拒动作是指线路或设备已发生预期的触电或漏电时漏电保护装置拒绝动作;误动作是指线路或设备未发生触电或漏电时漏电保护装置的动作。

表 5-5 漏电保护器常见故障及产生原因

故障现象	产生原因
拒动作	漏电动作电流选择不当。选用的保护器动作电流过大或整定过大,而实际产生的漏电值没有达到规定值,使保护器拒动作
	接线错误。在漏电保护器后,如果把保护线(即 PE 线)与中性线(N 线)接在一起,发生漏电时,漏电保护器将拒动作
	产品质量低劣。零序电流互感器二次电路断路、脱扣元件故障
	线路绝缘阻抗降低。线路由于部分电击电流不沿配电网工作接地,或漏电保护器前方的绝缘阻抗,而沿漏电保护器后方的绝缘阻抗经保护器返回电源
误动作	接线错误。误把保护线(PE 线)与中性线(N 线)接反
	在照明和动力合用的三相四线制电路中,错误地选用三极漏电保护器,负载的中性线直接接在漏电保护器的电源侧
	漏电保护器后方有中性线与其他回路的中性线连接或接地,或后方有相线与其他回路的同相相线连接,接通负载时会造成漏电保护器误动作
	漏电保护器附近有大功率电器,当其开合时产生电磁干扰,或附近装有磁性元件或较大的导磁体,在互感器铁芯中产生附加磁通量而导致误动作

故障现象	产生原因
误动作	当同一回路的各相不同步合闸时,先合闸的一相可能产生足够大的泄漏电流
	漏电保护器质量低劣、元件质量不高或装配质量不好,降低了漏电保护器的可靠性和稳定性,导致误动作
	环境温度、相对湿度、机械振动等超过漏电保护器设计条件

⑥ 熔断器的常见故障及排除方法见表 5-6。

表 5-6　熔断器常见故障及排除方法

故障现象	产生原因	排除方法
通电瞬间熔体熔断	熔体安装时受机械损伤严重	更换熔丝
	负载侧短路或接地	排除负载故障
	熔丝电流等级选择得太小	更换熔丝
熔丝未断但电路不通	熔丝两端或两端导线接触不良	重新连接
	熔断器的端帽未拧紧	拧紧端帽

⑦ 单相电能表的常见故障及排除方法见表 5-7。

表 5-7　单相电能表常见故障及排除方法

故障现象	产生原因	排除方法
电能表不转或反转	电能表的电压线圈端子的小连接片未接通电源	打开电能表接线盒,查看电压线圈的小钩子是否与进线火线连接,未连接时要重新接好
	电能表安装倾斜	重新校正电能表的安装位置
	电能表的进出线相互接错引起倒转	电能表应按接线盒背面的线路图正确接线

第6章

电力拖动线路的安装与调试

6.1 单向连续运转控制线路安装与调试

(1) 电动机点动控制

在实际生产中，机械在进行试车和调整时，通常要求点动控制，如工厂中使用的电动葫芦和机床快速移动装置，龙门刨床横梁的上、下移动，摇臂钻床立柱的夹紧与放松，桥式起重机吊钩、大车运行的操作控制等都需要单向点动控制。

点动控制是用按钮、接触器来控制电动机运转的最简单的单向运转控制线路。电动机的运行时间由按钮按下的时间决定。只要按下按钮电动机就转动；松开按钮电动机就停止动作。

如图 6-1 和图 6-2 所示，点动控制的主要原理是当按下按钮 SB 时，交流接触器 KM 的线圈得电，从而使接触器的主触点闭合，使三相交流电进入电动机的绕组，驱动电动机转动。松开 SB 时，交流接触器的线圈失电，使接触器的主触点断开，电动机的绕组断电而停止转动。

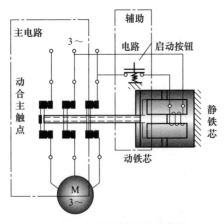

图 6-1　点动控制结构示意图

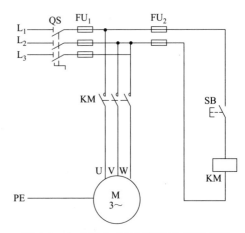

图 6-2　电动机点动控制线路电气原理图

(2) 电动机单向连续运转控制

生产机械连续运转是最常见的形式，要求拖动生产机械的电动机能够长时间运转。三相异步电动机自锁控制是指按下启动按钮、电动机转动之后，再松开启动按钮，电动机仍保持转动。其主要原因是交流接触器的辅助触点维持交流接触器的线圈长时间得电，从而使得交流接触器的主触点长时间闭合，电动机长时间转动。这种控制应用在长时间连续工作的电动机中，如车床、砂轮机等。

① 电动机单向连续运转控制结构图　在点动控制电路中加自锁（保）触点 KM，可对电动机实行连续运行控制，又称为长动控制。电路工作原理：在电动机点动控制电路的基础上给启动按钮 SB_2 并联一个交流接触器的常开辅助触点，使得交流接触器的线圈通过其辅助触点进行自锁。当松开按钮 SB_2 时，由于接在按钮 SB_2 两端的 KM 常开辅助触点闭合自锁，故控制回路仍保持通路，电动机 M 继续运转。电动机单向连续运转控制结构如图 6-3 所示。

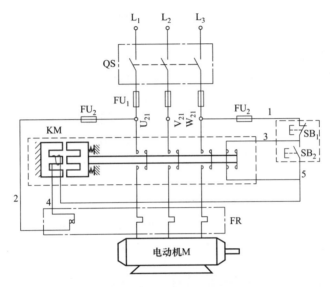

图 6-3　电动机单向连续运转控制结构

② 电动机单向连续运转控制动作过程　先合上电源开关 QS，引入三相交流电。

a. 启动运行。按下按钮 SB_2→KM 线圈得电→KM 主触点和自锁触点闭合→电动机 M 启动连续正转。

b. 停车。按停止按钮 SB_1→控制电路失电→KM 主触点和自锁触点分断→电动机 M 失电停转。

c. 过载保护。电动机在运行过程中，由于过载或其他，负载电流超过额定值时，经过一定时间，串接在主回路中热继电器 FR 的热元件双金属片受热弯曲，推动串接在控制回路中的常闭触点断开，切断控制回路，接触器 KM 的线圈断电，主触点断开，电动机 M 停转，达到了过载保护的目的。

(3) 绘制、识读电气控制电路图

各种生产机械的电气控制电路常用电路原理图、接线图和布置图来表示。其中原理图是分析电气控制原理，绘制及识读电气控制接线图、电器元件位置图和指导设备安装、调试与维修的主要依据；布置图用于电器元件的布置和安装；接线图用于安装接线、线路检查和线路维修。

① 电气原理图　原理图一般分为电源电路、主电路、控制电路和辅助电路四部分，采

用电器元件展开图的形式绘制而成。图中虽然包括了各个电器元件的接线端点，但并不按照电器元件实际的布置位置来绘制，也不反映电器元件的大小。

a. 电源电路画成水平线，三相交流电源相序 L_1、L_2、L_3 由上而下依次排列画出，经电源开关后用 U、V、W 或 U、V、W 后加数字标志。中线 N 和保护地线 PE 画在相线之下，直流电源则正端在上、负端在下画出；辅助电路用细实线表示，画在右边（或下部）。

b. 主电路是指受电的动力装置的电路及控制、保护电器的支路等，它由主熔断器、接触器的主触点、热继电器的热元件以及电动机等组成。主电路通过的电流是电动机的工作电流，电流较大。主电路画在电路图的左侧并垂直于电源电路。

c. 控制电路是由主令电器的触点、接触器线圈及辅助触点、继电器线圈及触点等组成，控制主电路工作状态。

d. 辅助电路一般由显示主电路工作状态的指示电路、照明电路等组成。辅助电路跨接在两相电源线之间，一般按指示电路和照明电路的顺序依次垂直画在主电路图的右侧。

e. 原理图中，所有的电器元件都采用国家标准规定的图形符号和文字符号来表示。属于同一电器的线圈和触点，都要用同一文字符号表示。当使用相同类型电器时，可通过在文字符号后加注阿拉伯数字序号来区分，例如两个接触器用 KM_1、KM_2 表示。

f. 原理图中，同一电器的不同部件，常常不绘在一起，而是绘在它们各自完成作用的地方。例如接触器的主触点通常绘在主电路中，而吸引线圈和辅助触点则绘在控制电路中，但它们都用 KM 表示。

g. 原理图中，所有电器触点都按没有通电或没有外力作用时的常态绘出。如继电器、接触器的触点，按线圈未通电时的状态画；按钮、行程开关的触点按不受外力作用时的状态画等。

h. 原理图中，在表达清楚的前提下，尽量减少线条，尽量避免交叉线的出现。如果两线需要交叉连接，则需用黑色实心圆点表示；如果两线交叉不连接，则需用空心圆圈表示。

i. 原理图中，无论是主电路还是辅助电路，各电气元件一般应按动作顺序从上到下、从左到右依次排列，可水平或垂直布置。

j. 原理图的绘制应布局合理、排列整齐，且水平排列、垂直排列均可。电路垂直布置时，类似项目应横向对齐；水平布置时，类似项目应纵向对齐。

k. 电气元件应按功能布置，并尽可能按工作顺序排列。

② 接线图　接线图是电路配线安装或检修的工艺图纸，它是用标准规定的图形符号绘制的实际接线图。接线图清晰地表示了各电器元件的相对位置和它们之间的连接电路。图中同一电器元件的各个部件被画在一起，各个部件的位置也被尽可能按实际情况排列。但对电器元件的比例和尺寸不做严格要求。

绘制、识读接线图应遵循以下原则：

a. 接线图中一般示出如下内容：电气设备和电器元件的相对位置、文字符号、端子号、导线号、导线类型、导线截面积、屏蔽和导线绞合等。

b. 同一电器元件各部分的标注应与原理图一致，以便对照检查接线。

c. 接线图中的导线有单根导线、导线组、电缆等，可用连续线表示，也可用中断线表示。走向相同的导线可以合并而用线束表示，但当其到达接线端子板或电器元件的连接点时应分别画出。图中线束一般用粗实线表示。另外，导线及穿管的型号、根数和规格应在其附近标注清楚。

③ 电器元件布置图 布置图主要是用来表明电气设备上所有电器元件的实际位置，常为采用简化的外形符号（如正方形、矩形、圆形等）绘制的一种简图。布置图为电气控制设备的制造、安装提供工艺性资料，以便于电器元件的布置和安装。图中各电器的文字符号必须与电路图和接线图的标注相一致。

电工工程中，电路原理图、接线图和布置图常被结合使用。

(4) 故障检测方法

① 故障分析 将控制电路按功能环节分为启动环节、电气联锁环节、保护环节、自动环节、调速环节等或将各电气回路分解成环节电路（即将一个或多个电气元件用导线连接起来，完成某种单一功能的电路）。根据通电试车的现象特征，结合控制电路各回路功能分析和细化了的功能环节电路，与故障特征相对照，估计故障发生的回路，将故障范围缩小到某一环节内。值得注意的是，在实际操作过程当中，同一故障现象可能由多种原因引起。所以需要在分析故障时应全面考虑，将有可能引起这一故障的所有原因列举出来，并通过分析对比，按出现的几率进行排序，进而逐一排查。

② 故障检测 寻找故障元件及故障点时在通电状态下或断电状态下进行均可。

a. 断电状态下。断电状态下对电路进行故障点的检测常用电阻法。电阻法是用仪表测量电路的电阻值，通过电阻值的对比进行电路故障判断的一种方法。利用电阻法对线路中的断线、触点虚接等故障进行检查，一般可以迅速地找到故障点。但在使用电阻法测量检查故障时，一定要切断电源。若被测电路与其他电路并联，则必须将该电路与其他电路断开，否则会得不到准确的结果，具体测量方法如下。

• 分阶测量法。如图 6-4 所示，按下 SB_2，接触器 KM_1 不吸合，该电气回路有断路故障。

用万用表的电阻挡检测前，先断开电源，然后按下 SB_2 不放松，先测量 1—7 两点间的电阻，如果电阻值为无穷大，则说明 1—7 之间的电路断开。然后分阶测量 1—2、1—3、1—4、1—5、1—6 各点间的电阻值。若电路正常，上述各点间电阻值为 0。当测到某两点间电阻为无穷大时，则说明表笔刚刚跨过的触点或连接线断路。

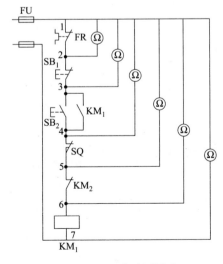

图 6-4 电阻分阶测量法

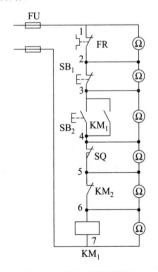

图 6-5 电阻分段测量法

• 分段测量法。如图 6-5 所示，检查前先切断电源，按下启动按钮 SB₂ 不松开，然后依次逐段测量相邻两标号点 1—2、2—3、3—4、4—5、5—6 间的电阻。如果测得某两点间的电阻为"∞"，说明这两点间的触点或连接导线断路。例如，当测得 2—3 两点间电阻值为"∞"时，说明停止按钮 SB₁ 或连接 SB₁ 导线断路。

b. 通电状态下。通电状态下对电路进行故障检测可以通过测量电路的电压或电流值来确定故障点的位置。其中，通过测量电路电压确定故障点位置时，有不需要拆卸元件及导线，即可进行测量的优点，同时机床处在实际使用条件下，提高了故障识别的准确性。这种方法又称电压法，在机床电路带电状态下进行，测量各接点之间的电压值，通过将测量的电压与机床正常工作时应具有的电压值相比较，来判断故障点及故障元件的位置。

采用电压法进行故障检测时常用的测量工具有：试电笔、万用表等。其中万用表在测量电压时，测量范围大，而且交直流电压均可测量，是使用最多的一种工具。

用电压法检测电路故障时应注意：

• 检测前要熟悉可能存在故障的线路及各点的编号。弄清楚线路走向、元件部位，核对编号。

• 了解线路各点间正常时应具有的电压值。

• 记录各点间电压的测量值，并与正常值比较，做出分析判断以确定故障点及故障元件的位置。

如图 6-6 所示，先测量 1—8 之间的正常电压为 380V，对如图电路进行分段测量电压并记录测量的电压值，与正常电压相比较即可找出故障点。

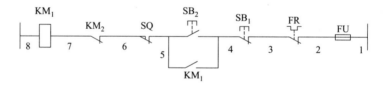

图 6-6　故障电路分析举例

电路情况及所测线路电压、故障原因如表 6-1 所示。

表 6-1　电压判断的故障原因

电路情况	线路电压/V							故障原因
	1—2	2—3	3—4	4—5	5—6	6—7	1—7	
按下 SB₂，KM₁ 不吸合	0	0	0	0	0	0	0	FU 熔断
按下 SB₂，KM₁ 不吸合	0	0	0	0	0	380	380	FR 跳闸
按下 SB₂，KM₁ 不吸合	0	0	0	0	380	0	380	KM₁ 线圈断线
按下 SB₂，KM₁ 不吸合	0	0	0	380	0	0	380	KM₂ 常闭触点接触不良
按下 SB₂，KM₁ 不吸合	0	380	0	0	0	0	380	SB₂ 常闭触点接触不良
按下 SB₂，KM₁ 不吸合	0	0	380	0	0	0	380	SB₁ 常开触点接触不良
按下 SB₂，KM₁ 不吸合	380	0	0	0	0	0	380	SQ 常闭触点接触不良

(5) 电动机单向连续运转控制线路常见故障及维修方法

电动机单向连续运转控制线路常见故障及维修方法，如表 6-2 所示。

表 6-2　单向连续运转控制线路常见故障及维修方法

常见故障	故障原因	维修方法
电动机不启动	①熔断器熔体熔断 ②自锁触点和启动按钮串联 ③交流接触器不动作 ④热继电器未复位	①查明原因，排除后更换熔体 ②改为并联 ③检查线圈或控制回路 ④手动复位
发出"嗡嗡"声，缺相	动、静触点接触不良	对动静触点进行修复
跳闸	①电动机绕组烧毁 ②线路或端子板绝缘击穿	①更换电动机 ②查清故障点排除
电动机不停车	①触点烧损粘连 ②停止按钮接点粘连	①拆开修复 ②更换按钮
电动机时通时断	①自锁触点错接成常闭触点 ②触点接触不良	①改为常开 ②检查触点接触情况
只能点动	①自锁触点未接上 ②并接到停止按钮上	①检查自锁触点 ②并接到启动按钮两侧

(6) 电气控制系统的保护环节

电动机在运行的过程中，除按生产机械的工艺要求完成各种正常运转外，还必须在线路出现短路、过载、欠压、失压等现象时，能自动切断电源停止转动，以防止和避免电气设备和机械设备的损坏事故，保证操作人员的人身安全。常用的电动机的保护有短路保护、过载保护、欠压保护、失压保护等。

① 短路保护　当电动机绕组和导线的绝缘损坏时，或者控制电器及线路损坏发生故障时，线路将出现短路现象，产生很大的短路电流，使电动机、电器、导线等电气设备严重损坏。因此，在发生短路故障时，保护电器必须立即动作，迅速将电源切断。

常用的短路保护电器是熔断器和自动空气断路器。熔断器的熔体与被保护的电路串联，当电路正常工作时，熔断器的熔体不起作用，相当于一根导线，其上面的压降很小，可忽略不计。当电路短路时，很大的短路电流流过熔体，使熔体立即熔断，切断电动机电源，电动机停转。同样，若电路中接入自动空气断路器，当出现短路时，自动空气断路器会立即动作，切断电源使电动机停转。

② 过载保护　电动机负载过大、启动操作频繁或缺相运行，会使电动机的工作电流长时间超过其额定电流，使电动机绕组过热，温升超过其允许值，导致电动机的绝缘材料变脆，寿命缩短，严重时会使电动机损坏。因此，当电动机过载时，保护电器应动作切断电源，使电动机停转，避免电动机在过载下运行。

常用的过载保护的电器是热继电器。当电动机的工作电流等于额定电流时，热继电器不动作，电动机正常工作；当电动机短时过载或过载电流较小时，热继电器不动作，或经过较长时间才动作；当电动机过载电流较大时，串接在主电路中的热元件会在较短时间内发热弯曲，使串接在控制电路中的常闭触点断开，先后切断控制电路和主电路的电源，使电动机停转。

③ 欠压保护　当电网电压降低时，电动机便在欠压下运行。由于电动机负载没有改变，因此欠压下电动机转速下降，定子绕组中的电流增加。因为电流增加的幅度尚不足以使熔断器和热继电器动作，所以这两种电器起不到保护作用。如不采取保护措施，时间一长将会使电动机过热损坏。另外，欠压将引起一些电器释放，使电路不能正常工作，也可能导致人身伤害和设备损坏事故。因此，应避免电动机欠压下运行。

实现欠压保护的电器是接触器和电磁式电压继电器。在机床电气控制线路中，只有少数线路专门装设了电磁式电压继电器起欠压保护作用；而大多数控制线路，由于接触器已兼有欠压保护功能，因此不必再加设欠压保护电器。一般当电网电压降低到额定电压的 85% 以下时，接触器（电压继电器）线圈产生的电磁吸力减小到复位弹簧的拉力，动铁芯被释放，其主触点和自锁触点同时断开，切断主电路和控制电路电源，使电动机停转。

④ 失压保护（零压保护）　生产机械在工作时，某种原因使电网突然停电，这时电源电压下降为零，电动机停转，生产机械的运动部件随之停止转动。一般情况下，操作人员不可能及时拉开电源开关，如不采取措施，当电源恢复正常时，电动机会自行启动运转，很可能造成人身伤害和设备损坏事故，并引起电网过电流和瞬间网络电压下降。因此，必须采取失压保护措施。

在电气控制线路中，起失压保护作用的电器是接触器和中间继电器。当电网停电时，接触器和中间继电器线圈中的电流消失，电磁吸力减小为零，动铁芯释放，触点复位，切断了主电路和控制电路电源。当电网恢复供电时，若不重新按下启动按钮，则电动机就不会自行启动，实现了失压保护。

(7) 电动机单向连续运转控制线路安装

1）配齐所需工具、仪表和连接导线　根据线路安装的要求配齐工具（如尖嘴钳、一字螺钉旋具、十字螺钉旋具、剥线钳、试电笔等）、仪表（如万用表等）。根据控制对象选择合适的导线，主电路采用 BV1.5mm²（红色、绿色、黄色）；控制电路采用 BV0.75mm²（黑色）；按钮线采用 BVR0.75mm²（红色）；接地线采用 BVR1.5mm²（黄绿双色）。

2）阅读分析电气原理图　读懂电动机单向连续运转控制线路电气原理图，如图 6-7 所示。明确线路安装所用元件及作用，并根据原理图画出布局合理的平面布置图和电气接线图。

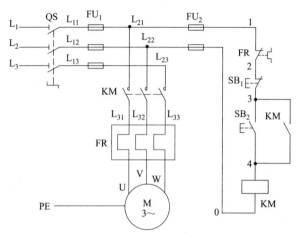

图 6-7　电动机单向连续运转控制线路电气原理图

3）器件选择 根据原理图正确选择线路安装所需要的低压电器元件，并明确其型号规格、个数及用途，如表6-3所示。

表 6-3 电器元件明细

符号	名称	型号及规格	数量	用途
QS	组合开关	HZ10-25/3	1	三相交流电源引入
SB_2	启动按钮	LAY7	1	启动
SB_1	停止按钮	LAY7	1	停止
FU_1	主电路熔断器	RT16-32 5A	3	主电路短路保护
FU_2	控制电路熔断器	RT16-32 1A	2	控制电路短路保护
KM	交流接触器	CJX3-1210	1	
FR	热继电器	JRS1-09308	1	过载保护
	导线若干	BV 1.5mm²		主电路接线
	导线若干	BVR 0.75mm²，1.5mm²		控制电路接线，接地线
M	三相交流异步电动机	YS-5024W	1	
XT_1	端子排	主电路 TB-2512L	1	
XT_2	端子排	控制电路 TB-1512	1	

4）器件检测与安装 使用万用表对所选低压电器进行检测后，根据元件布置图将电器元件固定在安装板上，安装布置图如图 6-8 所示。

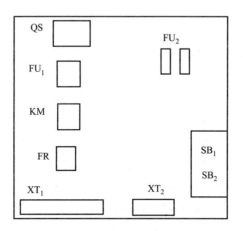

图 6-8 控制线路元件布置图

5）电动机单向连续运转控制线路连接 根据电气原理图和电气接线图，完成电动机单向连续运转控制线路的线路连接。

① 主电路连接 根据如图 6-9 所示主电路电气接线图完成主电路线路连接。

将三相交流电源的三条火线接在转换开关 QS 的三个进线端上，QS 的出线端分别接在三只熔断器 FU_1 的进线端，FU_1 的出线端分别接在交流接触器 KM 的三对主触点的进线端，KM 主触点出线端分别与热继电器 FR 的发热元件进线端相连，FR 发热元件出线端通过端子排与电动机定子绕组接线端 U_1、V_1、W_1 相连。

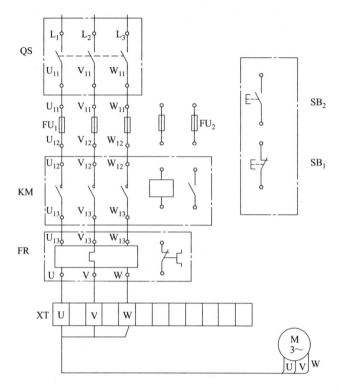

图 6-9　主电路电气接线图

② 控制电路连接　根据控制电路电气接线图，如图 6-10 所示，完成控制电路连接。按从上至下、从左至右的原则，等电位法，逐点清，以防漏线。

具体接线：任取主电路短路保护熔断器中的两个，其出线端接在两只控制电路短路保护熔断器 FU_2 的进线端。

1 点：任取一只控制电路短路保护熔断器，将其出线端通过端子排与热继电器 FR 常闭触点的进线端相连。

2 点：热继电器 FR 常闭触点的出线端通过端子排与停止按钮 SB_2 常闭进线端相连。

3 点：停止按钮 SB_2 常闭触点的出线端与启动按钮 SB_1 常开触点进线端在按钮内部连接后，通过端子排与 KM 常开辅助触点进线端相连。

4 点：KM 常开辅助触点出线端与其线圈进线端相连后，通过端子排与 SB_1 常开触点出线端相连。

0 点：KM 线圈出线端与另一只熔断器的出线端相连。

6）安装电动机　安装电动机并完成电源、电动机（按要求接成星形或三角形）和电动机保护接地线等控制面板外部的线路连接。

7）静态检测

① 根据原理图或电气接线图从电源端开始，逐段核对接线及接线端子处连接是否正确，有无漏接、错接之处。检查导线接点是否符合要求，压接是否牢固。接触应良好，避免接负载运行时产生闪弧现象。

② 进行主电路和控制电路通断检测

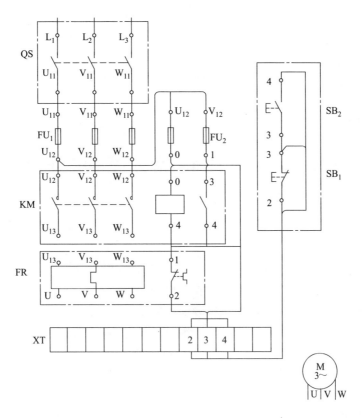

图 6-10 控制电路电气接线图

a. 主电路检测。接线完毕，反复检查确认无误后，在不通电的状态下对主电路进行检查。按下 KM 主触点，万用表置于电阻挡，若测得各相电阻基本相等且近似为"0"；而放开 KM 主触点，测得各相电阻为"∞"，则接线正确。

b. 控制电路检测。选择万用表的 $R \times 1\Omega$ 挡，然后将红、黑表笔对接调零。

• 检测控制电路通断。断开主电路，按下启动按钮 SB_2，万用表读数应为接触器线圈的直流电阻值（如 CJX2 线圈直流电阻为 15Ω 左右），松开 SB_2 或按下 SB_1，万用表读数为"∞"。

• 自锁控制检测。松开 SB_1，按下 KM 触点架，使其自锁触点闭合，将万用表红黑表笔分别放在图中的 1 点和 0 点上，万用表读数应为接触器的直流电阻值。

• 停车控制检测。按下 SB_2 或 KM 触点架，将万用表红黑表笔分别放在图中的 1 点和 0 点上，万用表读数应为接触器的直流电阻值；然后同时按下停止按钮 SB_1，万用表读数变为"∞"。

• 检查过载保护。检查热继电器的额定电流值是否与被保护的电动机额定电流相符，若不符，调整旋钮的刻度值，使热继电器的额定电流值与电动机额定电流相符；检查常闭触点是否动作，其机构是否正常可靠；复位按钮是否灵活。

8）通电试车 通电前必须征得教师同意，并由教师接通电源和现场监护，严格按安全规程的有关规定操作，防止安全事故的发生。

① 电源测试。合上电源开关 QS 后，用测电笔测 FU_1、三相电源。

② 控制电路试运行。断开电源开关 QS，确保电动机没有与端子排连接。合上开关 QS，按下按钮 SB₂，接触器主触点立即吸合；松开 SB₂，接触器主触点仍保持吸合。按下 SB₁，接触器触点立即复位。

③ 电动机带电试运行。断开电源开关 QS，接上电动机接线。再合上开关 QS，按下按钮 SB₂，电动机运转；按下 SB₁，电动机停转。操作过程中，观察各器件动作是否灵活，有无卡阻及噪声过大等现象，电动机运行有无异常。发现问题，应立即切断电源进行检查。

6.2 单向点动与连续运转混合控制线路安装与调试

(1) 电动机点动与连续运转混合控制线路工作过程

先合上电源开关 QS，引入三相交流电。电动机点动与连续运转混合控制线路工作过程如图 6-11 所示。

① 点动控制 按下点动启动按钮 SB₃，SB₃ 常闭触点先分断，切断 KM 辅助触点电路；SB₃ 常开触点再闭合，KM 线圈得电，KM 主触点闭合，电动机 M 启动运转。同时，KM 常开辅助触点闭合，但因 SB₃ 常闭触点已分断，故不能实现自保。

松开按钮 SB₃，KM 线圈失电，KM 主触点断开（KM 辅助触点也断开）后，SB₃ 常闭触点再恢复闭合，电动机 M 停止运转，点动控制实现。

② 连续运转控制 按下长动启动按钮 SB₂，KM 线圈得电，KM 主触点闭合，同时 KM 辅助触点也闭合，实现自保，电动机 M 启动并连续运行，长动控制实现。

③ 停止 按下停止按钮 SB₁，KM 线圈失电，KM 主触点分断，电动机 M 停止运转。

(2) 电动机点动与连续运转混合控制电路方式

在生产实践过程中，机床设备正常工作需要电动机连续运行，而试车和调整刀具与工件的相对位置时，又要求"点动"控制。为此生产加工工艺要求控制电路既能实现"点动控制"，又能实现"连续运行"工作，以用于试车、检修以及机床主轴的调整和连续运转等。

电动机点动与连续运转混合控制方式，除了上述使用复合按钮的控制方法外，还有两种常用的控制方法：使用开关控制如图 6-11（a）所示；使用中间继电器控制，如图 6-11（b）所示。

(3) 常见故障分析

电动机单向点动与连续混合控制电路故障发生率比较高。常见故障及原因主要有以下几方面。

① 接通电源后，按启动按钮（SB₂ 或 SB₃），接触器吸合，但电动机不转且发出"嗡嗡"声响；或者虽能启动，但转速很慢。

分析：这种故障大多是由于主回路一相断线或电源缺相造成的。

② 按下按钮 SB₂ 控制电路时通时断。

分析：自锁触点错接成常闭触点。

③ 接通电源后按下启动按钮，电路不动作。

分析：KM 线圈未接入控制回路。

(4) 单向点动与连续运转混合控制线路安装

1）配齐需要的工具、仪表和合适的导线 根据线路安装的要求配齐工具（如尖嘴钳、

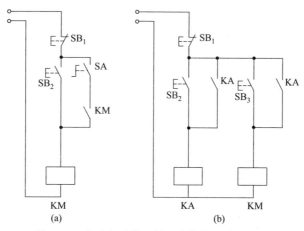

图 6-11 点动与连续运转混合控制电路原理图

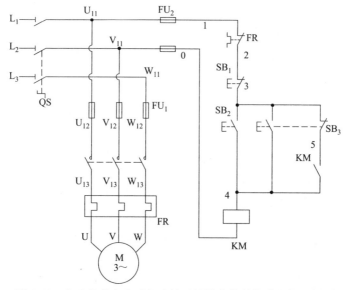

图 6-12 电动机单向点动与连续运转混合控制线路电气原理图

一字螺钉旋具、十字螺钉旋具、剥线钳、试电笔等）、仪表（如万用表等）。根据控制对象选择合适的导线，主电路采用 BV1.5mm² （红色、绿色、黄色）；控制电路采用 BV0.75mm²（黑色）；按钮线采用 BVR0.75mm² （红色）；接地线采用 BVR1.5mm² （黄绿双色）。

2）阅读分析电气原理图 读懂电动机点动与连续运转控制线路电气原理图，如图 6-12 所示。明确线路所用器件及作用，并根据原理图画出布局合理的平面布置图和电气接线图。

3）器件选择 根据原理图正确选择线路安装所需的低压电器元件，并明确其型号规格、个数及用途，如表 6-4 所示。

表 6-4 电器元件明细

符号	名称	型号与规格	数量	用途
QS	组合开关	HZ8-25/3	1	三相交流电源引入
M	电动机	YS-5024W	1	
SB₁	停止按钮	LAY7	1	停止

续表

符号	名称	型号与规格	数量	用途
SB_2	长动启动按钮	LAY7	1	点动
SB_3	点动启动按钮	LAY7	1	长动
FU_1	主电路熔断器	RT16-32 5A	3	主电路短路保护
FU_2	控制电路熔断器	RT16-32 5A	2	控制电路短路保护
KM	交流接触器	CJX3-1210	1	控制电动机运行
FR	热继电器	JRS1 整定：2.5～4A	1	过载保护
	导线	BV 1.5mm²		主电路接线
	导线	BVR 0.75mm² 1.5mm²		控制电路接线，接地线
XT	端子排	主电路 TB-2512L	1	
XT	端子排	控制电路 TB-1512	1	

4）器件检测固定 使用万用表对所选低压电器进行检测后，根据元件布置图安装固定电器元件。安装布置图如图 6-13 所示。

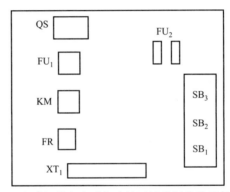

图 6-13 电动机单向点动与连续运转控制线路元件布置图

5）电动机单向点动与连续运转混合控制线路连接 根据电气原理图和图 6-14 所示的电气接线图完成控制电路的连接。

① 主电路连接 将三相交流电源的三条相线接在转换开关 QS 的三个进线端上，QS 的出线端分别接在三只熔断器 FU_1 的进线端，FU_1 的出线端分别接在交流接触器 KM 的三对主触点的进线端，KM 主触点出线端分别与热继电器 FR 的发热元件进线端相连，FR 发热元件出线端通过端子排与电动机接线端子 U_{11}、V_{11}、W_{11} 相连。

② 控制线路连接 按从上至下、从左至右的原则，采用等电位法，逐点清，以防漏线。

具体接线：任取两个主电路短路保护熔断器，其出线端接在两只熔断器 FU_2 的进线端。

1 点：任取一只熔断器，将其出线端与热继电器 FR 常闭触点的进线端相连。

2 点：热继电器 FR 常闭触点的出线端通过端子排与停止按钮 SB_1 常闭进线端相连。

3 点：停止按钮 SB_1 常闭触点的出线端与点动按钮 SB_3 和长动按钮 SB_2 的常开触点进线端及 SB_3 常闭触点的进线端在按钮内部连接。

4 点：KM 常开辅助触点出线端与其线圈进线端相连后，通过端子排与 SB_2 和 SB_3 常开触点出线端相连。

5 点：SB_3 常开触点进线端通过端子排与 KM 常开辅助触点进线端相连。

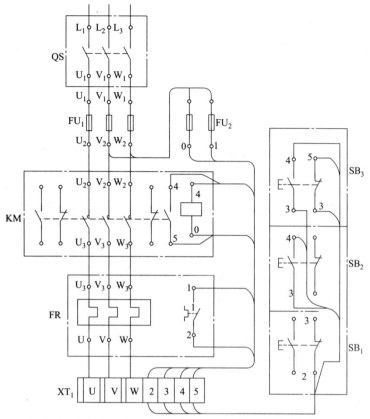

图 6-14　电动机单向点动与连续运转混合控制线路电气接线图

6 点：KM 线圈出线端与另一只熔断器的出线端相连。

6）静态检测

① 根据原理图和电气接线图从电源端开始，逐点核对接线及接线端子处连接是否正确，有无漏接、错接之处。检查导线接点是否符合要求，压接是否牢固。

② 进行主电路和控制电路通断检测

a. 主电路检测。接线完毕，反复检查确认无误后，在不通电的状态下对主电路进行检查。按下 KM 主触点，万用表置于电阻挡，若测得各相电阻基本相等且近似为 "0"；而放开 KM 主触点，测得各相电阻为 "∞"，则接线正确。

b. 控制电路检测。选择万用表的 $R \times 1\Omega$ 挡，然后将红、黑表笔对接调零。

• 检查点动控制电路通断：断开主电路，按下点动按钮 SB₃，万用表读数应为接触器线圈的直流电阻值（如 CJX2 线圈直流电阻约为 15Ω），松开 SB₃，万用表读数为 "∞"。

• 检查连续运转控制电路通断：断开主电路，按下启动按钮 SB₂，万用表读数应为接触器线圈的直流电阻值（如 CJX2 线圈直流电阻约为 15Ω），松开 SB₂ 或按下 SB₁，万用表读数为 "∞"。

• 检查控制电路自锁：松开 SB₃，按下 KM 触点架，使其自锁触点闭合，将万用表红、黑表笔分别放在图 6-12 中的 1 点和 0 点上，万用表读数应为接触器的直流电阻值。

• 停车控制检查。按下 SB₂ 或 SB₃ 或 KM 触点架，将万用表红、黑表笔分别放在图 6-12 中的 1 点和 0 点上，万用表读数应为接触器的直流电阻值；然后同时按下停止按钮

SB_1，万用表读数变为"∞"。

7）安装电动机 安装电动机并完成电源、电动机（按要求接成 Y 或△）和电动机保护接地线等控制面板外部的线路连接。

8）通电试车 通电试车必须在指导教师现场监护下严格按安全规程的有关规定操作，防止安全事故的发生。

通电时先接通三相交流电源，合上转换开关 QS。按下 SB_2，电动机应连续运转。按下 SB_1，电动机停止运转，电动机长动运行正常。按下 SB_3 电动机运转，松开 SB_3 电动机停止运转，电动机点动运行正常。操作过程中，观察各器件动作是否灵活，有无卡阻及噪声过大等现象，电动机运行有无异常。发现问题，应立即切断电源进行检查。

6.3 接触器联锁正反转控制线路安装与调试

生产机械常常需要按上下、左右、前后等相反方向运动，这就要求拖动生产机械的电动机能够正反两个方向运转。正反转控制电路是指采用某种方式使电动机实现正反转向调换的控制电路。在工厂动力设备上，通常采用改变接入三相异步电动机绕组的电源相序来实现。

三相异步电动机的正反转控制电路有许多类型，如接触器联锁正反转控制电路、按钮联锁正反转控制电路、使用倒顺开关等。

（1）倒顺开关控制的正反转控制电路

倒顺开关属于组合开关类型，不但能接通和分断电源，还能改变电源输入的相序，用来直接实现小容量电动机的正反转控制。如图 6-15 所示，当倒顺开关扳到"顺"的位置时电动机的输入电源相序 U-V-W；倒顺开关扳到"停"的位置，使电动机停车之后，再把倒顺开关扳倒"反"的位置，电动机的输入电源相序 U-W-V。改变电动机的旋转方向。

（2）接触器互锁正反转控制电路

控制电动机正反两个方向运转的两个交流接触器不能同时闭合，否则主电路中将发生两相短路事故。因此，利用两个接触器进行相互制约，使它们在同一时间里只有一个工作，这种控制作用称为互锁或联锁。将其中一个接触器的常闭辅助触点串入另一个接触器线圈电路中即可。接触器互锁又称为电气互锁。

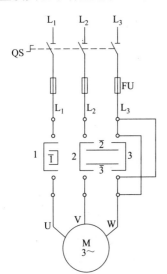

图 6-15 倒顺开关控制正反转主电路

下面介绍接触器互锁正转控制、反转控制和停止的工作过程。

合上电源开关 QS。

① 正转控制 按下正转启动按钮 SB_2→KM_1 线圈得电→KM_1 主触点和自锁触点闭合（KM_1 常闭互锁触点断开）→电动机 M 启动连续正转。

② 反转控制 先按下停止按钮 SB_1→KM_1 线圈失电→KM_1 主触点分断（互锁触点闭合）→电动机 M 失电停转→再按下反转启动按钮 SB_3→KM_2 线圈得电→KM_2 主触点和自锁触点闭合→电动机 M 启动连续反转。

③ 停止 按停止按钮 SB_1→控制电路失电→KM_1（或 KM_2）主触点分断→电动机 M 失

电停转。

注意：电动机从正转变为反转时，必须先按下停止按钮，才能按反转启动按钮，否则由于接触器的联锁作用，不能实现反转。

想一想：电动机在正转时若按下反转启动按钮会怎么样？此电路需要改进哪些地方？

（3）按钮互锁正反转控制电路

将正转启动按钮的常闭触点串接在反转控制电路中，将反转启动按钮的常闭触点串接在正转控制电路中，称为按钮互锁。按钮互锁又称机械联锁。

电动机按钮互锁正反转控制电路原理图，如图 6-16 所示。

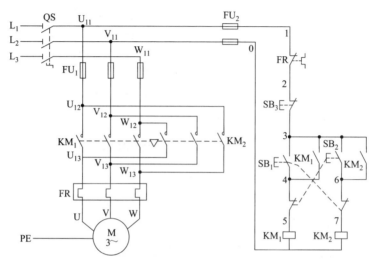

图 6-16　电动机按钮互锁正反转控制电路原理图

下面介绍按钮互锁正反转动作过程。

闭合电源开关 QS。

① 正转控制　按下按钮 SB_1→SB_1 常闭触点先分断对 KM_2 联锁（切断反转控制电路）→SB_1 常开触点后闭合→KM_1 线圈得电→KM_1 主触点和辅助触点闭合→电动机 M 启动连续正转。

② 反转控制　按下按钮 SB_2→SB_2 常闭触点先分断→KM_1 线圈失电→KM_1 主触点分断→电动机 M 失电→SB_2 常开触点后闭合→KM_2 线圈得电→KM_2 主触点和辅助触点闭合→电动机 M 启动连续反转。

③ 停止　按停止按钮 SB_3→整个控制电路失电→KM_1（或 KM_2）主触点和辅助触点分断→电动机 M 失电停转。

想一想：这种线路控制的可靠程度如何？需要改进哪些地方？

（4）接触器联锁正反转控制线路安装

1）配齐所需工具、仪表和连接导线　根据线路安装的要求配齐工具（如尖嘴钳、一字螺钉旋具、十字螺钉旋具、剥线钳、试电笔等）、仪表（如万用表等）。根据控制对象选择适合的导线，主电路采用 BV1.5mm^2（红色、绿色、黄色）；控制电路采用 BV0.75mm^2（黑色）；按钮线采用 BVR0.75mm^2（红色）；接地线采用 BVR1.5mm^2（黄绿双色）。

2）阅读分析电气原理图　读懂电动机接触器联锁正反转控制线路电气原理图，如图 6-17所示。明确线路安装所用元件及作用，并根据原理图画出布局合理的平面布置图和电气

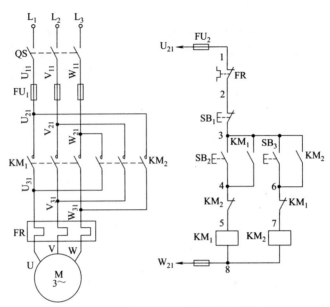

图 6-17 接触器联锁正反转原理图

接线图。

3) 器件选择 根据原理图正确选择线路安装所需要的低压电器元件,并明确其型号规格、个数及用途,如表 6-5 所示。

表 6-5 电器元件明细

符号	名 称	型号及规格	数量	用 途
M	交流电动机	YS-5024W	1	
QS	组合开关	HZ10-25/3	1	三相交流电源引入
SB$_1$	停止按钮	LAY7	1	停止
SB$_2$	正转启动按钮	LAY7	1	正转
SB$_3$	反转启动按钮	LAY7	1	反转
FU$_1$	主电路熔断器	RT16-32　5A	3	主电路短路保护
FU$_2$	控制电路熔断器	RT16-32　1A	2	控制电路短路保护
KM$_1$	交流接触器	CJX3-1210	1	控制 M 正转
KM$_2$	交流接触器	CJX3-1210	1	控制 M 反转
FR	热继电器	JRS1-09308	1	M 过载保护
	导线	BV 1.5mm^2		主电路接线
	导线	BVR　0.75mm^2,1.5mm^2		控制电路接线
XT	端子排	主电路 TB-2512L	1	
XT	端子排	控制电路 TB-1512	1	

4) 低压电器检测安装 使用万用表对所选低压电器进行检测后,根据元件布置图安装固定电器元件。安装布置图如图 6-18 所示。

5) 接触器联锁正反转控制线路连接 根据电气原理图和图 6-19 所示的电气接线图,完成电动机接触器联锁正反转控制线路的线路连接。

① 主电路接线　将三相交流电源分别接到转换开关的进线端，从转换开关的出线端接到主电路熔断器 FU_1 的进线端；将 KM_1、KM_2 主触点进线端对应相连后再与 FU_1 出线端相连；KM_1、KM_2 主触点出线端换相连接后与 FR 发热元件进线端相连；FR 发热元件出线端通过端子排分别接电动机接线盒中的 U_1、V_1、W_1 接线柱。

② 控制线路连接　按从上至下、从左至右的原则，逐点清，以防漏线。

具体接线：任取组合开关的两组触点，其出线端接在两只熔断器 FU_2 的进线端。

1 点：将一个 FU_2 的出线端通过端子排接在 FR 的常闭触点的进线端。

2 点：FR 的常闭触点的出线端通过端子排接在停止按钮 SB_1 常闭进线端。

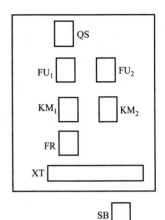

图 6-18　接触器联锁正反转控制线路元件布置图

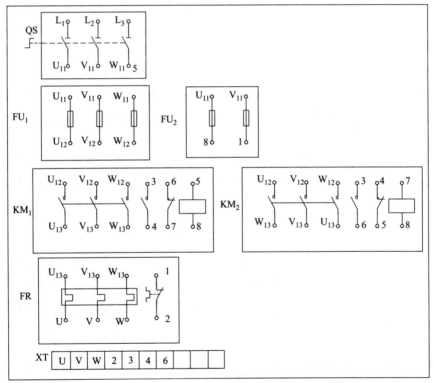

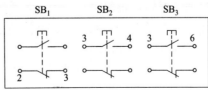

图 6-19　接触器联锁正反转电气控制接线图

3 点：在按钮内部将 SB_1 常闭触点出线端、SB_2 常开进线端、SB_3 常开进线端相连。将 KM_1 常开辅助触点进线端、KM_2 常开辅助触点进线端相连。然后通过端子排与按钮相连。

4 点：SB_2 常开触点出线端通过端子排与 KM_1 常开辅助触点出线端和 KM_2 常闭辅助触点进线端相连。

5 点：KM_2 常闭辅助触点出线端与 KM_1 线圈进线端相连。

6 点：SB_3 常开触点出线端通过端子排与 KM_2 常开辅助触点出线端和 KM_1 常闭辅助触点进线端相连。

7 点：KM_1 常闭辅助触点出线端与 KM_2 线圈进线端相连接。

8 点：KM_1 与 KM_2 线圈出线端相连后，再与另一个 FU_2 的出线端相连。

6）安装电动机　安装电动机并完成电源、电动机（按要求接成星形或三角形）和电动机保护接地线等控制面板外部的线路连接。

7）静态检测

① 根据原理图和电气接线图从电源端开始，逐点核对接线及接线端子处连接是否正确，有无漏接、错接之处。检查导线接点是否符合要求，压接是否牢固。

② 主电路和控制电路通断检测如下。

a. 主电路检测。接线完毕，反复检查确认无误后，在不通电的状态下对主电路进行检查。分别按下 KM_1 和 KM_2 主触点，万用表置于电阻挡，若测得各相电阻基本相等且近似为 0；而放开 KM_1（KM_2）主触点，测得各相电阻为 ∞，则接线正确。

b. 控制电路检测。选择万用表的 $R \times 1\Omega$ 挡，然后将红、黑表笔对接调零。

•检查正转控制。断开主电路，按下启动按钮 SB_2 或 KM_1 触点架，万用表读数应为接触器线圈的直流电阻值（如 CJX2 线圈直流电阻为 15Ω 左右），松开 SB_2、KM_1 触点架或按下 SB_1，万用表读数为"∞"。

•检查反转控制。按下启动按钮 SB_3 或 KM_2 触点架，万用表读数应为接触器线圈的直流电阻值（如 CJX2 线圈直流电阻为 15Ω 左右），松开 SB_3、KM_2 触点架或按下 SB_1，万用表读数为"∞"。

8）通电试车　通电试车必须在指导教师现场监护下严格按安全规程的有关规定操作，防止安全事故的发生。

通电时先接通三相交流电源，合上转换开关 QS。按下 SB_2，电动机正转；按下 SB_1，电动机停止运转；按下 SB_3，电动机反转；按下 SB_1，电动机停止运转。操作过程中，观察各器件动作是否灵活，有无卡阻及噪声过大等现象，电动机运行有无异常。发现问题，应立即切断电源进行检查。

9）常见故障分析

① 接通电源后，按启动按钮（SB_2 或 SB_3），接触器吸合，但电动机不转且发出"嗡嗡"声响；或者虽能启动，但转速很慢。

分析：这种故障大多是由于主回路一相断线或电源缺相造成的。

② 控制电路时通时断，不起联锁作用。

分析：联锁触点接错，在正、反转控制回路中，均用自身接触器的常闭触点作联锁触点。

③ 电动机只能点动正转控制。

分析：自锁触点用的是另一接触器的常开辅助触点。

④ 在电动机正转或反转时，按下 SB_1 不能停车。

分析：原因可能是 SB_1 失效。

⑤ 合上 QS 后，熔断器 FU_2 马上熔断。

分析：原因可能是 KM_1 或 KM_2 线圈、触点短路。

⑥ 按下 SB_2 后电动机正常运行，再按下 SB_3，FU_1 马上熔断。

分析：原因是正、反转主电路换相线接错或 KM_1、KM_2 常闭辅助触点联锁不起作用。

6.4 双重联锁正反转控制线路安装与调试

(1) 双重联锁正反转控制

① 过程分析 正转如下：

反转如下：

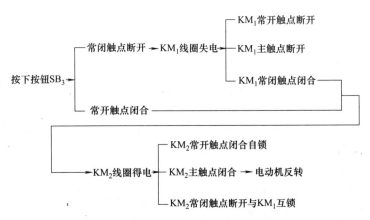

停止如下：

② 优点 双重联锁正反转控制的优点是可靠性高、操作方便，能直接进行正转与反转的切换。

(2) 电气控制电路故障的检修步骤和检查、分析方法

电气控制电路的故障一般分为自然故障和人为故障两大类。电气故障轻者使电气设备不能工作而影响生产，重者酿成事故。因此，电气控制电路日常的维护检修尤为重要。

电气控制电路形式很多，复杂程度不一。若要准确、迅速地找出故障并排除，必须弄懂电路原理，掌握正确的维修方法。

1）电气控制电路故障的检修步骤

① 仔细观察故障现象。

② 根据电路原理找出故障发生的部位或故障发生的回路，且尽可能地缩小故障范围。

③ 查找故障点。

④ 排除故障。

⑤ 通电空载校验或局部空载校验。

⑥ 正常运行。

在以上检修步骤中，找出故障点是检修工作的难点和重点。在寻找故障点时，首先应该分清发生故障的原因是属于电气故障还是机械故障；对电气故障还要分清是电气线路故障还是电器元件的机械结构故障。

2）电气控制电路故障的检查和分析方法　常用的电气控制电路故障的分析检查方法有调查研究法、试验法、逻辑分析法和测量法等几种。通常要同时运用几种方法查找故障点。

① 调查研究法　调查研究法可归纳为四个字"问、看、听、摸"，能帮助我们找出故障现象。

问：询问设备操作工人。

看：看有无由于故障引起明显的外观征兆。

听：听设备各电器元件在运行时的声音与正常运行时有无明显差异。

摸：摸电气发热元件及线路的温度是否正常等。

② 试验法　试验法是在不损伤电气和机械设备的条件下通电进行试验的方法。一般先进行点动试验检验各控制环节的动作情况，若发现某一电器动作不符合要求，即说明故障范围在与此电器有关的电路中。然后在这部分电路中进一步检查，便可找出故障点。还可以采用暂时切除部分电路（主电路）的试验方法，来检查各控制环节的动作是否正常。不要随意用外力使接触器或继电器动作，以防引起事故。

③ 逻辑分析法　逻辑分析法是根据电气控制电路工作原理、控制环节的动作程序以及它们之间的联系，结合故障现象作具体分析，迅速地缩小检查范围，判断故障所在的方法。逻辑分析法适用于复杂线路的故障检查。

④ 测量法　测量法通过利用校验灯、试电笔、万用表、蜂鸣器、示波器等仪器仪表对线路进行带电或断电测量，找出故障点。这是电路故障查找的基本而且有效的方法。

测量法注意事项：

a. 用万用表欧姆挡和蜂鸣器检测电器元件及线路是否断路或短路时，必须切断电源。

b. 在测量时，要看是否有并联支路或其他回路对被测线路有影响，以防产生误判断。

电气控制电路的故障千差万别，要根据不同的故障现象综合运用各种方法，以求迅速、准确地找出故障点，及时排除故障。

（3）双重联锁正反转控制线路安装

1）配齐需要的工具、仪表和合适的导线　根据线路安装的要求配齐工具（如尖嘴钳、一字螺钉旋具、十字螺钉旋具、剥线钳、试电笔等）、仪表（如万用表等）。根据控制对象选择合适的导线，主电路采用 BV1.5mm^2（红色、绿色、黄色）；控制电路采用 BV0.75mm^2（黑色）；按钮线采用 BVR0.75mm^2（红色）；接地线采用 BVR1.5mm^2（黄绿双色）。

2）阅读分析电气原理图　读懂电动机双重联锁正反转控制线路电气原理图，如图 6-20 所示。明确线路安装所用元件及作用，并根据原理图画出布局合理的平面布置图和电气接

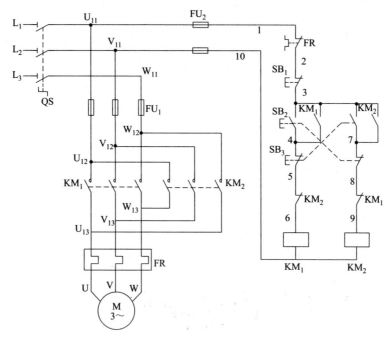

图 6-20　双重联锁控制线路电气原理图

线图。

3）器件选择　根据原理图正确选择线路安装所需要的低压电器元件，并明确其型号规格、个数及用途，如表 6-6 所示。

表 6-6　电器元件明细

符号	名称	型号及规格	数量	用途
M	交流电动机	YS-5024W	1	
QS	组合开关	HZ10-25/3	1	三相交流电源引入
SB₁	停止按钮	LAY7	1	停止
SB₂	正转按钮	LAY7	1	正转
SB₃	反转按钮	LAY7	1	反转
FU₁	主电路熔断器	RT16-32　5A	3	主电路短路保护
FU₂	控制电路熔断器	RT16-32　1A	2	控制电路短路保护
KM₁	交流接触器	CJX3-1210	1	控制 M 正转
KM₂	交流接触器	CJX3-1210	1	控制 M 反转
FR	热继电器	JRS1-09308	1	M 过载保护
	导线	BV 1.5mm²		主电路接线
	导线	BVR　0.75mm²,1.5mm²		控制电路接线,接地线
XT	端子排	主电路 TB-2512L	1	
XT	端子排	控制电路 TB-1512	1	

4）低压电器检测安装 使用万用表对所选低压电器进行检测后，根据元件布置图安装固定电器元件。安装布置图如图 6-21 所示。

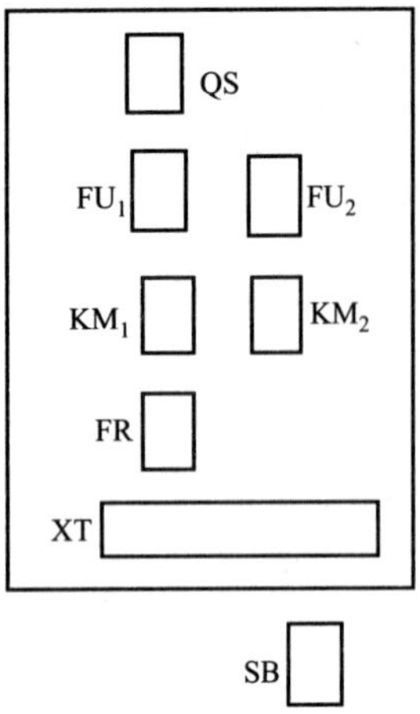

5）双重联锁正反转控制线路连接 根据电气原理图和如图 6-22 所示电气接线图，完成电动机接触器联锁正反转控制线路的线路连接。

① 控制线路连接 按从上至下、从左至右的原则，逐点清，以防漏线。

具体接线：任取组合开关的两组触点，其出线端接在两只熔断器 FU_2 的进线端。

1 点：将一个 FU_2 的出线端与热继电器 FR 常闭触点的进线端相连。

2 点：FR 的常闭触点的出线端通过端子排接在停止按钮 SB_1 常闭进线端。

3 点：在按钮内部将 SB_1 常闭触点出线端、SB_2 常开进线端、SB_3 常开进线端相连。将 KM_1 常开辅助触点进线端、KM_2 常开辅助触点进线端相连。然后通过端子排与按钮相连。

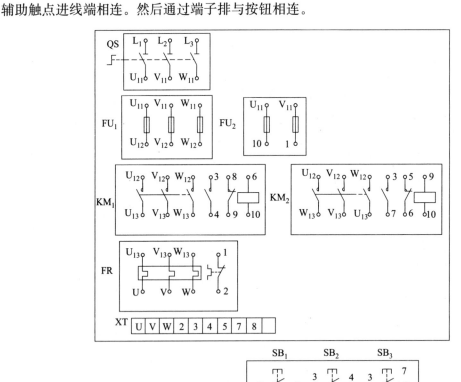

图 6-21 双重联锁控制线路元件布置图

图 6-22 接触器联锁电气控制接线图

4 点：SB_2 常开触点出线端与 SB_3 常闭触点进线端相连，然后通过端子排与 KM_1 常开辅助触点出线端相连。

5 点：SB_3 常闭触点出线端通过端子排与 KM_2 常闭辅助触点进线端相连。

6 点：KM_2 常闭辅助触点出线端与 KM_1 线圈进线端相连。

7 点：SB_3 常开触点出线端与 SB_2 常闭触点进线端，再通过端子排与 KM_2 常开辅助出线端相连。

8 点：SB_2 常闭触点出线端通过端子排与 KM_1 常闭辅助触点进线端相连。

9 点：KM_1 常闭辅助触点出线端与 KM_2 线圈进线端相连接。

10 点：将其中一个 FU_2 的出线端接在 KM_1、KM_2 线圈的出线端。

② 主电路接线　将三相交流电源分别接到转换开关的进线端，从转换开关的出线端接到主电路熔断器 FU_1 的进线端；将 KM_1、KM_2 主触点进线端对应相连后再与 FU_1 出线端相连；KM_1、KM_2 主触点出线端换相连接后与 FR 发热元件进线端相连；FR 发热元件出线端通过端子排分别接电动机接线盒中的 U_1、V_1、W_1 接线柱。

6）安装电动机　安装电动机并完成电源、电动机（按要求接成星形或三角形）和电动机保护接地线等控制面板外部的线路连接。

7）静态检测

① 根据原理图和电气接线图从电源端开始，逐点核对接线及接线端子处连接是否正确，有无漏接、错接之处。检查导线接点是否符合要求，压接是否牢固。

② 主电路和控制电路通断检测

a. 主电路检测。接线完毕，反复检查确认无误后，在不通电的状态下对主电路进行检查。分别按下 KM_1（KM_2）主触点，万用表置于电阻挡，若测得各相电阻基本相等且近似为 0；而放开 KM_1（KM_2）主触点，测得各相电阻为∞，则接线正确。

b. 控制电路检测。选择万用表的 $R \times 1\Omega$ 挡，然后将红、黑表笔对接调零。

• 检查控制电路通断。断开主电路，按下正转启动按钮 SB_2（或反转启动按钮 SB_3），万用表读数应为接触器线圈的直流电阻值（如 CJX2 线圈直流电阻为 15Ω 左右），松开 SB_2 或 SB_3，万用表读数为"∞"。

• 检查控制电路自锁。松开 SB_2 或 SB_3，分别按下 KM_1 或 KM_2 触点架，使其自锁触点闭合，将万用表红黑表笔分别放在图 6-22 中的 1～10 点上，万用表读数应为接触器的直流电阻值。

• 接触器联锁检查。同时按下触点架，KM_1 和 KM_2 的联锁触点分断，万用表的读数为"∞"。

• 按钮联锁检查。同时按下 SB_2 和 SB_3，SB_2 和 SB_3 的联锁触点分断对方的控制电路，万用表读数为"∞"。

• 停车控制检查。按下 SB_2（SB_3）或 KM_1（KM_2）触点架，将万用表红黑表笔分别放在图 6-22 中的 1～10 点上，万用表读数应为接触器的直流电阻值；再同时按下停止按钮 SB_1，万用表读数变为"∞"。

8）通电试车　通电试车必须在指导教师现场监护下严格按安全规程的有关规定操作，防止安全事故的发生。

接通三相交流电源，合上转换开关 QS。按下 SB_2，电动机应正转，按下 SB_3，电动机反转，然后按下 SB_1，电动机停止运转。同时，还要观察各元器件动作是否灵活，有无卡阻及噪声过大等现象，并检查电动机运行是否正常。若有异常，应立即切断电源，停车检查。

9）常见故障分析

① 接通电源后，按启动按钮（SB₂ 或 SB₃），接触器吸合，但电动机不转且发出"嗡嗡"声响；或者虽能启动，但转速很慢。

分析：这种故障大多是由于主回路一相断线或电源缺相造成的。

② 控制电路时通时断，不起联锁作用。

分析：联锁触点接错，在正、反转控制回路中均用自身接触器的常闭触点作联锁触点。

③ 按下启动按钮，电路不动作。

分析：联锁触点用的是接触器常开辅助触点。

④ 电动机只能点动正转控制。

分析：自锁触点用的是另一接触器的常开辅助触点。

⑤ 按下 SB₂，KM₁ 剧烈振动，启动时接触器"吧嗒"就不吸了。

分析：联锁触点接到自身线圈的回路中。接触器吸合后常闭接点断开，接触器线圈断电释放，释放常闭接点又接通，接触器又吸合，接点又断开，所以会出现"吧嗒"接触器不吸合的现象。

⑥ 在电动机正转或反转时，按下 SB₁ 不能停车。

分析：原因可能是 SB₁ 失效。

⑦ 合上 QS 后，熔断器 FU₂ 马上熔断。

分析：原因可能是 KM₁ 或 KM₂ 线圈、触点短路。

⑧ 合上 QS 后，熔断器 FU₁ 马上熔断。

分析：原因可能是 KM₁ 或 KM₂ 短路，或电动机相间短路，或正、反转主电路换相线接错。

⑨ 按下 SB₂ 后电动机正常运行，再按下 SB₃，FU₁ 马上熔断。

分析：原因是正、反转主电路换相线接错或 KM₁、KM₂ 常闭辅助触点联锁不起作用。

6.5　自动往返控制线路安装与调试

(1) 行程开关的基本使用

① 限位控制电路　限位控制电路是当生产机械的运动部件向某一方向运动到预定地点时，改变行程开关的触点状态，以控制电动机的运转状态，从而控制运动部件的运动状态的电路。

a. 限位断电控制电路。如图 6-23 所示，按下按钮 SB，KM 线圈得电自保，电动机带动生产机械运动部件运动，到达预定地点时，行程开关 SQ 动作，KM 线圈失电，电动机停转，生产机械运动部件停止运动。

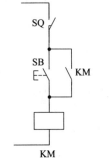

图 6-23　限位断电控制电路

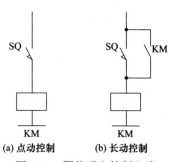

(a) 点动控制　(b) 长动控制

图 6-24　限位通电控制电路

b. 限位通电控制电路。当生产机械的运动部件运动到达预定地点时，行程开关 SQ 动作，使 KM 线圈得电，如图 6-24 所示。

② 工作台的位置控制 生产机械的位置控制是将生产机械的运动限制在一定范围内，也称限位控制，利用位置开关（也称行程开关）和运动部件上的机械挡铁来实现，工作台位置控制电气原理图，如图 6-25 所示。

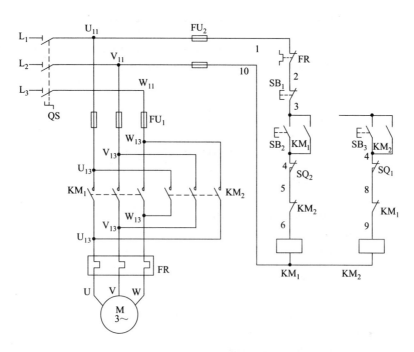

图 6-25 工作台位置控制电气原理图

下面进行工作台位置控制工作原理分析。

a. 合上开关 QS，引入三相交流电源。

b. 按下按钮 SB_2，KM_1 线圈得电，KM_1 主触点和自锁触点闭合，电动机正转，拖动工作台左移。

c. 工作台左移，当挡铁碰到行程开关 SQ_2 时，SQ_2 常闭分断，KM_1 线圈失电，KM_1 主触点和自锁触点分断，电动机停转，工作台停止左移。稍后，KM_1 互锁触点闭合，为工作台右移做好准备。

d. 按下按钮 SB_3，KM_2 线圈得电，KM_2 主触点和自锁触点闭合，电动机反转，拖动工作台右移。

e. 工作台右移，当挡铁碰到行程开关 SQ_1 时，SQ_1 常闭分断，KM_2 线圈失电，KM_2 主触点和自锁触点分断，电动机停转，工作台停止右移。稍后，KM_2 互锁触点闭合，为工作台左移做好准备。

（2）自动往返循环控制电路

某些生产机械的工作台需要自动改变运动方向，即自动往返。工作台自动往返工作示意图，如图 6-26 所

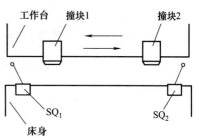

图 6-26 工作台自动往返工作示意图

示。行程开关 SQ₁、SQ₂ 用来自动切换电动机正反转控制电路，实现工作台的自动往返行程控制。

下面是自动往返控制工作过程分析。

启动时：

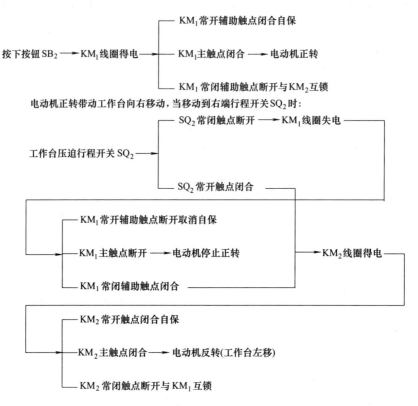

电动机反转带动工作台向左移动，当移动到左端行程开关 SQ₁ 时：

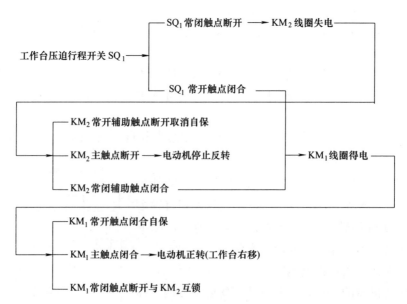

停止时：

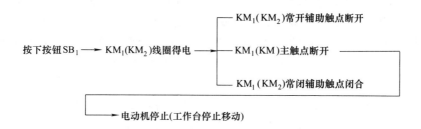

(3) 带限位保护的自动往返控制线路

① 工作原理　行程开关控制的电动机正、反转自动循环控制线路如图 6-27 所示。利用行程开关可以实现电动机正、反转循环。为了使电动机的正、反转控制与工作台的左右运动相配合，在控制线路中设置了四个位置开关 SQ_1、SQ_2、SQ_3 和 SQ_4，并把它们安装在工作台需限位的地方。其中 SQ_1、SQ_2 被用来自动换接电动机正、反转控制电路，实现工作台的自动往返行程控制；SQ_3、SQ_4 被用来作终端保护，以防止 SQ_1、SQ_2 失灵，工作台越过限定位置而造成事故。在工作台边的 T 形槽中装有两块挡铁，挡铁 1 只能和 SQ_1、SQ_3 相碰撞，挡铁 2 只能和 SQ_2、SQ_4 相碰撞。当工作台运动到所限位置时，挡铁碰撞位置开关，使其触点动作，自动换接电动机正、反转控制电路，通过机械传动机构使工作台自动往返运动。工作台行程可通过移动挡铁位置来调节，拉开两块挡铁间的距离，行程就短；反之则长。

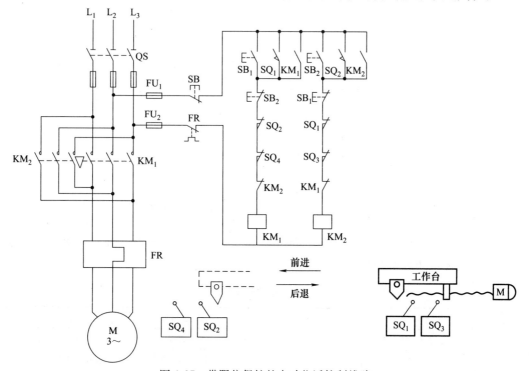

图 6-27　带限位保护的自动往返控制线路

② 工作过程　先合上电源开关 QS，按下前进启动按钮 SB_1→接触器 KM_1 线圈得电→KM_1 主触点和自锁触点闭合→电动机 M 正转→带动工作台前进→当工作台运行到 SQ_2 位置时→撞块压下 SQ_2→其常闭触点断开（常开触点闭合）→KM_1 线圈断电→KM_1 主触点和自

锁触点断开→KM_1 常闭触点闭合→KM_2 线圈得电→KM_2 主触点和自锁触点闭合→电动机 M 因电源相序改变而变为反转→拖动工作台后退→当撞块又压下 SQ_1 时→KM_2 断电→KM_1 又得电动作→电动机 M 正转→带动工作台前进，如此循环往复。按下停车按钮 SB_2，KM_1 或 KM_2 接触器断电释放，电动机停止转动，工作台停止。SQ_3、SQ_4 为极限位置保护的限位开关，防止 SQ_1 或 SQ_2 失灵时，工作台超出运动的允许位置而发生事故。

（4）自动往返控制线路安装

1）配齐需要的工具、仪表和合适的导线　根据线路安装的要求配齐工具（如尖嘴钳、一字螺钉旋具、十字螺钉旋具、剥线钳、试电笔等）、仪表（如万用表等）。根据控制对象选择合适的导线，主电路采用 BV1.5mm² （红色、绿色、黄色）；控制电路采用 BV0.75mm² （黑色）；按钮线采用 BVR0.75mm² （红色）；接地线采用 BVR1.5mm² （黄绿双色）。

2）阅读分析电气原理图　读懂工作台自动往返控制线路电气原理图，如图 6-28 所示。明确线路安装所用元件及作用，并根据原理图画出布局合理的平面布置图和电气接线图。

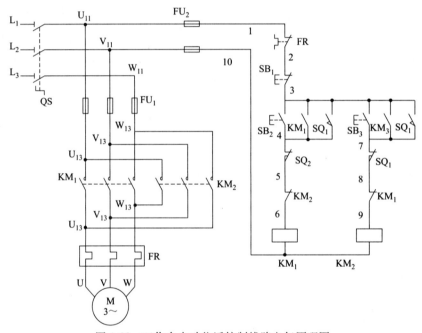

图 6-28　工作台自动往返控制线路电气原理图

3）器件选择　根据原理图正确选择线路安装所需要的低压电器元件，并明确其型号规格、个数及用途，如表 6-7 所示。

表 6-7　电器元件明细

符号	名称	型号及规格	数量	用途
M	交流电动机	YS-5024W	1	
QS	组合开关	HZ10-25/3	1	三相交流电源引入
SB_1	停止按钮	LAY7	1	停止
SB_2	正转按钮	LAY7	1	正转
SB_3	反转按钮	LAY7	1	反转
FU_1	主电路熔断器	RT16-32　5A	3	主电路短路保护

续表

符号	名称	型号及规格	数量	用途
FU$_2$	控制电路熔断器	RT16-32 1A	2	控制电路短路保护
KM$_1$	交流接触器	CJX3-1210	1	控制 M 正转
KM$_2$	交流接触器	CJX3-1210	1	控制 M 反转
FR	热继电器	JRS1-09308	1	M 过载保护
SQ	行程开关	JLXK1-211	2	实现正反转自动转换
	导线	BV 1.5mm^2		主电路接线
	导线	BVR 0.75mm^2,1.5mm^2		控制电路接线,接地线
XT	端子排	主电路 TB-2512L	1	
XT	端子排	控制电路 TB-1512	1	

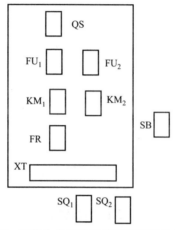

图 6-29 工作台自动往返控制线路元件布置图

4）低压电器检测安装 使用万用表对所选低压电器进行检测后，根据元件布置图安装固定电器元件。安装布置图如图 6-29 所示。

5）工作台自动往返控制线路连接 根据电气原理图和图 6-30 所示的电气接线图，完成工作台自动往返控制线路的连接。

① 主电路接线 将三相交流电源分别接到转换开关的进线端，从转换开关的出线端接到主电路熔断器 FU$_1$ 的进线端；将 KM$_1$、KM$_2$ 主触点进线端对应相连后再与 FU$_1$ 出线端相连；KM$_1$、KM$_2$ 主触点出线端换相连接后与 FR 发热元件进线端相连；FR 发热元件出线端通过端子排分别接电动机接线盒中的 U$_1$、V$_1$、W$_1$ 接线柱。

② 控制线路连接 按从上至下、从左至右的原则，逐点清，以防漏线。

具体接线：任取组合开关的两组触点，其出线端接在两只熔断器 FU$_2$ 的进线端。

1点：其中一个熔断器的出线端接热继电器常闭触点的进线端。

2点：热继电器常闭触点的出线端通过端子排与按钮 SB$_1$ 常闭触点的进线端相连。

3点：按钮 SB$_1$ 常闭触点出线端与按钮 SB$_2$、SB$_3$ 的常开触点的进线端相连，并通过端子排与交流接触器 KM$_1$ 和 KM$_2$ 常开辅助触点的进线端和行程开关 SQ$_1$、SQ$_2$ 常开触点的进线端相连。

4点：按钮 SB$_2$ 常开触点的出线端通过端子排与接触器 KM$_1$ 常开辅助触点的出线端及

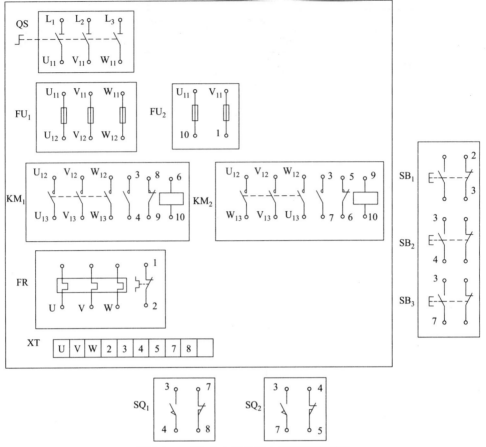

图6-30　工作台自动往返电气控制接线图

行程开关 SQ_1 常开触点的出线端和 SQ_2 常闭触点的进线端相连。

5点：行程开关 SQ_2 常闭触点的出线端接接触器 KM_2 常闭辅助触点的进线端。

6点：接触器 KM_2 常闭辅助触点的出线端接接触器 KM_1 线圈的进线端。

7点：按钮 SB_3 常开触点的出线端通过端子排与接触器 KM_2 常开辅助触点的出线端及行程开关 SQ_2 常开触点和 SQ_1 常闭触点的进线端相连。

8点：行程开关 SQ_1 常闭触点的出线端接接触器 KM_1 常闭辅助触点的进线端。

9点：接触器 KM_1 常闭辅助触点的出线端接接触器 KM_2 线圈的进线端。

10点：接触器 KM_1 和 KM_2 线圈的出线端接到控制电路的熔断器。

6）安装电动机　安装电动机并完成电源、电动机（按要求接成星形或三角形）和电动机保护接地线等控制面板外部的线路连接。

7）静态检测

① 根据原理图和电气接线图从电源端开始，逐点核对接线及接线端子处连接是否正确，有无漏接、错接之处。检查导线接点是否符合要求，压接是否牢固。

② 主电路和控制电路通断检测

a. 主电路检测。接线完毕，反复检查确认无误后，不通电，先强行按下 KM_1 主触点，用万用表电阻挡测得各相电阻为"0"，电路导通；放开 KM_1 主触点，各项电阻值为"∞"。松开和强行闭合 KM_2 主触点，用万用表检查结果若与上述检查结果一致，则接线正确。

b. 控制电路检测。选择万用表的 $R\times1\Omega$ 挡位，然后将红黑表笔对接调零。再将万用表的红黑表笔分别放在图 6-30 中 1 和 10 的位置上对控制电路进行检查。

• 检查控制电路通断。断开主电路，按下工作台左移按钮 SB_2（或工作台右移按钮 SB_3），万用表读数应为接触器线圈的直流电阻值（如 CJX2 线圈直流电阻为 15Ω 左右），松开 SB_2 或 SB_3，万用表读数为"∞"。

• 检查控制电路自保。松开 SB_2 或 SB_3，按下 KM_1 或 KM_2 触点架，使其自锁触点闭合，万用表读数应为接触器线圈的直流电阻值。

• 接触器互锁检查。按下 SB_2 或 SB_3 并同时按下触点架，KM_1 和 KM_2 的联锁触点分断，万用表的读数为"∞"。

• 行程开关接线检查。按下 SQ_1 或 SQ_2，万用表读数应为接触器线圈的直流电阻值（如 CJX2 线圈直流电阻为 15Ω 左右）；同时按下 SQ_1 和 SQ_2，万用表读数为"∞"。

• 停车控制检查。按下 SB_2（SB_3）、KM_1（KM_2）触点架或 SQ_1（SQ_2），万用表读数应为接触器线圈的直流电阻值；然后同时按下停止按钮 SB_1，万用表读数变为"∞"。

8）通电试车　通电试车必须在指导教师现场监护下严格按安全规程的有关规定操作，防止安全事故的发生。

接通三相交流电源，合上转换开关 QS。按下 SB_2 或 SQ_1，工作台左移（电动机应正转）；按下 SB_3 或 SQ_2，工作台右移（电动机反转）；然后按下 SB_1，工作台停止移动（电动机停止运转）。同时，还要观察各元器件动作是否灵活，有无卡阻及噪声过大等现象，并检查电动机运行是否正常。若有异常，应立即切断电源，停车检查。

注意：通电校验时，必须先手动操作位置开关，试验各行程控制是否正常可靠。若在电动机正转（工作台左移）时，扳动行程开关 SQ_2，电动机不反转，且继续正转，则可能是由于 KM_2 的主触点接线不正确引起，需断电进行纠正后再试，以防止发生事故。

9）常见故障分析

① 接通电源后，按启动按钮（SB_2 或 SB_3），接触器吸合，但电动机不转且发出"嗡嗡"声响；或者虽能启动，但转速很慢。

分析：这种故障大多是由于主回路一相断线或电源缺相造成的。

② 控制电路时通时断，不起联锁作用。

分析：联锁触点接错，在正、反转控制回路中均用自身接触器的常闭触点作联锁触点。

③ 按下启动按钮，电路不动作。

分析：启动按钮连接有误或联锁触点用的是接触器常开辅助触点。

④ 电动机只能点动正转控制。

分析：正转接触器的自锁触点连接有误。

⑤ 在电动机正转或反转时，按下 SB_1 不能停车。

分析：原因可能是 SB_1 失效。

⑥ 合上 QS 后，熔断器 FU_2 马上熔断。

分析：原因可能是 KM_1 或 KM_2 线圈、触点短路。

⑦ 按下 SB_2 后电动机正常运行，再按下 SB_3，FU_1 马上熔断。

分析：原因是正、反转主电路换相线接错或 KM_1、KM_2 常闭辅助触点联锁不起作用。

⑧ 工作台移动到右端后，不能直接左行。

分析：工作台右侧行程开关的常开触点连接有误。

6.6 顺序控制线路安装与调试

实际生产中，有些设备常需要电动机按一定的顺序启动，如铣床工作台进给电动机必须在主轴电动机已启动的条件下才能启动工作。再如车床主轴转动时，要求油泵先给润滑油，主轴停止后，油泵方可停止润滑，即要求油泵电动机先启动，主轴电动机后启动，主轴电动机停止后，才允许油泵电动机停止。控制设备完成这样顺序启动电动机动作的电路，称为顺序控制或条件控制电路。在生产实践中，根据生产工艺的要求，经常要求各种运动部件之间或生产机械之间能够按顺序工作。

(1) 主电路实现顺序控制电路图

顺序控制电路中，除了以上介绍的通过控制电路来实现外，还可以通过主电路来实现顺序控制功能，如图 6-31 所示。

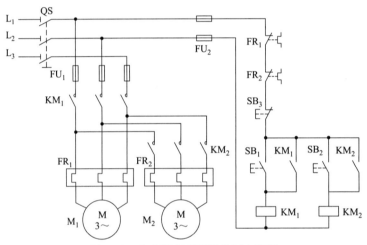

图 6-31 主电路实现顺序控制电路图

① 线路特点 电动机 M_2 主电路的交流接触器 KM_2 接在接触器 KM_1 之后，只有 KM_1 的主触点闭合后，KM_2 才能闭合，这样就保证了 M_1 启动后，M_2 才能启动的顺序控制要求。

② 线路工作过程 合上电源开关 QS。按下 SB_1→KM_1 线圈得电→KM_1 主触点闭合→电动机 M_1 启动连续运转→按下 SB_2→KM_2 线圈得电→KM_2 主触点闭合→电动机 M_2 启动连续运转。

按下 SB_3→KM_1 和 KM_2 主触点分断→电动机 M_2 和 M_1 同时停转。

(2) 顺序控制线路安装

1) 配齐所需工具、仪表和连接导线 根据线路安装的要求配齐工具（如尖嘴钳、一字螺钉旋具、十字螺钉旋具、剥线钳、试电笔等）、仪表（如万用表等）。根据控制对象选择合适的导线，主电路采用 BV1.5mm² （红色、绿色、黄色）；控制电路采用 BV0.75mm² （黑色）；按钮线采用 BVR0.75mm² （红色）；接地线采用 BVR1.5mm² （黄绿双色）。

2) 阅读分析电气原理图 读懂两台电动机顺序启动逆序停止控制线路电气原理图，如图 6-32 所示。明确线路所用器件及作用，并画出布局合理的平面布置图和电气接线图。

3) 器件选择 根据原理图正确选择线路安装所需要的低压电器元件，并明确其型号规

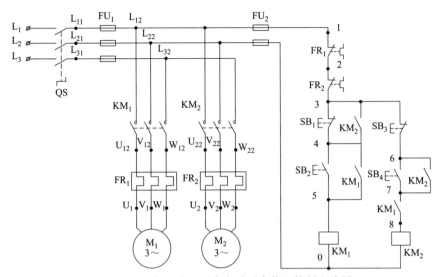

图 6-32　两台电动机顺序启动逆序停止控制电路图

格、个数及用途，如表 6-8 所示。

表 6-8　电器元件明细

符号	名称	型号及规格	数量	用途
QS	组合开关	HZ10-25/3	1	三相交流电源引入
M	交流电动机	YS-5024W	2	
SB_1	M_1 停止按钮	LAY7	1	停止
SB_2	M_1 启动按钮	LAY7	1	启动
SB_3	M_2 停止按钮	LAY7	1	停止
SB_4	M_2 启动按钮	LAY7	1	启动
FU_1	主电路熔断器	RT16-32　5A	3	主电路短路保护
FU_2	控制电路熔断器	RT16-32　1A	2	控制电路短路保护
KM	交流接触器	CJX3-1210	2	控制电动机运行
FR	热继电器	JRS1-09308	2	过载保护
	导线	BV 1.5mm²		主电路接线
	导线	BVR　0.75mm²，1.5mm²		控制电路接线，接地线
XT	端子排	主电路 TB-2512L	1	
XT	端子排	控制电路 TB-1512	1	

4）器件检测安装固定　使用万用表对所选低压电器元件进行检测后，根据元件布置图安装固定电器元件。安装布置图如图 6-33 所示。

5）两台电动机顺序启动逆序停止控制线路连接　根据电气原理图和图 6-34 所示的电气接线图完成控制电路连接。

① 主电路连接　将三相交流电源的三条相线接在断路器 QF 的三个进线端上，QF 的出线端分别接在交流接触器 KM_1 和 KM_2 的三对主触点的进线端，KM_1 主触点出线端分别与

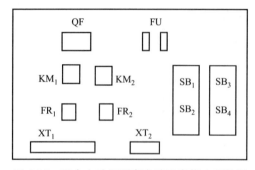

图 6-33 两台电动机顺序启动逆序停止安装图

热继电器 FR_1 的发热元件进线端相连，KM_2 主触点出线端分别与热继电器 FR_2 的发热元件进线端相连，FR_1 和 FR_2 发热元件出线端通过端子排分别与电动机 M_1 和 M_2 相连。

② 控制电路连接　任取主电路两个熔断器，其出线端接在控制电路两只熔断器 FU_2 的进线端。

1 点：任取一只熔断器，将其出线端与热继电器 FR_1 常闭触点的进线端相连。

2 点：热继电器 FR_1 常闭触点的出线端与热继电器 FR_2 常闭触点的进线端相连。

3 点：热继电器 FR_2 常闭触点的出线端与交流接触器 KM_2 的常开触点进线端相连后，通过端子排与停止按钮 SB_1 和 SB_3 常闭进线端相连。

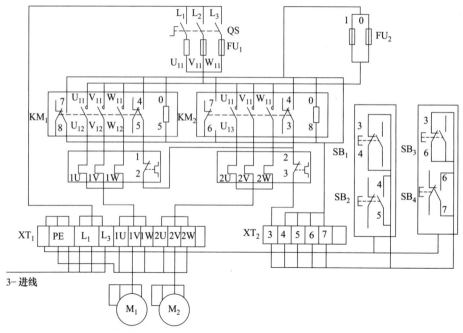

图 6-34 两台电动机顺序启动逆序停止电气接线图

4 点：停止按钮 SB_1 常闭触点出线端与启动按钮 SB_2 常开触点进线端在按钮内部连接后，通过端子排与 KM_2 常开辅助触点出线端和 KM_1 常开辅助触点进线端相连。

5 点：启动按钮 SB_2 常开触点出线端通过端子排与 KM_1 线圈进线端和 KM_1 常开辅助触点出线端相连。

6 点：停止按钮 SB_3 常闭触点出线端与启动按钮 SB_4 常开触点进线端在按钮内部连接后，通过端子排与 KM_2 常开辅助触点进线端相连。

7 点：KM_2 常开辅助触点出线端与 KM_1 另一常开辅助触点的进线端相连后，通过端子排与启动按钮 SB_4 常开触点出线端相连。

8 点：KM_1 常开触点出线端与 KM_2 线圈进线端相连。

0 点：交流接触器 KM_1 和 KM_2 线圈出线端与另一只熔断器的出线端相连。

6）安装电动机　安装电动机并完成电源、电动机（按要求接成星形或三角形）和电动机保护接地线等控制面板外部的线路连接。

7）静态检测

① 根据原理图和电气接线图从电源端开始，逐点核对接线及接线端子处连接是否正确，有无漏接、错接之处。检查导线接点是否符合要求，压接是否牢固。

② 进行主电路和控制电路通断检测

a. 主电路检测。接线完毕，反复检查确认无误后，在不通电的状态下对主电路进行检查。分别按下 KM_1 和 KM_2 主触点，万用表置于电阻挡，若测得各相电阻基本相等且近似为"0"；而放开 KM_1 和 KM_2 主触点，测得各相电阻为"∞"，则主电路接线正确。

b. 控制电路检测。选择万用表的 $R×1\Omega$ 挡，然后将红、黑表笔对接调零。

检查 KM_1 支路通断：断开主电路，按下启动按钮 SB_2 或 KM_1 的触点架，万用表读数应为接触器线圈的直流电阻值（如 CJX2 线圈直流电阻约为 15Ω），松开 SB_2 或按下 SB_1，万用表读数为"∞"。

检查顺序启动控制功能：按下接触器 KM_1 触点架，使其常开触点闭合，按下启动按钮 SB_4，由于交流接触器 KM_1 和 KM_2 线圈回路均闭合，两者并联，因此万用表读数应为接触器的直流电阻值的一半。

检查顺序停止控制功能：同时按下接触器 KM_1 和 KM_2 触点架，使其常开触点闭合，按下停止按钮 SB_1，万用表读数仍为接触器的直流电阻值的一半。松开 KM_2 触点架，此时万用表读数为交流接触器的直流电阻值，再按下停止按钮 SB_3，万用表读数为"∞"。

8）通电试车　通电试车必须在指导教师现场监护下，严格按安全规程的有关规定操作，防止安全事故的发生。

接通三相电源 L_1、L_2、L_3，合上电源开关 QS，用电笔检查熔断器出线端，氖管亮说明电源接通。分别按下启动按钮 SB_2 和 SB_4 以及停车按钮 SB_3 和 SB_1，观察是否符合线路功能要求；观察电器元件动作是否灵活，有无卡阻及噪声过大现象；观察电动机运行是否正常，若有异常，立即停车检查。

9）常见故障分析

① KM_1 不能实现自锁。

分析：原因可能有两个。

a. KM_1 的常开辅助触点接错，接成常闭触点，KM_1 吸合常闭触点断开，所以没有自锁。

b. KM_1 常开和 KM_2 常开位置接错，KM_1 吸合时 KM_2 还未吸合，KM_2 的常开辅助触点是断开的，所以 KM_1 不能自锁。

② 不能实现顺序启动，可以先启动 M_2。

分析：M_2 可以先启动，说明 KM_2 的控制电路中的 KM_1 常开互锁辅助触点没起作用，KM_1 的互锁触点接错或没接，这就使得 KM_2 不受 KM_1 控制而可以直接启动。

③ 不能顺序停止，KM_1 能先停止。

分析：KM_1 能先停止说明 SB_1 起作用，并接的 KM_2 常开触点没起作用。原因可能在以下两处。

a. 并接在 SB_1 两端的 KM_2 常开辅助触点未接。

b. 并接在 SB_1 两端的 KM_2 常开辅助触点接成了常闭触点。

④ SB₁ 不能停止。

分析：原因可能是 KM₁ 接触器用了两对常开辅助触点，KM₂ 只用了一对常开辅助触点，SB₁ 两端并接的不是 KM₂ 的常开触点而是 KM₁ 的常开触点。由于 KM₁ 自锁后常开触点闭合，因此 SB₁ 不起作用。

6.7 两地启停控制线路安装与维修

(1) 多地控制

有些生产设备为了操作方便，需要在两地或多地控制一台电动机，例如普通铣床的控制电路，就是一种多地控制电路。这种能在两地或多地控制一台电动机的控制方式，称为电动机的多地控制。在实际应用中，大多为两地控制。

(2) 多条件控制

实际生产中，除了为操作方便，一台设备有几个操纵盘或按钮站，各处都可以进行操作控制的多地控制外，为了保证人员和设备的安全，往往要求两处或多处同时操作才能发出启动信号，设备才能工作，实现多信号控制。要实现多信号控制，只需在线路中将启动按钮（或其他电器元件的常开触点）串联连接即可。多条件启动电路只是在启动时要求各处达到安全要求，设备才能工作，但运行中其他控制点发生了变化，设备不停止运行，这与多保护控制电路不一样。图 6-35 所示为两个信号为例的多条件控制线路电气原理图。

工作过程：启动时只有将 SB₂、SB₃ 同时按下，交流接触器 KM 线圈才能通电吸合，主触点接通，电动机开始运行。而电动机需要停止时，可按下 SB₁，KM 线圈失电，主触点断开，电动机停止运行。

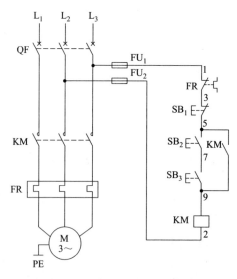

图 6-35　多条件控制电气原理图

(3) 两地启停控制线路安装

1) 配齐所需工具、仪表和连接导线　根据线路安装的要求配齐工具（如尖嘴钳、一字螺钉旋具、十字螺钉旋具、剥线钳、试电笔等）、仪表（如万用表等）、根据控制对象选择合适的导线，主电路采用 BV1.5mm² （红色、绿色、黄色）；控制电路采用 BV0.75mm² （黑色）；按钮线采用 BVR0.75mm² （红色）；接地线采用 BVR1.5mm² （黄绿双色）。

2）阅读分析电气原理图　读懂电动机两地启停控制线路电气原理图，如图 6-36 所示。明确线路所用器件及作用，并画出布局合理的平面布置图和电气接线图。

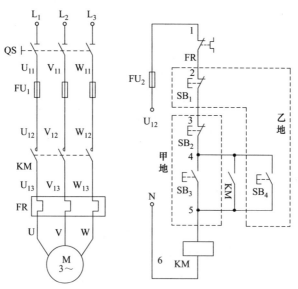

图 6-36　两地启停控制电气原理图

3）器件选择　根据原理图正确选择线路安装所需要的低压电器元件，并明确其型号规格、个数及用途，如表 6-9 所示。

表 6-9　电器元件明细

符号	名称	型号及规格	数量	用途
QS	组合开关	HZ10-25/3	1	三相交流电源引入
M	交流电动机	YS-5024W	1	
SB₁	停止按钮	LAY7	1	乙地停止
SB₂	停止按钮	LAY7	1	甲地停止
SB₃	启动按钮	LAY7	1	甲地启动
SB₄	启动按钮	LAY7	1	乙地启动
FU₁	主电路熔断器	RT16-32　5A	3	主电路短路保护
FU₂	控制电路熔断器	RT16-32　1A	2	控制电路短路保护
KM	交流接触器	CJX3-1210	2	控制电动机运行
FR	热继电器	JRS1-09308	2	过载保护
	导线	BV 1.5mm²		主电路接线
	导线	BVR 0.75mm²,1.5mm²		控制电路接线,接地线
XT	端子排	主电路 TB-2512L	1	
XT	端子排	控制电路 TB-1512	1	

4）器件检测安装固定　使用万用表对所选低压电器元件进行检测后，根据元件布置图

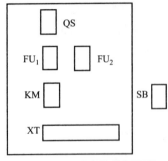

图 6-37　两地启停控制线路
元件布置图

安装固定电器元件。安装布置图如图 6-37 所示。

5）两地启停控制线路连接　根据电气原理图和如图 6-38所示电气接线图，完成电动机两地启停控制线路的连接。

① 主电路连接　将三相交流电源的三条相线接在转换开关 QS 的三个进线端上，QS 的出线端分别接在三只熔断器 FU₁ 的进线端，FU₁ 的出线端接在交流接触器 KM 的三对主触点的进线端，KM 主触点出线端与热继电器 FR 的发热元件进线端相连，FR 发热元件出线端通过端子排与电动机 M 相连。

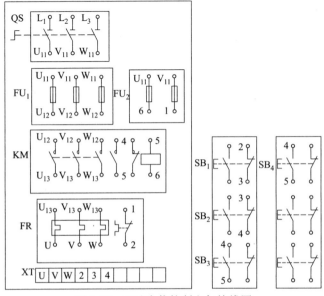

图 6-38　两地启停控制电气接线图

② 控制线路连接　按从上至下、从左至右的原则，逐点清，以防漏线。

具体接线：任取组合开关的两组触点，其出线端接在两只熔断器 FU₂ 的进线端。

1 点：任取一只熔断器，将其出线端与热继电器 FR₁ 常闭触头的进线端相连。

2 点：热继电器 FR 常闭触头的出线端通过端子排与停止按钮 SB₁ 常闭触头的进线端相连。

3 点：停止按钮 SB₁ 常闭触头的出线端与停止按钮 SB₂ 常闭进线端在按钮内部相连。

4 点：停止按钮 SB₂ 常闭触头的出线端与启动按钮 SB₃ 和 SB₄ 常开进线端在按钮内部相连后通过端子排与交流接触器 KM 常开触头进线端相连。

5 点：启动按钮 SB₃ 和 SB₄ 常开触头出线端在按钮内部连接后，通过端子排与 KM 常开辅助触头出线端和 KM 线圈的进线端相连。

6 点：交流接触器 KM 线圈出线端与另一只熔断器的出线端相连。

6）安装电动机　安装电动机并完成电源、电动机（按要求接成星形或三角形）和电动机保护接地线等控制面板外部的线路连接。

7）静态检测

① 根据原理图和电气接线图从电源端开始，逐点核对接线及接线端子处连接是否正确，有无漏接、错接之处。检查导线接点是否符合要求，压接是否牢固。

② 进行主电路和控制电路通断检测

a. 主电路检测。接线完毕，反复检查确认无误后，在不通电的状态下对主电路进行检查。按下 KM 主触点，万用表置于电阻挡，若测得各相电阻基本相等且近似为"0"；而放开 KM 主触点，测得各相电阻为"∞"，则接线正确。

b. 控制电路检测。选择万用表的 $R \times 1\Omega$ 挡，然后将红、黑表笔对接调零。

检查启动功能：断开主电路，按下启动按钮 SB_3 或 SB_4，万用表读数应为接触器线圈的直流电阻值（如 CJX2 线圈直流电阻约为 15Ω），松开 SB_1 或按下 SB_2，万用表读数为"∞"。

检查自锁功能：按下接触器 KM 触点架，使其常开触点闭合，万用表读数应为接触器 KM 的直流电阻值。

检查停止功能：按下启动按钮 SB_3 或 SB_4 以及接触器 KM 触点架后，万用表读数应为接触器 KM 的直流电阻值。按下停止按钮 SB_1 或 SB_2，万用表读数为"∞"。

8）通电试车 通电试车必须在指导教师现场监护下，严格按安全规程的有关规定操作，防止安全事故的发生。

通电时先接通三相交流电源，合上转换开关 QS。按下 SB_3 或 SB_4，电动机 M 运转，按下 SB_1 或 SB_2，电动机 M 停止。操作过程中，观察各器件动作是否灵活，有无卡阻及噪声过大等现象，电动机运行有无异常。发现问题，应立即切断电源进行检查。

6.8 按钮控制 Y-△ 降压启动线路安装与维修

(1) 电动机定子绕组的连接方式

三相交流异步电动机三相绕组对称分布在定子铁芯中，每相绕组有两个引出头，三相共有 6 个引出头，首端分别用 U_1、V_1、W_1 表示，尾端对应用 U_2、V_2、W_2 表示。绕组有两种连接方法：星形（Y）和三角形（△），如图 6-39 所示。

Y-△降压启动只适用于正常运转时定子绕组作三角形连接的电动机。启动时，先将定

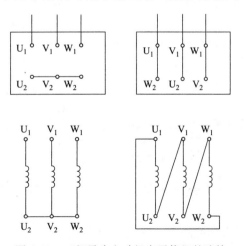

图 6-39 三相异步电动机定子绕组的连接

子绕组接成星形，使加在每相绕组上的电压降低到额定电压的 $1/\sqrt{3}$，从而降低了启动电压；待电动机转速升高后，再将绕组接成三角形，使其在额定电压下运行。Y-△启动主电路示意图如图6-40所示。

星形启动时的启动电流（线电流）仅为三角形直接启动时电流（线电流）的1/3，即 $I_{Yst}=(1/3)I_{\triangle st}$；其启动转矩也为后者的1/3，即 $T_{Yst}=(1/3)T_{\triangle st}$。所以，这种方法只适用于电动机轻载或空载时启动。

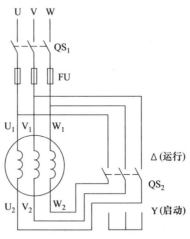

图6-40　Y-△降压启动主电路示意图

（2）电动机按钮控制Y-△降压启动

① 按钮控制Y-△降压启动工作过程

a. 电动机Y降压启动

b. 当电动机转速上升并接近额定值时，△连接全压运行

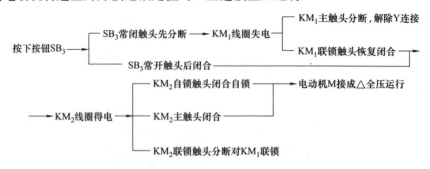

c. 停止。按下 SB₁→控制电路接触器线圈失电→主电路中的主触点分断→电动机 M 停转。

② 按钮控制Y-△降压启动控制电路常见故障

a. 按下启动按钮 SB₂，电动机不能启动。

分析：主要原因可能是启动按钮或接触器接线有误，自锁、互锁没有实现。

b. 按下按钮 SB$_3$ 无法由星形接法正常切换到三角形接法。

分析：主要原因是按钮 SB$_3$ 的常开或常闭触点连接有误。

c. 启动时主电路短路。

分析：主要原因是主电路接线错误。

d. 星形启动过程正常，但三角形运行时电动机发出异常声音，转速也急剧下降。

分析：接触器切换动作正常，表明控制电路接线无误。问题出现在接上电动机后，从故障现象分析，很可能是电动机主回路接线有误，使电路由 Y 接转到△接时，送入电动机的电源顺序改变了，电动机由正常启动突然变成了反序电源制动，强大的反向制动电流造成了电动机转速急剧下降和异常声音。

处理故障：核查主回路接触器及电动机接线端子的接线顺序。

(3) 按钮控制 Y-△降压启动线路安装

① 配齐需要的工具、仪表和合适的导线　根据线路安装的要求配齐工具（如尖嘴钳、一字螺钉旋具、十字螺钉旋具、剥线钳、试电笔等）、仪表（如万用表等）。根据控制对象选择合适的导线，主电路采用 BV1.5mm^2（红色、绿色、黄色）；控制电路采用 BV0.75mm^2（黑色）；按钮线采用 BVR0.75mm^2（红色）；接地线采用 BVR1.5mm^2（黄绿双色）。

② 阅读分析电气原理图　读懂按钮控制 Y-△降压启动控制线路电气原理图，如图 6-41 所示。明确线路安装所用元件及作用，并根据原理图画出布局合理的平面布置图和电气接线图。

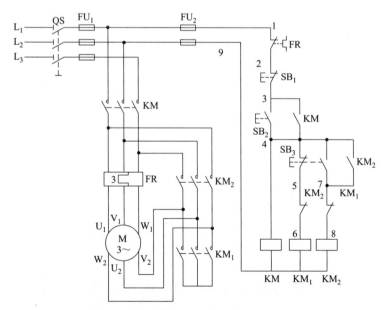

图 6-41　按钮控制 Y-△降压启动电气原理图

③ 器件选择　根据原理图正确选择线路安装所需要的低压电器元件，并明确其型号规格、个数及用途，如表 6-10 所示。

④ 低压电器检测安装　使用万用表对所选低压电器进行检测后，根据元件布置图安装固定电器元件。安装布置图如图 6-42 所示。

表 6-10　电器元件明细

符号	名称	型号及规格	数量	用途
M	交流电动机	YS-5025W	1	
QS	组合开关	HZ10-25/3	1	三相交流电源引入
SB$_1$	停止按钮	LAY7	1	停止
SB$_2$	启动按钮	LAY7	1	星形启动
SB$_3$	转换按钮	LAY7	1	三角形运转
FU$_1$	主电路熔断器	RT16-32　5A	3	主电路短路保护
FU$_2$	控制电路熔断器	RT16-32　1A	2	控制电路短路保护
KM	交流接触器	CJX3-1210	1	电源接触器
KM$_1$	交流接触器	CJX3-1210	1	星形接触器
KM$_2$	交流接触器	CJX3-1210	1	三角形接触器
FR	热继电器	JRS1-09308	1	M 过载保护
	导线	BV 1.5mm^2		主电路接线
	导线	BVR 0.75mm^2，1.5mm^2		控制电路接线，接地线
XT	端子排	主电路 TB-2512L	1	
XT	端子排	控制电路 TB-1512	1	

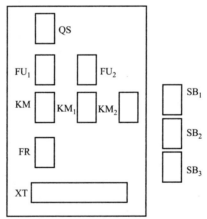

图 6-42　按钮控制 Y-△降压
启动线路元件布置图

⑤ 按钮控制 Y-△降压启动控制线路连接　根据电气原理图，完成电动机按钮控制 Y-△降压启动控制线路的线路连接。

a. 主电路接线。将接线端子排 JX 上左起 1、2、3 号接线柱分别定为 L$_1$、L$_2$、L$_3$，用导线连接至 QS，再由 QS 接至 FU$_1$ 进线端，FU$_1$ 出线端连接到 KM 主触点进线端，KM 主触点出线端与 KM$_2$ 主触点进线端相连后接到 FR 的热元件进线端，FR 的热元件出线端通过端子排接到电动机定子绕组的 U$_1$、V$_1$、W$_1$；KM$_2$ 主触点出线端与 KM$_1$ 主触点的进线端相连后通过端子排接到电动机定子绕组的 U$_2$、V$_2$、W$_2$，将 KM$_1$ 主触点出线端通过导线短接起来。

特别要注意以下两点：

• 接线时要保证电动机三角形接法的正确性。即接触器 KM_2 主触点闭合时，应保证定子绕组的 U_1 与 W_2、V_1 与 U_2、W_1 与 V_2 相连接。

• 接触器 KM_1 的进线必须从三相定子绕组末端引入，若误将其首端引入，则在 KM_2 吸合时，会产生三相电源短路事故。

b. 控制线路连接。具体接线：任取组合开关的两组触点，其出线端接在两只熔断器 FU_2 的进线端。

1 点：将其中一个 FU_2 的出线端与 FR 的常闭触点的进线端相连。

2 点：FR 的常闭触点的出线端通过端子排接在停止按钮 SB_1 常闭触点进线端。

3 点：在按钮内部将 SB_1 常闭触点出线端与 SB_2 常开触点进线端相连；然后通过端子排与 KM 常开辅助触点进线端相连。

4 点：在按钮内部将 SB_2 常开触点出线端与 SB_3 常闭触点进线端、SB_3 常开触点进线端连接起来；通过端子排与 KM 常开辅助触点出线端、KM 线圈进线端、KM_2 常开辅助触点进线端相连。

5 点：KM_2 常闭辅助触点进线端通过端子排与 SB_3 常闭触点出线端相连。

6 点：KM_2 常闭辅助触点出线端与 KM_1 线圈进线端相连。

7 点：KM_2 常开辅助触点出线端与 KM_1 常闭辅助触点进线端相连后，通过端子排与 SB_3 常开触点出线端相连。

8 点：KM_1 常闭辅助触点出线端与 KM_2 线圈进线端相连。

9 点：将另一个 FU_2 的出线端与 KM、KM_1、KM_2 线圈的出线端相连。

⑥ 安装电动机　安装电动机并完成电源和电动机保护接地线等控制面板外部的线路连接。

⑦ 静态检测

a. 根据原理图和电气接线图从电源端开始，逐点核对接线及接线端子处连接是否正确，有无漏接、错接之处。检查导线接点是否符合要求，压接是否牢固。

b. 进行主电路和控制电路通断检测。

• 主电路检测。接线完毕，经反复检查确认接线无误后，不通电，用万用表电阻挡检查。先同时强行按下 KM、KM_1 主触点，用万用表表笔依次接 QS 各输出端至 KM_1 输出端，每次测量电阻值应基本相等，近似等于电动机一相电阻值；放开 KM_1 主触点，强行闭合 KM_2 主触点，用万用表分别测 QS 两出线端的电阻，若近似等于电动机每相绕组电阻的 2/3，则接线正确。

• 控制电路检测。选择万用表的 $R \times 1\Omega$ 挡，然后将红、黑表笔对接调零。

将万用表笔接控制电路的 1、9 两点，按下 SB_2 时，万用表读数应为一只接触器线圈的电阻值的一半（因为此时是两只同规格的接触器并联）。按住 SB_2 不放，再按下 SB_3，若万用表读数不变，则接线正确。

⑧ 通电试车　通电试车必须在指导教师现场监护下严格按安全规程的有关规定操作，防止安全事故的发生。

通电时先接通三相交流电源，合上转换开关 QS。按下 SB_2，电动机将以星形连接启动，用万用表检测每相绕组电压应为 220V；按下 SB_3，电动机将以三角形连接正常运行，用万用表检测每相绕组电压应为 380V；按下 SB_1，电动机停转；试车完毕，断开转换开关 QS。操作过程中，观察各器件动作是否灵活，有无卡阻及噪声过大等现象，电动机运行有无异常。发现问题，应立即切断电源进行检查。

注意事项：

① Y-△降压启动电路，只适用于△接法的异步电动机。进行 Y-△启动接线时应先将电动机接线盒的连接片拆除，必须将电动机的 6 个出线端子全部引出。

② 接线时要注意电动机的△接法不能接错，应将电动机定子绕组的 U_1、V_1、W_1 通过 KM_2 接触器分别与 W_2、U_2、V_2 相连，否则会产生短路现象。

③ KM_1 接触器的进线必须从三相绕组的末端引入；若误将首端引入，则 KM_3 接触器吸合时，会产生三相电源短路事故。

④ 接线时应特别注意电动机的首尾端接线相序不可有错；如果接线有错，在通电运行时会出现启动时电动机正转，运行时电动机反转，导致电动机突然反转，电流剧增，烧毁电动机或造成掉闸事故。

6.9 时间继电器自动控制 Y-△降压启动线路安装与维修

(1) 时间继电器自动控制 Y-△降压启动电路工作原理

常见的 Y-△降压启动自动控制线路如图 6-43 所示。图中主电路由 3 只接触器 KM_1、KM_2、KM_3 主触点的通断配合，分别将电动机的定子绕组接成 Y 或△。当 KM_1、KM_3 线圈通电吸合时，其主触点闭合，定子绕组接成 Y；当 KM_1、KM_2 线圈通电吸合时，其主触点闭合，定子绕组接成△。两种接线方式的切换由控制电路中的时间继电器定时自动完成。

(2) 时间继电器自动控制动作过程

闭合电源开关 QS。

① Y 启动△运行

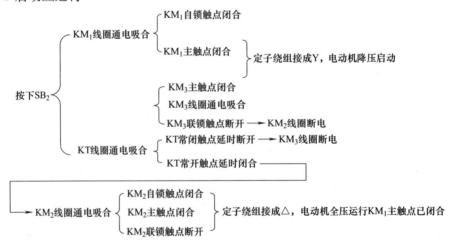

② 停止。按下 SB_1→控制电路断电→KM_1、KM_2、KM_3 线圈断电释放→电动机 M 断电停车。

(3) 时间继电器自动控制 Y-△降压启动电路安装

① 配齐所需工具、仪表和连接导线　根据线路安装的要求配齐工具（如尖嘴钳、一字

螺钉旋具、十字螺钉旋具、剥线钳、试电笔等)、仪表(如万用表等)。根据控制对象选择合适的导线，主电路采用BV1.5mm² (红色、绿色、黄色)；控制电路采用BV0.75mm² (黑色)；按钮线采用BVR0.75mm² (红色)；接地线采用BVR1.5mm² (黄绿双色)。

② 阅读分析电气原理图　读懂电动机时间继电器控制 Y-△降压启动控制线路电气原理图，如图6-43所示。明确线路安装所用元件及作用，并根据原理图画出布局合理的平面布置图和电气接线图。

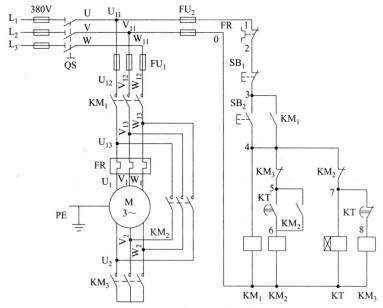

图6-43　时间继电器控制 Y-△降压启动电气原理图

③ 器件选择　根据原理图正确选择线路安装所需要的低压电器元件，并明确其型号规格、个数及用途，如表6-11所示。

表6-11　电器元件明细

符号	名称	型号及规格	数量	用　途
M	交流电动机	YS-5024W	1	
QS	组合开关	HZ10-25/3	1	三相交流电源引入
SB₁	停止按钮	LAY7	1	停止
SB₂	启动按钮	LAY7	1	启动
KT	时间继电器	ST6P-Z		启动过程控制
FU₁	主电路熔断器	RT16-32　5A	3	主电路短路保护
FU₂	控制电路熔断器	RT16-32　1A	2	控制电路短路保护
KM₁	交流接触器	CJX3-1210	1	电源接触器
KM₂	交流接触器	CJX3-1210	1	星形接触器
KM₃	交流接触器	CJX3-1210	1	三角形接触器
FR	热继电器	JRS1-09308	1	M过载保护
	导线	BV 1.5mm²		主电路接线
	导线	BVR 0.75mm²,1.5mm²		控制电路接线,接地线
XT	端子排	主电路 TB-2512L	1	
XT	端子排	控制电路 TB-1512L	1	

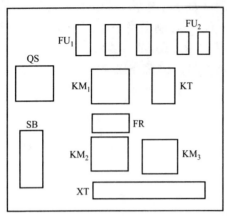

图 6-44　时间继电器控制 Y-△降压
启动控制线路元件布置图

④ 器件检测固定　使用万用表对所选低压电器进行检测后，根据元件布置图安装固定电器元件。安装布置图如图 6-44 所示。

⑤ 时间继电器控制 Y-△降压启动控制线路连接　根据电气原理图和电气接线图，完成电动机时间继电器控制 Y-△降压启动线路连接。时间继电器控制 Y-△降压启动电气接线图，如图 6-45 所示。

a. 主电路接线。将接线端子排 XT 上左起 1、2、3 号接线柱分别定为 L_1、L_2、L_3，用导线连接至 QS 进线端，再由 QS 出线端接至 FU_1 进线端，FU_1 出线端连接到 KM_1 主触点进线端，KM_1 主触点出线端与 KM_2 主触点进线端相连后接到 FR

的热元件进线端，FR 的热元件出线端通过端子排接到电动机定子绕组的 U_1、V_1、W_1；KM_2 主触点出线端与 KM_3 主触点的进线端相连后通过端子排接到电动机定子绕组的 U_2、V_2、W_2，将 KM_3 主触点出线端通过导线短接起来。

b. 控制线路连接。具体接线：任取组合开关的两组触点，其出线端接在两只熔断器

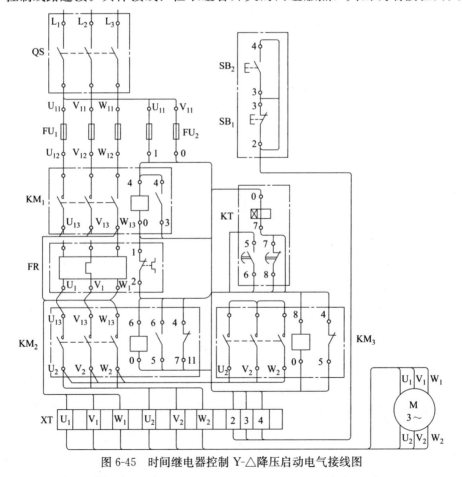

图 6-45　时间继电器控制 Y-△降压启动电气接线图

FU$_2$ 的进线端。

1 点：任意 FU$_2$ 出线端与 FR 常闭触点进线端相连。

2 点：FR 常闭触点出线端与停止按钮 SB$_1$ 常闭触点进线端相连。

3 点：SB$_1$ 常闭触点出线端与 SB$_2$ 常开进线端相连后，通过端子排与 KM$_1$ 常开辅助触点进线端相连。

4 点：SB$_2$ 常开触点出线端通过端子排与 KM$_3$、KM$_2$ 常闭辅助触点进线端，KM$_1$ 线圈进线端及 KM$_1$ 常开辅助触点出线端相连。

5 点：KM$_3$ 常闭辅助触点出线端、KT 延时闭合的常开触点进线端、KM$_2$ 常开辅助触点进线端相连。

6 点：KT 延时闭合的常开触点出线端与 KM$_2$ 常开辅助触点出线端、KM$_2$ 线圈进线端相连。

7 点：KM$_2$ 常闭辅助触点出线端与 KT 延时断开的常闭触点进线端、KT 线圈进线端相连。

8 点：KT 延时断开的常闭触点出线端与 KM$_3$ 线圈的进线端相连。

0 点：KM$_1$、KM$_2$、KT、KM$_3$ 线圈出线端相连后与另一个 FU$_2$ 出线端相连。

⑥ 安装电动机　安装电动机并完成电源和电动机保护接地线等控制面板外部的线路连接。

⑦ 静态检测

a. 根据原理图和电气接线图从电源端开始，逐点核对接线及接线端子处连接是否正确，有无漏接、错接之处。检查导线接点是否符合要求，压接是否牢固。

b. 进行主电路和控制电路通断检测

• 主电路检测。接线完毕，学生反复检查确认接线无误后，不通电，用万用表电阻挡检查。先同时强行按下 KM$_1$ 和 KM$_3$ 主触点，用万用表表笔依次接 QS 各输出端至 KM$_3$ 输出端，每次测量电阻值应基本相等，近似等于电动机一相电阻值；放开 KM$_3$ 主触点，强行闭合 KM$_2$ 主触点，用万用表分别测 QS 两出线端的电阻，若近似等于电动机每相绕组电阻的 2/3，则接线正确。

• 控制电路检测。选择万用表的 $R \times 1\Omega$ 挡，然后将红、黑表笔对接调零。

将万用表表笔接控制电路的 0、1 两点，按下 SB$_2$ 时，万用表读数应为 KM$_1$ 线圈、KT 线圈、KM$_3$ 线圈直流电阻的并联值。松开 SB$_2$，强行闭合交流接触器 KM$_1$，万用表读数不变。

同时按下 KM$_1$ 和 KM$_2$ 的触点骨架，万用表读数应为 KM$_1$ 线圈与 KM$_2$ 线圈直流电阻的并联值。按下 SB$_1$，若万用表读数为"∞"，说明接线正确。

⑧ 通电试车　通电试车必须在指导教师现场监护下严格按安全规程的有关规定操作，防止安全事故的发生。

通电时先接通三相交流电源，合上转换开关 QS。闭合隔离开关 QS；按下 SB$_2$，电动机将以星形连接启动，用万用表检测每相绕组电压应为 220V；经过时间继电器延时后，交流接触器 KM$_3$ 失电主触点断开，交流接触器 KM$_2$ 得电主触点闭合，电动机将以三角形连接正常运行，用万用表检测每相绕组电压应为 380V；按下 SB$_1$，电动机停转；试车完毕，断开转换开关 QS。操作过程中，观察各器件动作是否灵活，有无卡阻及噪声过大等现象，电动机运行有无异常。发现问题，应立即切断电源进行检查。

⑨ 时间继电器自动控制的 Y-△降压启动电路常见故障排除

a. 按下启动按钮 SB$_2$，电动机不能启动。

分析：主要原因可能是接触器接线有误，自锁、互锁没有实现。

b. 由 Y 接法无法正常切换到△接法，要么不切换，要么切换时间太短。

分析：主要原因是时间继电器接线有误或时间调整不当。

c. 启动时主电路短路。

分析：主要原因是主电路接线错误。

d. Y 启动过程正常，但△运行时电动机发出异常声音转速也急剧下降。

分析：接触器切换动作正常，表明控制电路接线无误。问题出现在接上电动机后，从故障现象分析，很可能是电动机主回路接线有误，使电路由 Y 接转到△接时，送入电动机的电源顺序改变了，电动机由正常启动突然变成了反序电源制动，强大的反向制动电流造成了电动机转速急剧下降和异常声音。

处理故障：核查主回路接触器及电动机接线端子的接线顺序。

6.10 电动机制动控制线路安装与调试

(1) 电动机反接制动

反接制动是以改变电动机定子绕组的电源相序，使定子绕组产生反向的旋转磁场，从而使转子受到与原旋转方向相反的制动力矩，利用产生的这个和电动机实际旋转方向相反的电磁力矩 (制动力矩)，使三相笼型异步电动机迅速准确地停车的制动方式。反接制动的关键是电动机电源相序的改变，且当转速下降接近于零时，能自动将反向电源切除。防止反向再启动。

反接制动控制电路分为时间原则控制线路和速度原则控制线路。时间原则控制线路在制动过程的时间设定上存在一定缺陷，时间设定过长，电动机会反转；设定时间过短，起不到制动效果。所以在实际反接制动中为了较准确地实现制动效果，通常采用速度原则的反接制动。

① 速度原则反接制动　速度原则反接制动采用速度继电器控制制动过程，控制过程分析如下。

合上电源开关 QS，单向启动：

反接制动：

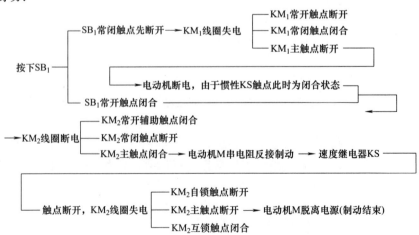

② 时间原则反接制动　时间原则反接制动采用时间继电器代替速度继电器控制制动过程，电气原理图如图 6-46 所示。

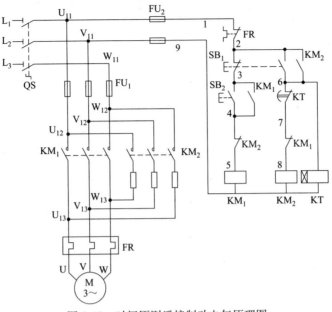

图 6-46　时间原则反接制动电气原理图

(2) 电动机制动控制线路安装

① 配齐所需工具、仪表和连接导线　根据线路安装的要求配齐工具（如尖嘴钳、一字螺钉旋具、十字螺钉旋具、剥线钳、试电笔等）、仪表（如万用表等）。根据控制对象选择合适的导线，主电路采用 BV1.5mm² （红色、绿色、黄色）；控制电路采用 BV0.75mm² （黑色）；按钮线采用 BVR0.75mm² （红色）；接地线采用 BVR1.5mm² （黄绿双色）。

② 阅读分析电气原理图　读懂速度继电器控制的反接制动电气原理图，如图 6-47 所

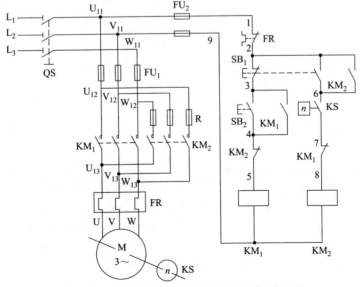

图 6-47　速度继电器控制反接制动电气原理图

示。明确线路安装所用元件及作用，并根据原理图画出布局合理的平面布置图和电气接线图。

③ 器件选择　根据原理图正确选择线路安装所需要的低压电器元件，并明确其型号规格、个数及用途，如表 6-12 所示。

表 6-12　电器元件明细

符号	名称	型号及规格	数量	用途
M	交流电动机	YS-5025W	1	
QS	组合开关	HZ10-25/3	1	三相交流电源引入
SB_1	停止按钮	LAY7	1	停止
SB_2	启动按钮	LAY7	1	星形启动
FU_1	主电路熔断器	RT16-32　5A	3	主电路短路保护
FU_2	控制电路熔断器	RT16-32　1A	2	控制电路短路保护
KM_1	交流接触器	CJX3-1210	1	控制 M 正转
KM_2	交流接触器	CJX3-1210	1	控制 M 反转制动
FR	热继电器	JRS1-09308	1	M 过载保护
KS	速度继电器	JY1	1	制动
R	电阻器	ZX3-2/0.7	3	限制制动电流
	导线	BV 1.5mm²		主电路接线
	导线	BVR 0.75mm²,1.5mm²		控制电路接线,接地线
XT	端子排	主电路 TB-2512L	1	
XT	端子排	控制电路 TB-1512	1	

④ 器件检测与安装　使用万用表对所选低压电器进行检测后，根据元件布置图安装固定电器元件。安装布置图如图 6-48 所示。

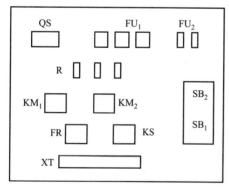

图 6-48　速度继电器控制的反接制动元件布置图

⑤ 速度继电器控制的反接制动控制线路连接　根据电气原理图和电气接线图，如图 6-49 所示，完成速度继电器控制的反接制动控制线路连接。

a. 主电路接线。将三相交流电源的三根相线接在转换开关 QS 的三个进线端上，QS 的出线端分别接在 3 只熔断器 FU_1 的进线端，FU_1 的出线端分别接在交流接触器 KM_1 三对主触点的进线端和三个制动电阻 R 的进线端（注意 KM_1 和 KM_2 换相），三个制动电阻的出线端分别与 KM_2 的三对主触点进线端相连，KM_1 与 KM_2 主触点出线端相连后再与热继电器 FR 热元件进线端相接，热继电器 FR 发热元件出线端通过端子排与电动机接线端子 U_1、V_1、W_1 相连。

b. 控制电路接线。取组合开关的两组触点，其出线端接控制电路短路保护熔断器 FU_2 的进线端。

1 点：其中一个熔断器的出线端与热继电器常闭触点进线端相连。

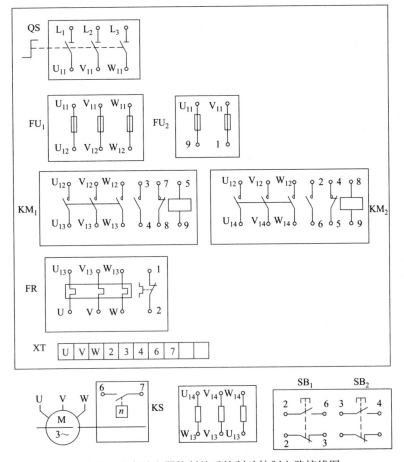

图 6-49　速度继电器控制的反接制动控制电路接线图

2 点：按钮 SB_1 的常开和常闭触点的进线端相连后，通过端子排与热继电器 FR 常闭触点出线端和 KM_2 常开辅助触点的进线端相连。

3 点：按钮 SB_1 常闭触点出线端与 SB_2 常开触点的进线端相连后，通过端子排与交流接触器 KM_1 常开辅助触点的进线端相连。

4 点：SB_2 常开触点的出线端通过端子排与 KM_1 常开辅助触点的出线端和 KM_2 常闭辅助触点的进线端相连。

5 点：KM_2 常闭辅助触点的出线端与 KM_1 线圈的进线端相连。

6 点：SB_1 常开触点的出线端和速度继电器 KS 常开触点的进线端通过端子排与 KM_2 常开辅助触点的出线端相连。

7 点：KS 常开触点的出线端通过端子排与 KM_1 常闭触点的进线端相连。

8 点：KM_1 常闭触点的出线端与 KM_2 线圈的进线端相连。

9 点：熔断器的出线端与 KM_1 和 KM_2 线圈的出线端相连。

⑥ 安装电动机

a. 完成电源、电动机（按要求拼成星形或三角形）和电动机保护接地线等控制面板外部的线路连接。

b. 完成速度继电器与电动机的连接。

⑦ 静态检测

a. 根据原理图和电气接线图从电源端开始，逐点核对接线及接线端子处连接是否正确，有无漏接、错接之处。检查导线接点是否符合要求，压接是否牢固。

b. 进行主电路和控制电路通断检测

• 主电路检测。接线完毕，反复检查确认无误后，先强行按下 KM_1 的主触点，用万用表检查相电阻若基本相等，则电路通；放开 KM_1 主触点，强行闭合 KM_2 的主触点，用万用表测得各相电阻值若近似等于限流电阻的电阻值，则接线正确。

• 控制电路接线检查。选择万用表的 $R \times 1\Omega$ 挡位。将万用表的红黑表笔分别放在图 6-47中 1 和 9 位置检测。启动检测：断开主电路，按下启动按钮 SB_2，万用表读数应为接触器 KM_1 线圈的直流电阻值（如 CJX2 线圈直流电阻为 15Ω 左右），松开 SB_2，万用表读数为"∞"。松开启动按钮 SB_2，按下 KM_1 触点架，使其自保触点闭合，万用表读数应为接触器 KM_1 线圈的直流电阻值。

制动停止检测：按下停止按钮 SB_1 或强行闭合 KM_2 常开辅助触点并使速度继电器常开触点闭合，万用表读数应为交流接触器 KM_2 线圈的直流电阻值，松开 SB_1 或 KM_2 常开辅助触点或使速度继电器常开触点断开，万用表读数为"∞"。

⑧ 通电试车　通电试车必须在指导教师现场监护下严格按安全规程的有关规定操作，防止安全事故的发生。

通电时先接通三相交流电源，合上转换开关 QS。按下 SB_2，电动机运转。按下 SB_1，电动机迅速停止运转。操作过程中，观察各器件动作是否灵活，有无卡阻及噪声过大等现象，电动机运行有无异常。发现问题，应立即切断电源进行检查。

第7章

机床控制电气线路的识别与维修

7.1 车床电气控制线路的分析与检修

(1) CA6140 型卧式车床结构

CA6140 型车床为我国自行设计制造的普通车床，与 C620-1 型车床比较，具有性能优越、结构先进、操作方便和外形美观等优点。CA6140 型车床的外形如图 7-1 所示。

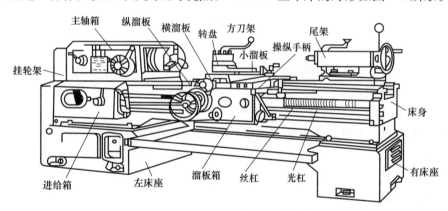

图 7-1　CA6140 型普通车床外形

CA6140 型普通车床主要由床身、主轴箱、进给箱、溜板箱、刀架、丝杠、光杠、尾架等部分组成。车床的切削运动包括工件旋转的主运动和刀具的直线进给运动。

车削速度是指工件与刀具接触点的相对速度。根据工件的材料性质、车刀材料及几何形状、工件直径、加工方式、冷却条件的不同，要求主轴有不同的切削速度。主轴变速是由主轴电动机经 V 带传递到主轴变速箱来实现的。CA6140 型车床的主轴正转速度有 24 种（10～1400r/min），反转速度有 12 种（14～1580r/min）。

车床的进给运动是刀架带动刀具的直线运动。溜板箱把丝杠或光杠的转动传递给刀架部分，变换溜板箱外的手柄位置，经刀架部分使车刀做纵向或横向进给。

车床的辅助运动为车床上除切削运动以外的必需的运动，如尾架的纵向移动、工件的夹紧与放松等。

(2) CA6140 型卧式车床原理分析

CA6140 型卧式车床的电气控制电路如图 7-2 所示。

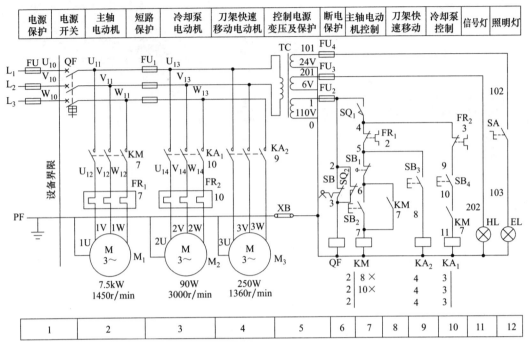

图 7-2　CA6140 型卧式车床电气控制电路

①主电路分析　主电路共有 3 台电动机。M_1 为主轴电动机，带动主轴旋转和刀架做进给运动；M_2 为冷却泵电动机，用以输送切削液；M_3 为刀架快速移动电动机。

三相交流电源通过转换开关 QS_1 引入，主轴电动机 M_1 由接触器 KM_1 控制启动，热继电器 FR_1 为主轴电动机 M_1 过载保护。

冷却泵电动机 M_2 由接触器 KM_2 控制启动，热继电器 FR_2 为冷却泵电动机 M_2 的过载保护。

刀架快速移动电动机 M_3 由接触器 KM_3 控制启动。因此快速移动电动机 M_3 是短期工作，可不设过载保护。

② 控制电路分析　控制变压器 TC 二次侧输出 110V 电压作为控制电路的电源。

a. 主轴电动机 M_1 的控制。按下启动按钮 SB_2，接触器 KM_1 的线圈获电吸合，KM_1 主触点闭合，主轴电动机 M_1 启动。按下停止按钮 SB_1，电动机 M_1 停转。

b. 冷却泵电动机 M_2 的控制。在接触器 KM_1 获电吸合、主轴电动机 M_1 启动后，合上开关 SA 使接触器 KM_2 线圈获电吸合，冷却泵电动机 M_2 才能启动。

c. 刀架快速移动电动机的控制。刀架快速移动电动机 M_3 的启动是由安装在进给操纵手柄顶端的按钮 SB_3 来控制，它与交流接触器 KM_3 组成点动控制环节。将操纵手柄扳到所需的方向，压下按钮 SB_3，接触器 KM_3 获电吸合，电动机 M_3 获电启动，刀架就向指定方向快速移动。

③ 照明、信号灯电路分析　控制变压器 TC 的二次侧分别输出 24V 和 6V 电压，作为车床低压照明灯和信号灯的电源。EL 为机床的低压照明灯，由开关 QS_2 控制；HL 为电源的信号灯。

(3) CA6140 型车床常见电气故障的检修

当需要打开配电盘壁门进行带电检修时，将 SQ_2 开关的传动杆拉出，断路器 QF 仍可合上。关上壁门后，SQ_2 恢复保护作用。CA6140 型车床常见电气故障的检修见表 7-1。用电压分段测量法检修故障的方法见表 7-2。

表 7-1　CA6140 型车床常见电气故障的检修

故 障 现 象	故 障 原 因	处 理 方 法
主轴电动机 M_1 启动后不能自锁，即按下 SB_2，M_1 启动运转，松开 SB_2，M_1 随之停止	接触器 KM 的自锁触点接触不良或连接导线松脱	合上 QF，测 KM 自锁触头 (6-7) 两端的电压，若电压正常，故障是自锁触点接触不良；若无电压，故障是连线 (6、7)、断线或松脱
主轴电动机 M_1 不能停止	KM 主触头熔焊；停止按钮 SB_1 被击穿或线路中 5、6 两点连接导线短路；KM 铁芯端面被油垢粘牢不能脱开	断开 QF，若 KM 释放，说明故障是停止按钮 SB_1 被击穿或导线短路；若 KM 过一段时间释放，则故障为铁芯端面被油垢粘牢；若 KM 不释放，则故障为 KM 主触点熔焊。可根据情况采取相应的措施修复
主轴电动机运行中停车	热继电器 FR_1 动作，动作原因可能是：电源电压不平衡或过低；整定值偏小；负载过重，连接导线接触不良等	找出 FR_1 动作的原因，排除，使其复位
照明灯 EL 不亮	灯泡损坏；FU_4 熔断；SA 触点接触不良；TC 二次绕组断线或接头松脱；灯泡和灯头接触不良等	根据具体情况采取相应的措施修复

表 7-2　用电压分段测量法检修故障点并排除

故障现象	测量状态	5-6	5-7	8-0	故障点	排除
按下 SB_2 时，KM 不吸合，按下 SB_3 时，KA_2 吸合	按下 SB_2 不放	110V	0	0	SB_1 接触不良或接线脱落	更换按钮 SB_1 或将脱落线接好
		0	110V	0	SB_2 接触不良或接线脱落	更换按钮 SB_2 或将脱落线接好
		0	0	110V	KM 线圈开路或接线脱落	更换同型号线圈或将脱落线接好

(4) 电气设备常见故障的检修方法

1) 电气设备维修的一般要求

① 采取的维修步骤与方法必须正确、可行。

② 不得损坏完好的电器元件。

③ 不得随意更换电器元件及连接导线的型号规格。

④ 不得擅自更改线路。

⑤ 损坏的电气装置应该尽量修复使用，但不得降低其固有性能。

⑥ 电气设备的保护性能必须满足使用要求。

⑦ 绝缘电阻合格，通电试车能够满足电路的各种功能，控制环节的动作顺序符合要求。

⑧ 修理后的电气装置必须满足其质量标准要求。

2) 电气设备检修的一般方法

① 检修方法

a. 故障调查。问。机床发生故障后，首先应向操作者了解故障发生的前后情况，有利于根据电气设备的工作原理来分析发生故障的原因。一般询问的内容有：故障发生在开车前、开车后，还是发生在运行中；是运行中自行停车，还是发现异常情况后由操作者停下来的；发生故障时，机床工作在什么顺序，按动了哪个按钮，扳动了哪个开关；故障发生前后，设备有无异常现象（如响声、气味、冒烟或冒火等）；以前是否发生过类似的故障，是怎样处理的等。

看。熔断器内熔丝是否熔断，其他电器元件有无烧坏、发热、断线，导线连接螺钉有无松动，电动机的转速是否正常。

听。电动机、变压器和电器元件在运行时声音是否正常，可以帮助寻找故障的部位。

摸。电动机、变压器和电器元件的线圈发生故障时，温度显著上升，可切断电源后用手去触摸。

b. 电路分析。根据调查结果，参考该电气设备的电气原理图进行分析，初步判断出故障产生的部位，然后逐步缩小故障范围，直至找到故障点并加以消除。

分析故障时应有针对性，如接地故障一般先考虑电气柜外的电气装置，后考虑电气柜内的电器元件。断路和短路故障，应先考虑动作频繁的元件，后考虑其余元件。

c. 断电检查。检查前先断开机床总电源；再根据故障可能产生的部位，逐步找出故障点。检查时应先检查电源线进线处有无因碰伤而引起的电源接地、短路等现象，螺旋式熔断器的熔断指示器是否跳出，热继电器是否动作；然后检查电器外部有无损坏，连接导线有无断路、松动，绝缘有无过热或烧焦。

d. 通电检查。做断电检查仍未找到故障时，可对电气设备做通电检查。

在通电检查时要尽量使电动机和其所传动的机械部分脱开，将控制器和转换开关置于零位，行程开关还原到正常位置。然后用万用表检查电源电压是否正常，有无缺相或严重不平衡。再进行通电检查，检查的顺序为：先检查控制电路，后检查主电路；先检查辅助系统，后检查主传动系统；先检查交流系统，后检查直流系统；合上开关，观察各电器元件是否按要求动作，有无冒火、冒烟、熔断器熔断的现象，直至查到发生故障的部位。

② 机床电气设备故障测量诊断方法　机床电气故障的检修方法较多，常用的有电压法、电阻法和短接法等。

a. 电压测量法。指利用万用表测量机床电气线路上某两点间的电压值来判断故障点的范围或故障元件的方法。电压的分段测量法如图 7-3 所示。

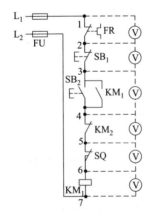
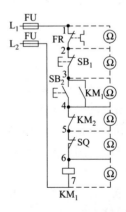

图 7-3　电压的分段测量法　　　　　　　图 7-4　电阻的分段测量法

先用万用表测试 1、7 两点，若电压值为 380V，说明电源电压正常。

电压的分段测试法是将红、黑两表笔逐段测量相邻两标号点 1-2、2-3、3-4、4-5、5-6、

6-7 间的电压。

如电路正常，按 SB_2 后，除 6-7 两点间的电压等于 380V 之外，其他任何相邻两点间的电压值均为零。

如按下启动按钮 SB_2，接触器 KM_1 不吸合，说明发生断路故障，此时可用电压表逐段测试各相邻两点间的电压。如测量到某相邻两点间的电压为 380V，说明这两点间所包含的触点、连接导线接触不良或有断路故障。例如，若标号 4-5 两点间的电压为 380V，说明接触器 KM_2 的常闭触点接触不良。

b. 电阻测量法。指利用万用表测量机床电气线路上某两点间的电阻值来判断故障点的范围或故障元件的方法。电阻的分段测量法如图 7-4 所示。

检查时，先切断电源，按下启动按钮 SB_2，然后依次逐段测量相邻两标号点 1-2、2-3、3-4、4-5、5-6 间的电阻。如测得某两点间的电阻为无穷大，说明这两点间的触点或连接导线断路。例如，当测得 2-3 两点间电阻值为无穷大时，说明停止按钮 SB_1 或连接 SB_1 的导线断路。

电阻测量法要注意以下几点：

• 用电阻测量法检查故障时一定要断开电源。

• 如被测的电路与其他电路并联，必须将该电路与其他电路断开，否则所测得的电阻值是不准确的。

• 测量高电阻值的电器元件时，把万用表的选择开关旋转至适合的电阻挡。

c. 短接法。指用导线将机床线路中两等电位点短接，以缩小故障范围，从而确定故障范围或故障点的方法。

• 局部短接法。局部短接法如图 7-5 所示。

按下启动按钮 SB_2 时，接触器 KM_1 不吸合，说明该电路有故障。检查前先用万用表测量 1-7 两点间的电压值，若电压正常，可按下启动按钮 SB_2 不放，然后用一根绝缘良好的导线，分别短接标号相邻的两点，如短接 1-2、2-3、3-4、4-5、5-6。当短接到某两点时，若接触器 KM_1 吸合，说明断路故障就在这两点之间。

• 长短接法。长短接法检查断路故障如图 7-6 所示。

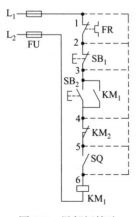

图 7-5　局部短接法

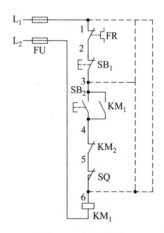

图 7-6　长短接法

长短接法是指一次短接两个或多个触点，来检查故障的方法。

当 FR 的常闭触点和 SB_1 的常闭触点同时接触不良时，如用上述局部短接法短接 1-2

点，按下启动按钮 SB$_2$，KM$_1$ 仍然不会吸合，可能会造成判断错误。而采用长短接法将 1-6 短接，如 KM$_1$ 吸合，说明 1-6 这段电路中有断路故障。然后短接 1-3 和 3-6，若短接 1-3 时 KM$_1$ 吸合，则说明故障在 1-3 范围内。再用局部短接法短接 1-2 和 1-3，能很快地排除电路的断路故障。

短接法检查注意点：

• 因为短接法是用手拿绝缘导线带电操作的，所以一定要注意安全，避免触电事故发生。

• 短接法只适用于检查压降极小的导线和触点之类的断路故障。对于压降较大的电器，如电阻、线圈、绕组等断路故障，不能采用短接法，否则会出现短路故障。

• 对于机床的某些要害部位，必须在保障电气设备或机械部位不会出现事故的情况下才能使用短接法。

(5) CA6140 型车床电气控制线路的安装与调试

① 安装步骤及工艺要求

a. 按照表 7-3 所列配齐电气设备和元件，并逐个检验其规格和质量是否合格。

表 7-3 CA6140 型车床电气设备和元件

序号	符号	名称	型号	规格	数量	用途
1	M$_1$	主轴电动机	Y132M-4-B3	7.5kW、15.4A 1450r/min	1	主运动和进给运动力
2	M$_2$	冷却泵电动机	AOB-25	90W、3000r/min	1	驱动冷却液泵
3	M$_3$	刀架快速移动电动机	AOS5634	250W、1360r/min	1	刀架快速移动
4	FR$_1$	热继电器	JR16-20/3D	整定电流 15.4A	1	M$_1$ 的过载保护
5	FR$_2$	热继电器	JR16-20/3D	整定电流 0.32A	1	M$_2$ 的过载保护
6	KM	交流接触器	CJ10-40	40A 线圈电压 110V	1	控制 M$_1$
7	KA$_1$	中间继电器	JZ7-44	线圈电压 110V	1	控制 M$_2$
8	KA$_2$	中间继电器	JZ7-44	线圈电压 110V	1	控制 M$_3$
9	FU$_1$	熔断器	RL1-15	380V、15A 配 1A 熔体	3	M$_2$、M$_3$ 及控制电路的短路保护
10	FU$_2$	熔断器	RL1-15	380V、15A 配 4A 熔体	3	控制电路的短路保护
11	FU$_3$	熔断器	RL1-15	380V、15A 配 1A 熔体	1	电源信号灯短路保护灯
12	FU$_4$	熔断器	RL1-15	380V、15A 配 2A 熔体	1	车床照明电路短路保护
13	SB$_1$	按钮	LAY3-10/2	绿色	1	M$_1$ 启动按钮
14	SB$_2$	按钮	LAY3-01ZS/1	红色	1	M$_1$ 停止按钮
15	SB$_3$	按钮	LA19-11	500V、5A	1	M$_3$ 控制按钮
16	SB	旋钮开关	LAY3-10X/2		1	M$_2$ 控制开关
17	SB$_4$	旋钮开关	LAY3-01Y/2	带锁匙	1	电源开关锁
18	SQ$_1$	挂轮箱行程开关	JWM6-11		1	断电安全保护
19	SQ$_2$	电气箱行程开关	JWM6-11		1	

b. 安装步骤及工艺要求见表 7-4。

表 7-4 安装步骤及工艺要求

安 装 步 骤	工 艺 要 求
第一步:选配并检验元件和电气设备	根据电动机容量、线路走向及要求和各元件的安装尺寸,正确选配导线的规格、导线通道类型和数量、接线端子板型号及节数、控制板、管夹、束节、紧固体等
第二步:在控制板上安装电器元件,并在各电器元件附近做好与电路图上相同代号的标记	安装走线槽时,应做到横平竖直、排列整齐均匀、安装牢固和便于走线等
第三步:在控制板上进行板前线槽配线,并在导线端部套编码管	按照控制板内布线的工艺要求进行布线和套编码套管
第四步:进行控制板外的元件固定和布线	①选择合理的导线走向,做好导线通道的支持准备,并安装控制板外部的所有电器 ②进行控制板外部布线,并在导线线头上套装与电路图相同线号的编码套管。对于可移动的导线通道应放适当的余量,使金属软管在运动时不承受拉力,并按规定在通道内放好备用导线
第五步:自检	①检查电路的接线是否正确和接地通道是否具有连续性 ②检查热继电器的整定值是否符合要求;各级熔断器的熔体是否符合要求,如不符合要求应予以更换 ③检测电动机的安装是否牢固,与生产机械传动装置的连接是否可靠 ④检测电动机及线路的绝缘电阻,清理安装场地
第六步:通电试车	①接通电源开关,点动控制各电动机启动,以检查各电动机的转向是否符合要求 ②通电空转试验时,应认真观察各电器元件、线路、电动机及传动装置的工作情况是否正常。如不正常,应立即切断电源进行检查,在调整或修复后方能再次通电试车

② 注意事项

a. 不要漏接接地线。严禁采用金属软管作为接地通道。

b. 在控制箱外部进行布线时,导线必须穿在导线通道内或敷设在机床底座内的导线通道里。所有的导线不允许有接头。

c. 在导线通道内敷设的导线进行接线时,必须集中思想,做到查出一根导线,立即套上编码套管,接上后再进行复验。

d. 在进行快速进给时,要注意将运动部件处于行程的中间位置,以防止运动部件与车头或尾架相撞产生设备事故。

e. 在安装、调试过程中,工具、仪表的使用应符合要求。

f. 通电操作时,必须严格遵守安全操作规程。

(6) CA6140 型车床电气控制线路的检修

1) 检修步骤及工艺要求

① 在操作人员的指导下对车床进行操作,了解车床的各种工作状态及操作方法。

② 在教师的指导下,参照图 7-7 和图 7-8 所示的 CA6140 型车床电器元件位置图和接线图,熟悉车床电器元件的分布位置和走线情况。

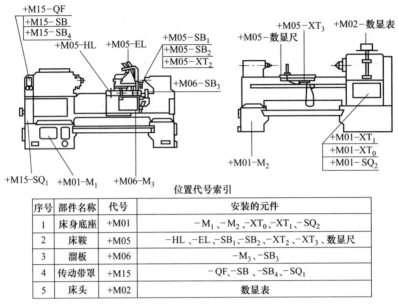

序号	部件名称	代号	安装的元件
1	床身底座	+M01	$-M_1$、$-M_2$、$-XT_0$、$-XT_1$、$-SQ_2$
2	床鞍	+M05	$-HL$、$-EL$、$-SB_1$、$-SB_2$、$-XT_2$、$-XT_3$、数显尺
3	溜板	+M06	$-M_3$、$-SB_3$
4	传动带罩	+M15	$-QF$、$-SB$、$-SB_4$、$-SQ_1$
5	床头	+M02	数显表

图 7-7   CA6140 型车床电器元件位置图

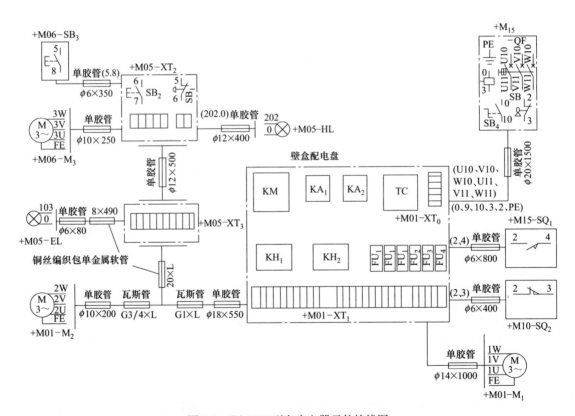

图 7-8   CA6140 型车床电器元件接线图

③ 在 CA6140 型车床上人为设置自然故障点。设置故障点时应注意以下几点：

a. 人为设置的故障点必须是模拟车床在使用中，由于受外界因素影响而造成的自然故障。

b. 切忌通过更改线路或更换电器元件等人为原因造成的非自然故障。

c. 对于设置一个以上故障点的线路，故障尽可能不要相互掩盖。如果故障相互掩盖，按要求应有明显检查顺序。

d. 设置的故障必须与学生应该具有的修复能力相适应。随着学生检修水平的逐步提高，再相应提高故障的难度等级。

e. 应尽量设置不容易造成人身或设备事故的故障点，如有必要时，教师必须在现场密切注意学生的检修动态，随时做好采取应急措施的准备。

教师进行示范检修时，可把下述检修步骤及要求贯穿其中，直至故障排除。

a. 用通电试验法引导学生观察故障现象。

b. 根据故障现象，根据电路图用逻辑分析法确定故障范围。

c. 采取正确的检查方法找故障点，并排除故障。

d. 检修完毕进行通电试验，并做好维修记录。

e. 教师设置让学生事先知道故障点，指导学生如何从故障现象着手进行分析，引导学生采用正确的检修步骤和检修方法。

f. 教师设置故障点，由学生检修。

2）注意事项

① 熟悉 CA6140 型车床电气控制电路的基本环节及控制要求，认真观摩教师示范检修。

② 检修所用工具、仪表应符合使用要求。

③ 排除故障时，必须修复故障点，但不得采用元件代换法。

④ 检修时，严禁扩大故障范围或产生新的故障。

⑤ 带电检修时，必须有指导教师监护，以确保安全。

7.2　万能铣床电气控制线路的分析与检修

(1) X62W 型万能铣床的主要结构

X62W 型万能铣床的外形结构如图 7-9 所示。它主要由床身、主轴、刀杆、悬梁、工作台、回转盘、横溜板、升降台、底座等几部分组成。箱形的床身固定在底座上，床身内装有主轴的传动机构和变速操纵机构。在床身的顶部有水平导轨，上面装着带有一个或两个刀杆支架的悬梁。

刀杆支架用来支撑铣刀心轴的一端，心轴的另一端则固定在主轴上，由主轴带动铣刀铣削。刀杆支架在悬梁上以及悬梁在床身顶部的水平导轨上都可以作水平移动，以便安装不同的心轴。在床身的前面有垂直导轨，升降台可沿着它上下移动。在升降台上面的水平导轨上，装有可在平行主轴轴线方向移动（前后移动）的溜板。溜板上部有可转动的回转盘，工作台就在溜板上部回转盘上的导轨上作垂直于主轴轴线方向移动（左右移动）。工作台上有 T 形槽用来固定工件。这样，安装在工作台上的工件就可以在三个坐标上的六个方向调整位置或进给。

铣削是一种高效率的加工方式。铣床主轴带动铣刀的旋转运动是主运动；铣床工作台的前后（横向）、左右（纵向）和上下（垂直）6 个方向的运动是进给运动；铣床的其他运动，如工作台的旋转运动则属于辅助运动。

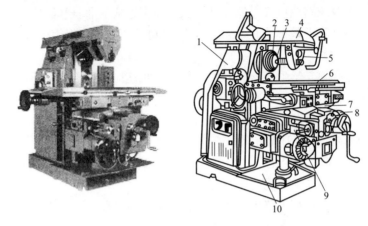

图 7-9　X62W 型万能铣床结构示意图

1—床身；2—主轴；3—刀杆；4—悬梁；5—刀杆支架；6—工作台；

7—回转盘；8—横向溜板；9—升降台；10—底座

(2) X62W 型万能铣床电力拖动的特点及控制要求

该铣床共用 3 台异步电动机拖动，它们分别是主轴电动机 M_1、进给电动机 M_2 和冷却泵电动机 M_3。

① 电力拖动的特点　因为铣削加工有顺铣和逆铣两种加工方式，所以要求主轴电动机能正反转。但由于正反转操作并不频繁（批量顺铣或逆铣），因此在铣床床身下侧电气箱上设置一个组合开关，来改变电源相序实现主轴电动机的正反转。由于主轴传动系统中装有避免振动的惯性轮，主轴停车困难，故主轴电动机采用电磁离合器制动以实现准确停车。

因为铣床的工作台要求有前后、左右、上下 6 个方向的进给运动和快速移动，所以也要求进给电动机能正反转，并通过操纵手柄和机械离合器相配合来实现。进给的快速移动是通过电磁铁和机械挂挡来完成的。为了扩大其加工能力，在工作台上可加装圆形工作台。圆形工作台的回转运动是由进给电动机经传动机构驱动的。

② 控制要求　根据加工工艺的要求，该铣床应具有以下电气联锁措施：

a. 为防止刀具和铣床的损坏，要求只有主轴旋转后才允许有进给运动和进给方向的快速移动。

b. 为了减小加工件表面的粗糙度，只有进给停止后主轴才能停止或同时停止。该铣床在电气上采用了主轴和进给同时停止的方式，但主轴运动的惯性很大，实际上就保证了进给运动先停止、主轴运动后停止的要求。

c. 6 个方向的进给运动中同时只能有一种运动产生，该铣床采用了机械操纵手柄和位置开关相配合的方式来实现 6 个方向的联锁。

d. 主轴运动和进给运动采用变速盘来进行速度选择，为保证变速齿轮进入良好啮合状态，两种运动都要求变速后作瞬时点动。

e. 当主轴电动机或冷却泵电动机过载时，进给运动必须立即停止，以免损坏刀具和铣床。

f. 要求有冷却系统、照明设备及各种保护措施。

(3) X62W 型万能铣床电气控制线路分析

X62W 型万能铣床电气原理如图 7-10 所示。

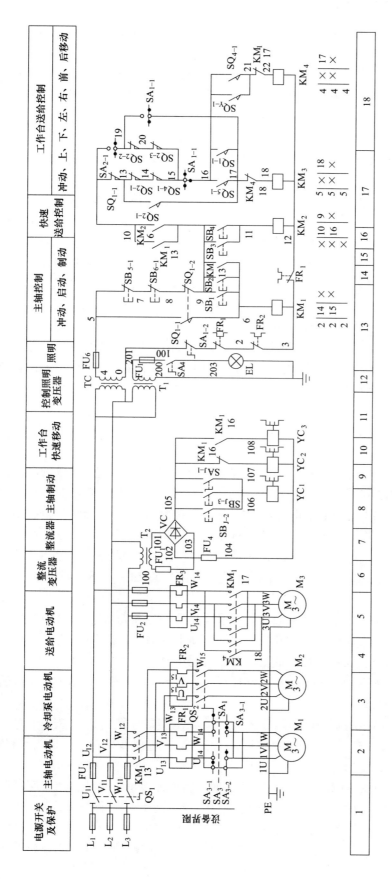

图 7-10 X62W 型万能铣床的电气原理

X62W 型万能铣床电气控制线路底边按顺序分成 18 个区。其中 1 区为电源开关及全电路短路保护；1～5 区为主电路部分；5～18 区为控制电路部分；11、12 区为照明电路部分。

1) 主电路（1～5 区） 三相电源 L_1、L_2、L_3 由电源开关 QS_1 控制，熔断器 FU_1 实现对全电路的短路保护（1 区）。从 2 区开始就是主电路，主电路有 3 台电动机。

① M_1（2 区）是主轴电动机，带动主轴旋转对工件进行加工，是主运动电动机。它由 KM_1 的主触点控制，其控制线圈在 13 区。因其正/反转不频繁，故在启动前用组合开关 SA_3 预先选择。热继电器 FR_1 作过载保护，其常闭触点在 13 区。M_1 作直接启动，单向旋转。

② M_3（3 区）是冷却泵电动机，带动冷却泵供给铣刀和工件冷却液，用冷却液带走铁屑。M_3 由组合开关 QS_2 作控制开关，在需要提供冷却液时才接通。因为 M_1、M_3 采用主电路顺序控制，所以 M_1 启动后，M_3 才能启动。M_2 由 KM_2 的主触点控制，其控制线圈在 9 区。热继电器 FR_2 作过载保护，其常闭触点在 13 区。M_3 作直接启动，单向旋转。

③ M_3（4、5 区）是进给电动机，带动工作台做进给运动。它由 KM_3、KM_4 的主触点做正/反转控制，其控制线圈在 17 区、18 区。热继电器 FR_3 作过载保护，其常闭触点在 14 区。熔断器 FU_2 作短路保护。M_2 作直接启动，双向旋转。

2) 控制电路（5～11 区） 控制电路包括交流控制电路和直流控制电路。交流控制电路由控制变压器 TC 提供 110V 的工作电压，熔断器 FU_6 作交流控制电路的短路保护（12 区）。直流控制电路的主轴制动、工作台工作进给和快速进给分别由电磁离合器 YC_1（8 区）、YC_2（7～10 区）、YC_3（11 区）实现。电磁离合器的直流工作电压由整流变压器降压为 36V 通过后桥式整流器 VC 提供，熔断器 FU_3、FU_4 分别作整流器和直流控制电路的短路保护（6 区）。

① 主轴电动机 M_1 的控制（5 区、8 区）。主轴电动机 M_1 的控制包括主轴的启动、主轴制动和换刀制动及变速冲动。

a. 主轴的启动（13 区）。主轴电动机 M_1 由交流接触器 KM_1 控制，为两地控制单向控制电路。为方便操作，两组按钮安装在铣床的不同位置：SB_1 和 SB_5 安装在升降台上，SB_2 和 SB_6 安装在床身上。启动按钮 SB_1、SB_2（7～6）并联连接，停止按钮 SB_5、SB_6 的常开触点 SB_{5-1}、SB_{6-1}（5-8-8）串联连接，常闭触点 SB_{4-2}、SB_{4-3}（104-106）并联连接。

启动前，先按照顺铣或逆铣的工艺要求，用组合开关 SA_3 预先确定 M_1 的转向。

b. 主轴制动和换刀制动（8 区、13 区）。主轴制动由电磁离合器 YC_1 实现。YC_1 装在主轴传动与 M_1 转轴相连的第一根传动轴上，当 YC_1 通电时，将摩擦片压紧，对 M_1 进行制动。为了使主轴在换刀时不随意转动，换刀前应该将主轴制动，以免发生事故。主轴的换刀制动由组合开关 SA_1 控制。

换刀结束后，将 SA_1 拨回工作位置，SA_1 复位。

c. 主轴的变速冲动（13 区）。变速冲动是为了使主轴变速时变换后的齿轮能顺利啮合，主轴变速时主轴的电动机应能点动一下，进给变速时进给电动机也能点动一下。

主轴的变速冲动由行程开关 SQ_1 实现。变速时，将变速手柄拉出，转动变速盘调节所需转速，然后将变速手柄复位。在手柄复位的过程中，瞬时压动了行程开关 SQ_1，手柄复位后，SQ_1 也随之复位。

② 进给电动机 M_2 的控制（7～11 区、15～18 区）。工作台的进给运动分为工作（正

常）进给和快速进给。工作进给必须在主轴电动机 M_1 启动运行后才能进行，快速进给属于辅助运动，可以在 M_1 不启动的情况下进行。因此，进给电动机 M_2 须在主轴电动机 M_1 或冷却泵电动机 M_3 启动后才能启动，KM_1、KM_2 的正常触点（7-10）并联接在进给电路中，属控制电路顺序控制。它们分别由两个电磁离合器 YC_2 和 YC_3 来实现。YC_2、YC_3 均安装在进给传动链中的第 4 根传动轴上。当 YC_2 吸合而 YC_3 断开时，为工作进给；当 YC_3 吸合而 YC_2 断开时，为快速进给。

工作台在 6 个方向上的进给运动（18 区）是由机械操作手柄带动相关的行程开关 SQ_3～SQ_6，通过接触器 KM_3、KM_4 来控制进给电动机 M_2 正/反转来实现的。行程开关 SQ_3 和 SQ_4 分别控制工作台的向前、向下和向后、向上运动，SQ_5 和 SQ_6 分别控制工作台的向右和向左运动。

③ 照明电路（11、12 区）。照明电路由照明变压器 TC 提供 24V 的安全工作电压，照明灯开关 SA_4 控制照明灯 EL，熔断器 FU_5 作照明电路的短路保护。

(4) 铣床电气线路常见故障分析与检修

① 主轴电动机 M_1 不能启动　这种故障分析和前面有关的机床故障分析类似，首先检查各开关是否处于正常工作位置。然后检查三相电源、熔断器、热继电器的常闭触头、两地启停按钮以及接触器 KM_1 的情况，看有无电器损坏、接线脱落、接触不良、线圈断路等现象。另外，还应检查主轴变速冲动开关 SQ_1，因为开关位置移动甚至撞坏，或常闭触头 SQ_{1-2} 接触不良而引起线路的故障也不少见。

② 工作台各个方向都不能进给　铣床工作台的进给运动是通过进给电动机 M_2 的正反转配合机械传动来实现的。若各个方向都不能进给，多是因为进给电动机 M_2 不能启动所引起的。检修故障时，首先检查圆工作台的控制开关 SA_2 是否在"断开"位置。若没问题，接着检查控制主轴电动机的接触器 KM_1 是否已吸合动作，因为只有接触器 KM_1 吸合后，控制进给电动机 M_2 的接触器 KM_3、KM_4 才能得电。

如果接触器 KM_1 不能得电，则表明控制回路电源有故障，可检测控制变压器 TC 一次侧、二次侧线圈和电源电压是否正常，熔断器是否熔断。待电压正常，接触器 KM_1 吸合，主轴旋转后，若各个方向仍无进给运动，可扳动进给手柄至各个运动方向，观察其相关的接触器是否吸合；若吸合，则表明故障发生在主回路和进给电动机上。常见的故障有接触器主触头接触不良、主轴头脱落、机械卡死、电动机接线脱落和电动机绕组断路等。除此以外，由于经常扳动操作手柄，开关受到冲击，位置开关 SQ_3、SQ_4、SQ_5、SQ_6 的位置发生变动或被撞坏，线路处于断开状态。变速冲动开关 SQ_{1-2} 在复位时不能闭合接通，或接触不良，也会使工作台没有进给。

③ 工作台能向左、右进给，不能向前、后、上、下进给　铣床控制工作台各个方向的开关是互相联锁的，使之只有一个方向的运动。因此造成这种故障的原因可能是控制左右进给的位置开关 SQ_5 或 SQ_6 经常被压合，使螺钉松动、开关移位、触头接触不良、开关机构卡住等，使线路断开或开关不能复位闭合，电路 17-20 或 15-20 断开。这样当操作工作台向前、后、上、下运动时，位置开关 SQ_{3-2} 或 SQ_{4-2} 也被压开，切断了进给接触器 KM_3、KM_4 的通路，造成工作台只能左、右运动，而不能前、后、上、下运动。

④ 工作台能向前、后、上、下进给，不能向左、右进给　出现这种故障的原因及排除方法可参照上例说明进行分析，不过故障元件可能是位置开关的常闭触头 SQ_{3-2} 或 SQ_{4-2}。

⑤ 工作台不能快速移动，主轴制动失灵　这种故障往往是由于电磁离合器工作不正常

所致。首先应检查接线有无松脱，整流变压器 T_2、熔断器 FU_3、FU_6 的工作是否正常，整流器中的 4 个整流二极管是否损坏。若有二极管损坏，将导致输出直流电压偏低，吸力不够。其次，电磁离合器线圈是用环氧树脂黏合在电磁离合器的套筒内，散热条件差，易发热而烧毁。另外，由于离合器的动摩擦片和静摩擦片经常摩擦，因此它们是易损件，检修时也不可忽视这些问题。

⑥ 变速时不能冲动控制 这种故障多数是冲动位置开关 SQ_1 或 SQ_2 经常受到冲击，使开关位置改变（压不上开关），甚至开关底座被撞坏或接触不良，使线路断开，从而造成主轴电动机 M_1 或进给电动机 M_2 不能瞬时点动。

出现这种故障时，只需修理或更换开关，并调整好开关的动作距离，即可恢复冲动控制。

(5) X62W 型万能铣床电气检修

1）检修步骤及工艺要求

① 熟悉铣床的主要结构和运动形式，对铣床进行实际操作，了解铣床的各种工作状态及操作手柄的作用。

② 参照图 7-11 所示的 X62W 型万能铣床电器位置和图 7-12 所示的电箱内电器布置，熟悉铣床电器元件的安装位置、走线情况以及操作手柄处于不同位置时，行程开关的工作状态及运动部件的工作情况。

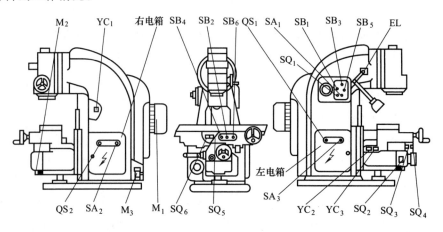

图 7-11 X62W 型万能铣床电器元件的位置

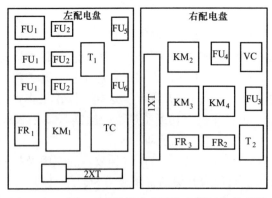

图 7-12 X62W 型万能铣床电箱内电器元件的布置

③ 在有故障的铣床上或人为设置自然故障点的铣床上，由教师示范检修，边分析边检查，直至故障排除。

④ 由教师设置让学生知道的故障点，指导学生如何从故障现象着手进行分析，如何用正确的检查步骤和检修方法进行检修。

⑤ 教师设置的自然故障点，由学生按照检查步骤和检修方法进行检修。其具体要求如下：

a. 根据故障现象，先在电路图上用虚线正确标出故障电路的最小范围，然后采用正确的检查排除方法，在规定时间内查出并排除故障。

b. 排除故障的过程中，不得采用更换电器元件、借用触点或改动线路的方法修复故障点。

c. 检修时严禁扩大故障范围或产生新的故障，不得损坏电器元件或设备。

2）注意事项

① 检修前要认真阅读电路图，熟练掌握各个控制环节的原理及作用，并认真听取和仔细观察教师的示范检修。

② 由于该机床的电气控制与机械结构的配合十分密切，因此在出现故障时，应首先判明是机械故障还是电气故障。

③ 停电要验电。带电检修时，必须有指导教师在现场监护，以确保用电安全。同时要做好检修记录。

7.3 摇臂钻床电气控制线路的分析与检修

(1) Z35 型摇臂钻床的结构

Z35 型摇臂钻床主要由底座、内立柱、外立柱、摇臂、主轴箱、工作台等部分组成。内立柱固定在底座上，在它外面套着空心的外立柱，外立柱可绕着不动的内立柱回转一周。摇臂一端的套筒部分与外立柱滑动配合，借助于丝杠，摇臂可沿着外立柱上下移动，但两者不能作相对转动。因此摇臂与外立柱一起相对内立柱回转。主轴箱是一个复合的部件，它包括主轴、主轴旋转部件以及主轴进给运动的全部变速和操作机构。

主轴箱安装于摇臂的水平导轨上，可通过手轮操作使它沿着摇臂上的水平导轨作径向移动。当需要钻削加工时，可利用夹紧机构将主轴箱紧固在摇臂导轨上，摇臂紧固在外立柱上，外立柱紧固在内立柱上，以保证加工时主轴不会移动，刀具也不会振动。

摇臂钻床的主运动是主轴带动钻头的旋转运动；进给运动是钻头的上下运动；辅助运动是指主轴箱沿摇臂水平移动、摇臂沿外立柱上下移动以及摇臂连同外立柱一起相对于内立柱的回转运动。

(2) 电力拖动特点及控制要求

① 由于摇臂钻床的相对运动部件较多，故采用多台电动机拖动，以简化传动装置。

主轴电动机 M_2 承担钻削及进给任务，只要求单向旋转。主轴的正反转一般通过正反转摩擦离合器来实现，主轴转速和进刀量用变速机构调节。摇臂的升降和立柱的夹紧放松由电动机 M_3 和 M_4 拖动，要求双向旋转。冷却泵用电动机 M_1 拖动。

② 该钻床的各种工作状态都是通过十字开关 SA 操作的，为防止十字开关手柄停在任何工作位置时，因接通电源而产生误动作，本控制电路设有零压保护环节。

③ 摇臂的升降要求有限位保护。

④ 摇臂的夹紧与放松由机械和电气联合控制。外立柱和主轴箱的夹紧与放松是由电动机配合液压装置来完成的。

⑤ 钻削加工时，需要对刀具及工件进行冷却。由电动机 M_1 拖动冷却泵输送冷却液。

(3) Z35 型摇臂钻床的工作原理

Z35 型摇臂钻床电气控制电路如图 7-13 所示。

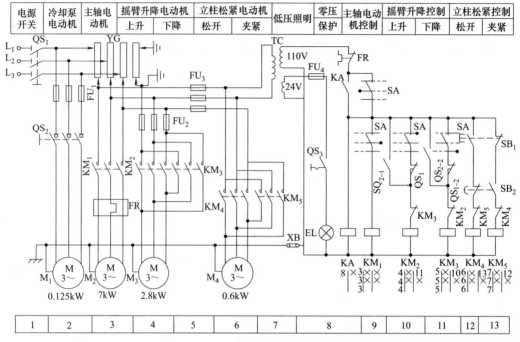

图 7-13　Z35 型摇臂钻床电气控制电路

① 主电路分析　Z35 型摇臂钻床有 4 台电动机，即冷却泵电动机 M_1、主轴电动机 M_2、摇臂升降电动机 M_3、立柱夹紧与松开电动机 M_4。为满足攻螺纹工序，要求主轴能实现正/反转，而主轴电动机 M_2 只能正转，主轴的正/反转是采用摩擦离合器来实现的。

摇臂升降电动机能正/反转控制，当摇臂上升（或下降）到达预定的位置时，摇臂能在电气和机械夹紧装置的控制下，自动夹紧在外立柱上。

摇臂的套筒部分与外立柱是滑动配合，通过传动丝杠，摇臂可沿着外立柱上下移动，但不能作相对回转运动，而摇臂与外立柱可以一起相对内立柱作 360°的回转运动。外立柱的夹紧、放松是由内立柱夹紧放松电动机 M_4 的正/反转并通过液压装置来进行的。

冷却泵电动机 M_1 供给钻削时所需的冷却液。

② 控制电路分析　主轴电动机 M_2 和摇臂升降电动机 M_3 采用十字开关 SA 进行操作，十字开关的塑料盖板上有一个十字形的孔槽。根据工作需要可将操作手柄分别扳在孔槽内 5 个不同的位置上，即左、右、上、下和中间 5 个位置。在盖板槽孔的左、右、上、下 4 个位置的后面分别装有一个微动开关，当操作手柄分别扳到这 4 个位置时，便相应压下后面的微动开关，使其动合触点闭合而接通所需的电路。操作手柄每次只能扳在一个位置上，亦即 4 个微动开关只能有一个被压而接通，其余仍处于断开状态。当手柄处于中间位置时，4 个微动开关都不受压，全部处于断开状态。图 7-13 中用小黑圆点分别表示十字开关 SA 的 4 个位置。

a. 主轴电动机 M_2 的控制。将十字开关 SA 扳在左边的位置，这时 SA 仅有左面的触点闭合，使零压继电器 KA 的线圈得电吸合，KA 的动断触点闭合自锁。再将十字开关 SA 扳到右边位置，仅使 SA 右面的触点闭合，接触器 KM_1 的线圈得电吸合，KM_1 主触点闭合，主轴电动机 M_2 通电运转，钻床主轴的旋转方向由主轴箱上的摩擦离合器手柄所扳的位置决定。将十字开关 SA 的手柄扳回中间位置，触点全部断开，接触器 KM_1 线圈失电释放，主轴停止转动。

b. 摇臂升降电动机 M_3 的控制。当钻头与工件的相对高低位置不适合时，可通过摇臂的升高或降低来调整，摇臂的升降是由电气和机械传动联合控制的，能自动完成从松开摇臂到摇臂上升（或下降）再到夹紧摇臂的过程。Z35 型摇臂钻床所采用的摇臂升降及夹紧的电气和机械传动的原理如图 7-14 所示。

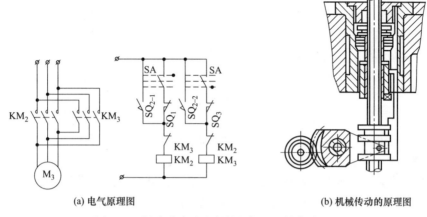

(a) 电气原理图　　　　　　　　　　　　　　　　　(b) 机械传动的原理图

图 7-14　摇臂升降及夹紧的电气和机械传动原理

要求摇臂上升时，就将十字开关 SA 扳到"上"的位置，压下 SA 上面的动合触点闭合，接触器 KM_2 线圈得电吸合，KM_2 的主触点闭合，电动机 M_3 通电正转。由于摇臂上升前还被夹紧在外立柱上，因此电动机 M_3 刚启动时，摇臂不会立即上升，而是通过两对减速齿轮带动升降丝杆转动；开始时由于螺母未被键锁住，因此丝杆只带动螺母一起空转，摇臂不能上升，只是辅助螺母带着键沿丝杆向上移动，推动拨叉，带动扇形压紧板，使夹紧杠杆把摇臂松开。在拨叉转动的同时，齿条带动齿轮转动，使连接在齿轮上的鼓形转换开关 SQ_{1-2} 闭合，鼓形转换开关如图 7-15 所示，为摇臂上升后的夹紧作好准备。当辅助螺母带着键上升到螺母与摇臂锁紧的位置时，螺母带动摇臂上升；当摇臂上升到所需的位置时，将十字开关 SA 扳到中间位置，SA 上面触点复位断开电路，接触器 KM_2 线圈失电释放，电动机 M_3 断电停转，摇臂也停止上升。由于摇臂松开时，鼓形转换开关上的动合触点 SQ_{1-2} 已闭合，因此当接触器 KM_2 的动断联锁触点恢复闭合时，接触器 KM_3 的线圈立即得电吸合，KM_3 的主触点闭合，电动机 M_3 通电反转，升降丝杆也反转，辅助螺母便带动键沿丝杆向下移动，辅助螺母又推动拨叉，并带动扇形压紧板使夹紧杠杆把摇臂夹紧；与此同时，齿条带动齿轮恢复到原来的位置，鼓形转换开关上的动合触点 SQ_{1-2} 断开，使接触器 KM_3 线圈失电释放、电动机 M_3 停转。

要求摇臂下降，可将十字开关 SA 扳到"下"的位置，于是 SA 下面的动合触点闭合，接触器 KM_3 线圈得电吸合，电动机 M_3 通电启动反转，丝杆也反向旋转，辅助螺母带着键沿丝杆向下移动，同时推动拨叉并带动扇形压紧板使夹紧杠杆把摇臂放松，同时扇形齿条带动齿轮使鼓形转换开关上的 SB_2 的另一副动合触点 KM_{1-1} 闭合，为摇臂下降后的夹紧动作作好准备。当键下降至螺母与摇臂锁紧的位置时，螺母带动摇臂下降，当摇臂下降到所需位置时，将十字开关扳回到中间位置，其他动作与上升的动作相似。要求摇臂上升或下降时不致超出允许的终端极限位置。故在摇臂上升或下降的控制电路中分别串入行程开关 SQ_1 和

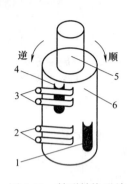

图 7-15　鼓形转换开关

1,4—动触点；2—动合静触点
SQ$_{1-2}$；3—动合静触点 SQ$_{1-1}$；
5—转鼓；6—转轴

SQ$_3$ 作为终端保护。

　　c. 立柱的夹紧与松开电动机 M$_4$ 的控制。当需要摇臂绕内立柱转动时，应先按下 SB$_1$，使接触器 KM$_4$ 线圈得电吸合，电动机 M$_4$ 启动运转，并通过齿式离合器带动齿式液压泵旋转，送出高压油，经油路系统和机械传动机构将外立柱松开；然后松开按钮 SB$_1$，接触器 KM$_4$ 线圈失电释放，电动机 M$_4$ 断电停转。此时可用人力推动摇臂和外立柱绕内立柱作所需的转动；当转到预定的位置时，再按下按钮 SB$_2$，接触器 KM$_5$ 线圈得电吸合，KM$_5$ 主触点闭合，电动机 M$_4$ 启动反转，在液压系统的推动下，将外立柱夹紧；然后松开 SB$_2$，接触器 KM$_5$ 线圈失电释放，电动机 M$_4$ 断电停转，整个摇臂放松→绕外立柱转动→夹紧过程结束。

　　线路中零压继电器 KA 的作用是当供电线路断电时，KA 线圈失电释放，KA 的动合触点断开，使整个控制电路断电；当电路恢复供电时，控制电路仍然断开，必须先将十字开关 SA 扳至"左"的位置，使 KA 线圈重新得电，KA 动合触点闭合，然后才能操作控制电路，也就是说零压保护继电器的动合触点起到接触器的自锁触点的作用。

　　d. 冷却泵电动机 M$_1$ 的控制。冷却泵电动机由转换开关 QS$_2$ 直接控制。

　　e. 照明电路分析。变压器将 380V 电压降到 110V，供给控制电路并输出 24V 电压供低压照明灯使用。

（4）Z35 型摇臂钻床常见故障

　　1）所有电动机都不能启动　当发现该机床的所有电动机都不能正常启动时，一般可以断定故障发生在电气线路的公共部分。可按下述步骤来检查。

　　① 在电气箱内检查从汇流环 YG 引入电气箱的三相电源是否正常，如发现三相电源有缺相或其他故障现象，则应在立柱下端配电盘处，检查引入机床电源隔离开关 QS$_1$ 处的电源是否正常，并查看汇流环 YG 的接触点是否良好。

　　② 检查熔断器 FU$_1$ 并确定 FU$_1$ 的熔体是否熔断。

　　③ 检查变压器 TC 的一次侧、二次侧绕组的电压是否正常，如一次侧绕组的电压不正常，则应检查变压器的接线有否松动；如果一次侧绕组两端的电压正常，而二次侧绕组电压不正常，则应检查变压器输出 110V 端绕组是否断路或短路，同时应检查熔断器 FU$_4$ 是否熔断。

　　④ 如上述检查都正常，则可依次检查热继电器 FR 的动断触点、十字开关 SA 内的微动开关的动合触点及零压继电器 KA 线圈连接线的接触是否良好，有无断路故障等。

　　2）主轴电动机 M$_2$ 的故障

　　① 主轴电动机 M$_2$ 不能启动。若接触器 KM$_1$ 已得电吸合，但主轴电动机 M$_2$ 仍不能启动旋转，可检查接触器 KM$_1$ 的 3 个主触点接触是否正常，连接电动机的导线是否脱落或松动。若接触器 KM$_1$ 不动作，则首先检查熔断器 FU$_2$ 和 FU$_4$ 的熔体是否熔断，然后检查热继电器 FR 是否已动作，其动断触点的接触是否良好，十字开关 SA 的触点接触是否良好，接触器 KM$_1$ 的线圈接线头有无松脱；有时由于供电电压过低，零压继电器 KA 或接触器 KM$_1$ 不能吸合。

　　② 主轴电动机 M$_2$ 不能停转。当把十字开关 SA 扳到"中间"停止位置时，主轴电动机

M_2 仍不能停转，这种故障多数是由于接触器 KM_1 的主触点发生熔焊所造成的。这时必须立即断开电源隔离开关 QS_1，才能使电动机 M_2 停转。已熔焊的主触点要更换；同时必须找出发生触点熔焊的原因，彻底排除故障后才能重新启动电动机 M_2。

3）摇臂升降运动的故障　Z35 摇臂钻床的升降运动是借助电气、机械传动的紧密配合来实现的。因此在检修时既要注意电气控制部分，又要注意机械部分的协调。

① 摇臂升降电动机 M_3 某个方向不能启动。电动机 M_3 只有一个方向能正常运转，这一故障一般是出在该故障方向的控制线路或供给电动机 M_3 电源的接触器上。例如电动机 M_3 带动摇臂上升方向有故障时，接触器 KM_2 不吸合，此时可依次检查十字开关 SA 上面的触点、行程开关 SQ_1 的动断触点、接触器 KM_3 的动断联锁触点以及接触器 KM_2 的线圈和连接导线等有无断路故障；如接触器 KM_2 能动作吸合，则应检查其主触点的接触是否良好。

② 摇臂上升（或下降）夹紧后，电动机 M_3 仍正反转重复不停。这种故障产生的原因是鼓形转换开关上 SQ_2 的两个动合静触点的位置调整不当，使它们不能及时分断引起的。鼓形转换开关的结构及工作原理如图 7-15 所示。图中 1 和 4 是两块随转鼓 5 一起转动的动触点，当摇臂不作升降运动时，要求两个动合静触点 3 和 2 正好处于两块动触点 1 和 4 之间的位置，使 SQ_{1-1} 和 SQ_{1-2} 都处于断开状态。如转轴受外力的作用使转鼓沿顺时针方向转过一个角度，则下面的一个动合静触点 SQ_{1-2} 接通；若鼓形转换开关沿逆时针方向转过一个角度，则上面的一个动合静触点 SQ_{1-1} 接通。由于动触点 1 和 4 的相对位置，决定了转动到两个动合静触点接通的角度值，因此鼓形转换开关 SQ_2 的分断是摇臂升降与松紧的关键。如果动触点 1 和 4 的位置调整得太近，就会出现上述故障。当摇臂上升到预定位置时，将十字开关 SA 扳回中间位置，接触器 KM_2 线圈就失电释放，由于 SQ_{1-2} 在摇臂松开时已接通，故接触器 KM_3 线圈得电吸合，电动机 M_3 反转，通过夹紧机构把摇臂夹紧；同时齿条 8 带动齿轮 9 复原，齿轮 9 带动鼓形转换开关逆时针旋转一个角度，使 SQ_{1-2} 离开动触点 4 处于断开状态，而电动机 M_3 及机械部分装置因惯性仍在继续转动，此时由于动触点 1 和 4 间调整得太近，鼓形转换开关转过中间的切断位置，动触点又同 SQ_{1-1} 接通，导致接触器 KM_2 再次得电吸合，电动机 M_3 又正转启动；如此循环，造成电动机 M_3 正反转重复运转，摇臂夹紧和放松动作也重复不停。

③ 摇臂升降后不能充分夹紧。原因之一是鼓形转换开关上压紧动触点的螺钉松动，造成动触点 1 或 4 的位置偏移。在正常情况下，当摇臂放松后，上升到所需的位置，将十字开关 SA 扳到中间位置时，SQ_{1-2} 应早已接通，使接触器 KM_3 得电吸合，使摇臂夹紧。现因动触点 4 位置偏移，SQ_{1-2} 未按规定位置闭合，造成 KM_3 不能按时动作，电动机 M_3 也就不启动反转进行夹紧，故摇臂仍处于放松状态。

若摇臂上升完毕没有夹紧作用，而下降完毕却有夹紧作用，这是由于动触点 4 和静触点 SQ_{1-2} 的故障造成的；反之是由于动触点 1 和静触点 SQ_{1-1} 的故障造成的。另外鼓形转换开关上的动静触点发生弯扭、磨损、接触不良或两个动合静触点过早分断，也会使摇臂不能充分夹紧。原因之二是当鼓形转换开关和连同它的传动齿轮在检修安装时，没有注意到鼓形转换开关上的两个动合触点的原始位置与夹紧装置的协调配合。例如在安装带动鼓形开关的齿轮 9 时，由于把它与扇形齿条 8 的啮合偏移了 3 个齿，这就造成摇臂夹紧机构在没有到夹紧位置（或超过夹紧位置）时停下，即在离夹紧位置尚有 3 个齿距处便停止运动。

摇臂若不完全夹紧，会造成钻削的工件精度达不到规定。

④ 摇臂上升（或下降）后不能按需要停止。这种故障也是由于鼓形转换开关的动触点 1 或 4 的位置调整不当而造成的。例如当把十字开关 SA 扳到上面位置时，接触器 KM$_2$ 得电动作，电动机 M$_3$ 启动正转，摇臂的夹紧装置放松，摇臂上升，这时 SQ$_{1-1}$ 应该接通，但由于鼓形转换开关的起始位置未调整好，反而将 SQ$_{1-1}$ 接通，这就造成当把十字开关 SA 扳到中间位置时，不能切断接触器 KM$_2$ 线圈电路，上升运动不能停止，甚至上升到极限位置，终端位置开关 SB$_1$ 也不能将该电路切断。发生这种故障是很危险的，可能引起机床运动部件与已装夹的工件相撞，此时必须立即切断电源总开关 QS$_1$，使摇臂的上升移动立即停止。由此可见，检修时在对机械部分调整好之后，应对行程开关间的位置进行仔细的调整和检查。检修中还要注意三相电源的进线相序应符合升降运动的规定，不可接反，否则会造成上升和下降方向颠倒、电动机开停失灵、限位开关不起作用等后果。

4）立柱夹紧与松开电路的故障

① 立柱松紧电动机 M$_4$ 不能启动。这主要是由于按钮 SB$_1$ 或 SB$_2$ 触点接触不良，或是接触器 KM$_4$ 或 KM$_5$ 的联锁动断触点及主触点的接触不良所致。可根据故障现象，判断和检查故障原因，予以排除。

② 立柱在放松或夹紧后不能切除电动机 M$_4$ 的电源，这种故障大都是由于接触器 KM$_4$ 或 KM$_5$ 的主触点发生熔焊所造成的，应及时切断总电源，予以更换。

(5) 摇臂钻床电气控制线路的安装与调试

① 安装步骤及工艺要求

a. 按照表 7-5 所列配齐电气设备和元件，并逐个检验其规格和质量是否合格。

表 7-5　摇臂钻床电气设备和元件

代　号	名　称	型　号	规　格	数　量
M$_1$	冷却泵电动机	JCB-22-2	0.125kW、2790r/min	1
M$_2$	主轴电动机	Y132M-4	7.5kW、1440r/min	1
M$_3$	摇臂升降电动机	Y100L2-4	3kW、1440r/min	1
M$_4$	立柱夹紧、松开电动机	Y802-4	0.75kW、1390r/min	1
KM$_1$	交流接触器	CJ10-20	20A、线圈电压 110V	1
KM$_2$～KM$_5$	交流接触器	CJ10-40	40A、线圈电压 110V	1
FU$_1$、FU$_4$	熔断器	RL1-15/2	15A、熔体 2A	3
FU$_2$	熔断器	RL1-15/15	15A、熔体 15A	3
FU$_3$	熔断器	RL1-15/5	15A、熔体 5A	1
QS$_1$	组合开关	HZ1-25/3	25A	1
QS$_2$	组合开关	HZ1-10/3	19A	1
SA	十字开关	定制		
KA	中间继电器	JZ7-44	线圈电压 110V	1

续表

代　号	名　　称	型　号	规　格	数　量
KH	热继电器	JR36-20/3	整定电流 14.1A	1
SQ$_1$、SQ$_2$	行程开关	LX5-11		
SQ$_3$	行程开关	LX5-11		
S$_1$	鼓形组合开关	HZ1-22		
S$_1$	组合开关	HZ4-21		
TC	控制变压器	BK-150	150VA、380V/110V、24V	1
EL	照明灯	KZ 型	24V、40W	1
YG	汇流排			

b. 安装步骤及工艺要求。摇臂钻床电气控制线路安装步骤及工艺要求见表 7-6。

表 7-6　安装步骤及工艺要求

安装步骤	工 艺 要 求
第一步:选配并检验元件和电气设备	根据电动机容量、线路走向及要求和各元件的安装尺寸,正确选配导线的规格、导线通道类型和数量、接线端子板型号及节数、控制板、管夹、紧固体等
第二步:在控制板上安装电器元件,并在各电器元件附近做好与电路图上相同代号的标记	安装走线槽时,应做到横平竖直、排列整齐均匀、安装牢固和便于走线等
第三步:在控制板上进行板前线槽配线,并在导线端部套编码套管	按照控制板内布线的工艺要求进行布线和套编码套管
第四步:进行控制板外的元件固定和布线	①选择合理的导线走向,做好导线通道的支持准备,并安装控制板外部的所有电器 ②进行控制板外部布线,并在导线线头上套装与电路图相同线号的编码套管。对于可移动的导线通道应放适当的余量,使金属软管在运动时不承受拉力,并按规定在通道内放好备用导线
第五步:自检	①检查电路的接线是否正确和接地通道是否具有连续性 ②检查热继电器的整定值是否符合要求;各级熔断器的熔体是否符合要求,如不符合要求应予以更换 ③检测电动机的安装是否牢固,与生产机械传动装置的连接是否可靠 ④检查位置开关 SQ$_1$、SQ$_2$、SQ$_3$ 的安装位置是否符合机械要求 ⑤检测电动机及线路的绝缘电阻,清理安装场地
第六步:通电试车	①接通电源开关,点动控制各电动机启动,以检查各电动机的转向是否符合要求 ②通电空转试验时,应认真观察各电器元件、线路、电动机及传动装置的工作情况是否正常。如不正常,应立即切断电源进行检查,在调整或修复后方能再次通电试车

② 注意事项

a. 不要漏接接地线。严禁采用金属软管作为接地通道。

b. 在控制箱外部进行布线时，导线必须穿在导线通道内或敷设在机床底座内的导线通道里。所有的导线不允许有接头。

c. 在导线通道内敷设的导线进行接线时，必须集中思想，做到查出一根导线，立即套上编码套管，接上后再进行复验。

d. 不能互换开关 S_1 上 6、9 两触点的接线。不能随意改变升降电动机原来的电源相序，否则将使摇臂升降失控，不接受开关 SA 的指令；也不接受位置开关 SQ_1、SQ_2 的线路保护。此时应立即切断总电源开关 QS_1，以免造成严重的机损事故。

e. 发生电源缺相时，不要忽视汇流环的检查。

f. 在安装、调试过程中，工具、仪表的使用应符合要求。

g. 通电操作时必须严格遵守安全操作规程。

(6) Z35 型摇臂钻床电气控制线路的故障检修

1）检修步骤及工艺要求

① 在操作人员的指导下，对钻床进行操作，了解钻床的各种工作状态及操作方法。

② 在教师指导下，弄清钻床电器元件安装位置及走线情况；结合机械、电气、液压方面的知识，搞清钻床电气控制的特殊环节。

③ 在 Z35 型摇臂钻床上人为设置自然故障。

④ 教师示范检修。步骤如下：

a. 用通电试验法引导学生观察故障现象。

b. 根据故障现象，根据电路图的逻辑分析法确定故障范围。

c. 采取正确的检查方法，查找故障点并排除故障。

d. 检修完毕，进行通电试验，并做好维修记录。

⑤ 由教师设置让学生事先知道的故障点，指导学生如何从故障现象着手进行分析，逐步引导学生采用正确的检修步骤和检修方法。

⑥ 教师设置故障，由学生检修。

2）注意事项

① 熟悉 Z35 型摇臂钻床电气线路的基本环节及控制要求，弄清电气与执行部件如何配合实现某种运动方式；认真观摩教师示范检修。

② 检修所用工具、仪表应符合使用要求。

③ 不能随意改变升降电动机原来的电源相序。

④ 排除故障时，必须修复故障点，但不能采用元件代换法。

⑤ 检修时，严禁扩大故障范围或产生新的故障。

⑥ 带电检修时，必须有指导教师监护，以确保安全。

(7) 摇臂钻床电气控制线路常见故障分析与检修

① 常见电气故障分析与检修

a. 主轴电动机 M_2 不能启动。首先检查电源开关 QS_1、汇流环 YG 是否正常。其次，检查十字开关 SA 的触头、接触器 KM_1 和中间继电器 KA 的触头接触是否良好。若中间继电器 KA 的自锁触头接触不良，则将十字开关 SA 扳到左边位置时，中间继电器 KA 吸合，然后扳到右边位置时，KA 线圈将断电释放；若十字开关 SA 的触头（3-4）接触不良，则将十字开关 SA 手柄扳到左边位置时，中间继电器 KA 吸合，然后扳到右边位置时，继电器 KA 仍吸合，但接触器 KM_1 不动作；若十字开关 SA 触头接触良好，而接触器 KM_1 的主触头接触不良时，则扳动十字开关手柄后，接触器 KM_1 线圈获电吸合，但主轴电动机 M_2 仍然不能启动。此外，连接各电器元件的导线开路或脱落，也会使主轴电动机 M_2 不能启动。

　　b. 主轴电动机 M_2 不能停止。当把十字开关 SA 的手柄扳到中间位置时，主轴电动机 M_2 仍不能停止运转，其故障原因是接触器 KM_1 主触头熔焊或十字开关 SA 的右边位置开关失控。出现这种情况，必须立即切断电源开关 QS_1，电动机才能停转。若触头熔焊需更换同规格的触头或接触器时，必须先查明触头熔焊的原因并排除故障后进行；若十字开关 SA 的触头（3-4）失控，应重新调整或更换开关，同时查明失控原因。

　　c. 摇臂升降、松紧线路的故障。Z37 摇臂钻床的升降和松紧装置由电气和机械机构相互配合，实现放松-上升（下降）-夹紧的半自动工作顺序控制。在维修时不但要检查电气部分，还必须检查机械部分是否正常。

　　d. 主轴箱和立柱的松紧故障。由于主轴箱和立柱的夹紧与放松是通过电动机 M_4 配合液压装置来完成的，因此若电动机 M_4 不能启动或不能停止，应检查接触器 KM_4 和 KM_5、位置开关 SQ_3 和组合开关 S_2 的接线是否可靠，有无接触不良或脱落等现象，触头接触是否良好，有无移位或熔焊现象。同时还要配合机械液压协调处理。

　　② 检修步骤及工艺要求

　　a. 在教师的指导下，对钻床进行操作，了解钻床的各种工作状态及操作方法。

　　b. 在教师指导下，弄清钻床电器元件安装位置及走线情况；结合机械、电气、液压等方面相关的知识，搞清钻床电气控制的特殊环节。

　　c. 在 Z37 摇臂钻床上人为设置两个自然电气故障。

　　d. 教师示范检修。

7.4　磨床电气控制线路的分析与检修

(1) M7130 型平面磨床的结构

　　M7130 型平面磨床的结构如图 7-16 所示，它由床身、工作台、电磁吸盘、砂轮箱、滑座、立柱等部分组成。

　　工作台上装有电磁吸盘，用以吸持工件，工作台在床身的导轨上做往返（纵向）运动，主轴可在床身的横向导轨上做横向进给运动，砂轮箱可在立柱导轨上做垂直运动。

　　平面磨床的主运动是砂轮的旋转运动。工作台的纵向往返移动为进给运动，砂轮箱升降运动为辅助运动。工作台每完成一次纵向进给时，砂轮自动做一次横向进给。当加工完整个平面以后，砂轮由手动做垂直进给。

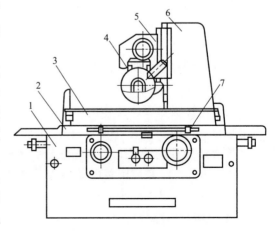

图 7-16　M7130 型平面磨床的结构示意图
1—床身；2—工作台；3—电磁吸盘；4—砂轮箱；
5—滑座；6—立柱；7—撞块

(2) M7130 型平面磨床的工作原理

M7130 型平面磨床的电气控制电路如图 7-17 所示。

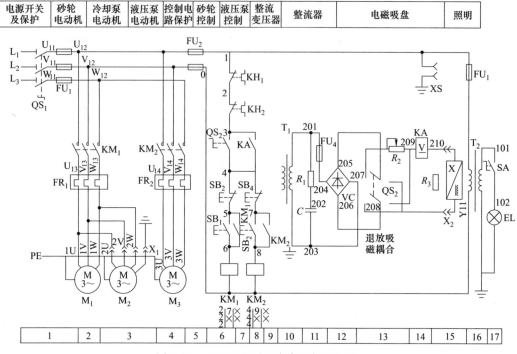

图 7-17 M7130 型平面磨床电气原理图

① **主电路分析** QS₁ 为电源开关，主电路中有 3 台电动机，M₁ 为砂轮电动机，M₂ 为冷却泵电动机，M₃ 为液压泵电动机，它们共用一组熔断器 FU₁ 作为短路保护。砂轮电动机 M₁ 用接触器 KM₁ 控制，用热继电器 FR₁ 进行过载保护；由于冷却泵电动机 M₂ 工作于砂轮机 M₁ 之后，因此 M₂ 的控制电路接在接触器 KM₁ 主触点下方，通过接插件 X₁ 将冷却泵电动机 M₂ 和砂轮电动机 M₁ 电源线相连，并且 M₂ 和 M₁ 电动机在主电路实现顺序控制。冷却泵电动机的容量较小，没有单独设置过载保护，与砂轮电动机 M₁ 共用 FR₁；液压泵电动机 M₃ 由接触器 KM₂ 控制，由热继电器 FR₂ 作过载保护。

② **控制电路分析** 控制电路采用交流 380V 电压供电，由熔断器 FU₂ 作短路保护。

在电动机的控制电路中，串接着转换开关 QS₂ 的动合触点和欠电压继电器 KA 的动合触点。因此，3 台电动机启动的条件是 QS₂ 或 KA 的动合触点闭合。因为欠电流继电器 KA 线圈串接在电磁吸盘 YH 工作电路中，所以当电磁吸盘得电工作时，欠电流继电器 KA 线圈得电吸合，接通砂轮电动机 M₁ 和液压泵继电器 M₃ 的控制电路。这样就保证了只有在加工工件被 YH 吸住的情况下，砂轮和工作台才能进行磨削加工，保证了人身及设备的安全。

砂轮电动机 M₁ 和液压泵电动机 M₃ 都采用了接触器自锁单方向旋转控制线路，SB₁、SB₃ 分别是它们的启动按钮，SB₂、SB₄ 分别是它们的停止按钮。

③ **电磁吸盘电路分析**

a. 电磁吸盘是用来固定加工工件的一种夹具。它与机械夹具比较，具有夹紧迅速、操作快速简便、不损伤工件、一次能吸牢多个小工件，以及磨削中发热工件可自由伸缩，不会变形等优点。不足之处是只能吸住铁磁材料的工件，不能吸牢非磁性材料的工件。

b. 电磁吸盘 YH 的外壳由钢制箱体和盖板组成。在箱体内部均匀排列的多个凸起的芯体上绕有线圈；盖板则用非磁性材料隔离成若干钢条。当线圈通入直流电后，凸起的芯体和隔离的钢条均被磁化形成磁极。当工件放在电磁吸盘上时，也将被磁化而产生与吸盘相异的磁极并被牢牢地吸住。

c. 电磁吸盘电路包括整流电路、控制电路和保护电路 3 部分。

整流变压器 T_1 将 220V 的交流电压降为 145V，然后经桥式整流器 VC 后输出 110V 直流电压。

QS_2 是电磁吸盘 YH 的转换开关，有 "吸合" "放松" 和 "退磁" 3 个位置。当 QS_2 扳至 "吸合" 位置时，触点闭合，110V 直流电压接入电磁吸盘 YH，工件被牢牢吸住。此时由于工件具有剩磁而不能取下，因此，必须进行退磁。将 QS_2 扳到退磁位置，这时，触点闭合，电磁吸盘 YH 通入较小的反向电流进行退磁。退磁结束，将 QS_2 扳回到 "放松" 位置，即可将工件取下。

如果有些工件不易退磁，可将附件退磁器的插头插入插座 XS，使工件在交变磁场的作用下进行退磁。

若将工件夹在工作台上，而不需要电磁吸盘时，则应将电磁吸盘 YH 的 X_2 插头从插座上拔下，同时将转换开关 QS_2 扳到退磁位置，这时，接在控制电路中 QS_2 的动合触点闭合，接通电动机控制电路。

电磁吸盘的保护电路是放电。电阻 R_3 是电磁吸盘的放电电阻。因为电磁吸盘的电感很大，所以当电磁吸盘从 "吸合" 状态转变为 "放松" 状态的瞬间，线圈两端将产生很大的自感电动势，易使线圈或其他电器由于过电压而损坏。电阻 R_3 的作用是在电磁吸盘断电瞬间给线圈提供放电通路，吸收线圈释放的磁场能量。欠电流继电器 KA 用以防止电磁吸盘断电时工件脱出发生事故。

电阻 R 与电容器 C 的作用是防止电磁吸盘电路交流侧的过电压。熔断器 FU_4 为电磁吸盘提供短路保护。

d. 照明电路分析。照明变压器 T_2 将 380V 的交流电压降为 36V 的安全电压后提供照明电路。EL 为照明灯，一端接地，另一端由开关 SA 控制。熔断器 FU_3 作照明电路的短路保护。

(3) M7130 型平面磨床的检修

① M7130 型平面磨床电气控制线路的检修步骤及工艺要求

a. 在教师的指导下对磨床进行操作，熟悉磨床的主要结构和运动形式，了解磨床的各种工作状态和操作方法。

b. 参照图 7-18 所示的 M7130 型平面磨床电器位置图和图 7-19 所示的接线图，熟悉磨床电器元件的实际位置和走线情况，并通过测量等方法找出实际走线路径。

c. 学生观摩检修。在 M7130 型磨床上人为设置自然故障点，由教师示范检修，边分析边检查，直至故障排除。教师示范检修时，应将检修步骤及要求贯穿其中，边操作边讲解。

d. 教师在线路中设置两处的自然故障点，由学生按照检查步骤和检修方法进行检修。

② 注意事项

a. 检修前要认真阅读电路图，熟练掌握各个控制环节的元件的原理及作用，并认真观摩教师的示范检修。

b. 电磁吸盘的工作环境恶劣，容易发生故障，检修时应特别注意电磁吸盘及其线路。

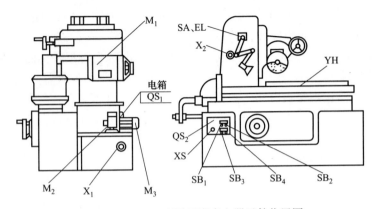

图 7-18   M7130 型平面磨床电器元件位置图

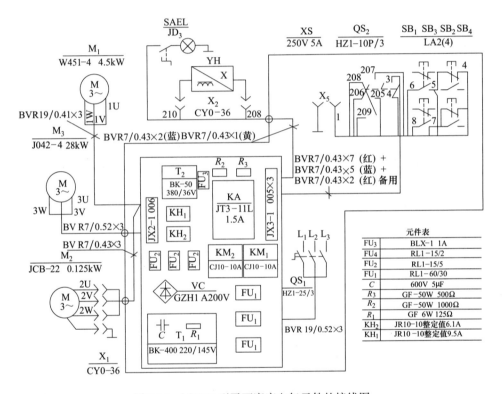

图 7-19   M7130 型平面磨床电气元件的接线图

c. 停电要验电，带电检修时，必须有指导教师在现场监护，以确保用电安全，同时要做好训练记录。

（4）M7130 型平面磨床的安装与调试

① 安装步骤及工艺要求   配齐电气设备和元件，并逐个检验其规格和质量是否合格。

a. 熟悉 M7130 型万能外圆磨床的主要结构及运动形式，对磨床进行操作，充分了解磨床的各种工作状态及各种操作手柄、按钮的作用。

b. 结合如图 7-18 所示的电器位置图和电箱内的电器布置图，观察熟悉机床各电器组件的安装位置和布线情况。

c. 认真阅读如图 7-19 所示的接线图，掌握该磨床电气控制线路的构成、原理及电器元件的作用。

d. 在有故障的磨床上或人为设置故障点的磨床上，由教师示范检修，边分析边检查，直至故障排除。

e. 由教师设置让学生知道的故障点，指导学生如何从故障现象着手进行分析，如何采用正确的检修方法排除故障。

f. 教师设置的故障，由学生自己进行检修，其具体要求、注意事项及评分标准可参照 M7120 型平面磨床电气控制线路检修课题技能训练。

g. 排除故障后，应及时总结经验，并做好维修记录。记录的内容包括：工业机械的型号、名称、编号、故障发生日期、故障现象、部位、损坏的电器、故障原因、修复措施及修复后的运行情况等。记录的目的：作为档案以备日后维修时参考，并通过对历次故障的分析，采取相应的有效措施，防止类似事故的再次发生或对电气设备本身的设计提出改进意见等。

② 注意事项

a. 检修前，要认真阅读 M1432A 型万能外圆磨床的电路图和接线图，弄清有关电器组件的位置、作用及走线情况。

b. 要认真仔细地观察教师的示范检修。

c. 停电要验电，带电检查时，必须有指导教师在现场监护，以确保用电安全。

d. 工具和仪表的使用要正确，检修时要认真核对导线的线号，谨慎使用短接法，以免出错。

第8章

变频器和PLC使用

8.1 变频器的安装

变频器是应用变频技术制造的一种静止的频率变换器，它是利用半导体器件的通断作用将频率固定的交流电变换成频率连续可调的交流电的电能控制装置。变频器的基本构造如图 8-1 所示。

① 变频器应安装在无水滴、蒸气、灰和油性灰尘的场所。该场所还必须无酸碱腐蚀，无易燃易爆的气体和液体。

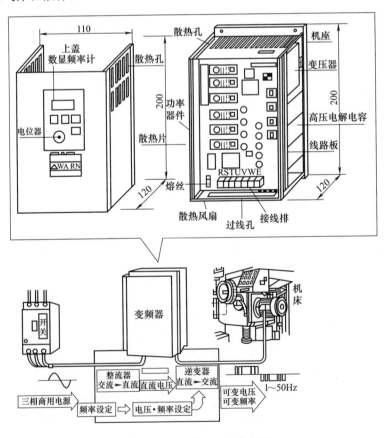

图 8-1 变频器的基本构造图

② 变频器在运行中会发热，为了保证散热良好，必须将变频器安装在垂直方向。因变频器内部装有冷却风扇以强制风冷，所以其上下左右与相邻的物品和挡板必须保持足够的空间。平面安装如图 8-2（a）所示，垂直安装如图 8-2（b）所示。

③ 变频器在运转中，散热片的附近温度可上升到 90℃，变频器背面要使用耐温材料。

④ 将多台变频器安装在同一装置或控制箱里时，为减少相互热影响，建议横向并列安装。必须上下安装时，为了使下部的热量不至影响上部的变频器，应设置隔板等物。箱（柜）体顶部装有引风机的，其引风机的风量必须大于箱（柜）内各变频器出风量的总和；没有安装引风机的，其箱（柜）体顶部应尽量开启，无法开启时，箱（柜）体底部和顶部保留的进、出风口面积必须大于箱（柜）体各变频器端面面积的总和，且进出风口的风阻应尽量小，如图 8-3 所示。

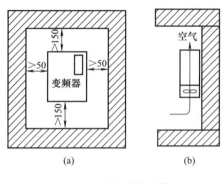

图 8-2　变频器的安装

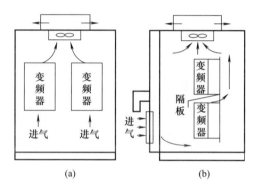

图 8-3　多台变频器的安装

8.2　变频器的使用

① 严禁在变频器运行中切断或接通电动机。

② 严禁在变频器 U、V、W 三相输出线中提取一路作为单相用电。

③ 严禁在变频器输出 U、V、W 端子上并接电容器。

④ 变频器输入电源容量应为变频器额定容量的 1.5 倍～500kV·A 之间，当使用大于 500kV·A 电源时，输入电源会出现较大的尖峰电压，有时会损坏变频器，应在变频器的输入侧配置相应的交流电抗器。

⑤ 变频器内电路板及其他装置有高电压，切勿以手触摸。

⑥ 切断电源后，因变频器内高电压需要一定时间泄放，所以维修检查时，需确认主控板上高压指示灯完全熄灭后方可进行。

⑦ 机械设备需在 1s 以内快速制动时，应采用变频器制动系统。

⑧ 变频器适用于交流异步电动机，严禁使用带电刷的直流电动机。

8.3　变频器的电气控制线路

变频器的基本接线图如图 8-4 所示。

接线时应注意以下几点。

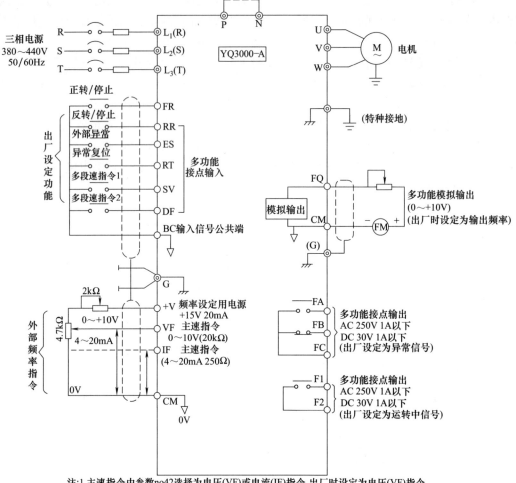

注:1.主速指令由参数no42选择为电压(VF)或电流(IF)指令,出厂时设定为电压(VF)指令。
　　2.+V端子输出额定为+15V,20mA。
　　3.多功能模拟输出(FQ、CM)为外接频率/电流表用。

图 8-4　变频器的基本接线图

① 输入电源必须接到 R、S、T 上,输出电源必须接到端子 U、V、W 上;若接错,会损坏变频器。

② 为了防止触电、火灾等灾害和降低噪声,必须连接接地端子。

③ 端子和导线的连接应牢靠,要使用接触性好的压接端子。

④ 配完线后,要再次检查接线是否正确,有无漏接现象,端子和导线间是否短路或接地。

⑤ 通电后,需要改接线时,即使已经关断电源,主电路直流端子滤波电容器放电也需要时间,所以很危险。应等充电指示灯熄灭后,用万用表确认 P、N 端之间直流电压降到安全电压(DC36V 以下)后再操作。

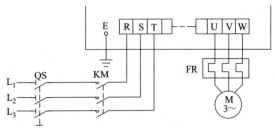

图 8-5　变频器的主回路配线图

(1) 主回路端子的接线

变频器的主回路配线图如图 8-5 所示，主回路端子的功能如表 8-1 所示。

表 8-1　主回路端子功能说明

种　类	编　号	名　称
主回路端子	R(L$_1$)	主回路电源输入
	S(L$_2$)	
	T(L$_3$)	
	U(T$_1$)	变频器输出(接电动机)
	V(T$_2$)	
	W(T$_3$)	
	P	直流电源端子
	N	

进行主回路接线时，应注意以下几点。

① 主回路端子 R、S、T，经接触器和断路器与电源连接，不用考虑相序。

② 不应以主回路的通断来进行变频器的运行、停止操作。需要用控制面板上的运行键（RUN）和停止键（STOP）来操作。

③ 变频器输出端子最好经热继电器接到三相电动机上；当旋转方向与设定不一致时，要调换 U、V、W 三相中的任意两相。

④ 星形接法电动机的中性点绝不可接地。

⑤ 从安全及降低噪声的需要出发，变频器必须接地，接地电阻应小于或等于国家标准规定值，且用较粗的短线接到变频器的专用接地端子上。当数台变频器共同接地时，勿形成接地回路，如图 8-6 所示。

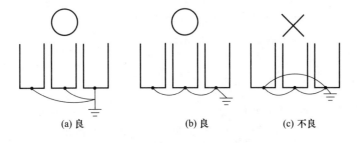

(a) 良　　　　　(b) 良　　　　　(c) 不良

图 8-6　接地线不得形成回路

(2) 控制电路端子的接线

控制电路端子的排列如图 8-7 所示。

FR　RR　ES　BC　BC　RT　SV　DF　VF　IF　+V　CM　FQ　CM　F1　F2　FA　FB　FC

图 8-7　变频器控制电路端子的排列

控制电路端子的符号、名称及功能说明见表 8-2。

① 控制回路配线必须与主回路控制线或其他高压或大电流动力线分隔及远离，以避免干扰。

② 控制回路配线端子 F1、F2、FA、FB、FC（接点输出）必须与其他端子分开配线。

③ 为防止干扰避免误动作发生，控制回路配线务必使用屏蔽隔离绞线，如图 8-8 所示。使用时，将屏蔽线接至端子 G。配线距离不可超过 50m。

表 8-2 控制电路端子的编号、名称及功能说明

种类	编号	名　　称	端子功能		信　号　标　准
运转输入信号	FR	正转/停止	闭→正转　开→停止	端子 RR、ES RT、SV、DF 为多功能端子（no35～no39）	DC24V,8mA 光耦合隔离
	RR	逆转/停止	闭→逆转　开→停止		
	ES	外部异常输入	闭→异常　开→正常		
	RT	异常复位	闭→复位		
	SV	主速/辅助切换	闭→多段速指令 1 有效		
	DF	多段速指令 2	闭→多段速指令 2 有效		
	BC	公共端	与端子 FR、RR、ES、RT、SV、DF 短路时信号输入		
模拟输入信号	+V	频率指令电源	频率指令设定用电源端子		+15(20mA)
	VF	频率指令电压输入	0～10V/100%频率	no42=0　VF 有效	0～10V(20kΩ)
	IF	频率指令电流输入	4～20mA/100%频率	no42=1　IF 有效	4～20mA(250Ω)
	CM	公共端	端子 VF、IF 速度指令公共端		—
	G	屏蔽线端子	接屏蔽线护套		—
运转输出信号	F1	运转中信号输出（a 接点）	运转中接点闭合	多功能信号输出(no,41)	接点容量AC250V,1A 以下DC30V,1A 以下
	F2				
	FA	异常输出信号FA-FC a 接点FB-FC b 接点	异常时FA-FC 闭合FB-FC 断开	多功能信号输出(no,40)	
	FB				
	FC				
模拟输出信号	FQ	频率计(电流计)输出	0～10V/100%频率（可设定 0～10V/100%电流)	多功能模拟输出(no,48)	0～+10V20mA 以下
	CM	公共端			

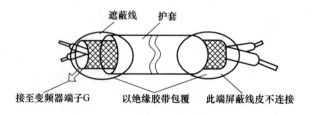

图 8-8 配线用屏蔽隔离绞线

8.4 变频器的常见故障及检修方法

① 康沃 CVF-G2 系列变频器的常见故障及检修方法见表 8-3。

表 8-3　康沃 CVF-G2 系列变频器的常见故障及检修方法

故障代码	故障说明	可能原因	检修方法
Er. 01	加速中过电流	①加速时间过短 ②转矩提升过高	①延长加速时间 ②降低转矩提升挡次
Er. 02	减速中过电流	减速时间太短	增加减速时间
Er. 03	运行中过电流	负载发生突变	减小负载波动
Er. 04	加速中过电压	①输入电压太高 ②电源频繁通、断	①检查电源电压 ②勿用通断电源启动电动机
Er. 05	减速中过电压	①减速时间太短 ②输入电压异常	①延长减速时间 ②检查电源电压,安装或重选制动电阻
Er. 06	运行中过电压	①电源电压异常 ②运行中有再生制动状态	①检查电源电压 ②安装或重选制动电阻
Er. 07	停机时过电压	电源电压异常	检查电源电压
Er. 08	运行中欠电压	①电源电压异常 ②电网中有大负载启动	①检查电源电压 ②与大负载分开供电
Er. 09	变频器过载	①负载过大 ②加速时间过短 ③转矩提升过高 ④电网电压过低	①减轻负载或增大变频器容量 ②延长加速时间 ③降低转矩提升挡次 ④检查电网电压
Er. 10	电动机过载	①负载过大 ②加速时间过短 ③保护系数预置过小 ④转矩提升过高	①减轻负载 ②延长加速时间 ③加大电动机的过载保护系数 ④降低转矩提升挡次
Er. 11	变频器过热	①风道阻塞 ②环境温度过高 ③风扇损坏	①清理风道或改善通风条件 ②改善通风条件,降低载波频率 ③更换风扇
Er. 12	输出接地	①变频器输出端接地 ②变频器输出线过长	①检查变频器的输出线 ②缩短输出线或降低载波频率
Er. 13	干扰	因受干扰而误动作	给干扰源加入吸收电路
Er. 14	输出缺相	变频器的输出线不良或断线	检查接线

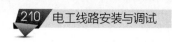

续表

故障代码	故障说明	可能原因	检修方法
Er. 15	IPM 故障	①输出端短路或接地 ②负载过重	①检查接线 ②减轻负载
Er. 16	外部设备故障	外部故障输入端有信号输入	检查信号源及相关设备
Er. 17	电流检测错误	①电流检测器件或电路损坏 ②辅助电源有问题	请求技术服务
Er. 18	RS-485 通信故障	数据的发送和接收有问题	①检查接线 ②请求技术服务
Er. 19	PID 反馈故障	①反馈信号线断开 ②传感器发生故障 ③反馈信号与预置的不符	①检查反馈通道 ②检查传感器 ③核实反馈信号是否符合要求
Er. 20	与供水系统专用附件连接故障	①选择了多泵恒压供水,却未选专用附件 ②与附件的连接出现问题	①改用单泵恒压供水方式,选购专用附件 ②检查与附件的连接是否牢固

② 艾默生 TD3000 系列变频器的常见故障及检修方法见表 8-4。

表 8-4　艾默生 TD3000 系列变频器的常见故障及检修方法

故障码	故障现象	原因	检修方法
E001	变频器加速运行过电流	①加速时间太短 ②V/F 曲线不合适 ③瞬停发生时对旋转中电机实施再启动 ④电网电压低 ⑤变频器功率太小	①延长加速时间 ②调整 V/F 曲线并调整转矩提升 ③将启动方式设置为转速跟踪 ④查输入电源 ⑤再启动功能检选用功率等级大的变频器
E002	变频器减速运行过电流	①变频器功率偏小 有势能负载 ②负载惯性转矩大 ③减速时间太短	①选用功率等级大的变频器 ②外加合适的能耗制动组件 ③调整减速时间
E003	变频器恒速运行过电流	①负载发生突变 ②负载异常 ③电网电压低 ④变频器功率小	①减小负载的突变 ②进行负载检查 ③检查输入电源 ④选用功率等级大的变频器
E004	变频器加速运行过电压	①输入电压异常 ②瞬停发生时对旋转中电机实施再启动	①检查输入电源 ②将启动方式设置为转速跟踪再启动功能
E005	变频器减速运行过电压	①减速时间太短(相对于再生能量) ②有势能负载或负载惯性转矩大 ③输入电压异常	①延长减速时间 ②选择合适的能耗制动组件 ③检查输入电源
E006	变频器恒速运行过电压	①输入电压发生了异常变动 ②负载惯性大	①安装输入电抗器 ②考虑采用能耗制动组件
E007	控制电源过电压	控制电源异常	①检查输入电源 ②请求技术服务

故障码	故障现象	原　　因	检修方法
E008	输入侧缺相	输入电源缺相	①检查输入电源 ②检查输入电源配线
E009	输出侧缺相	变频器输出线路断线或缺相	①检查输出配线 ②检查电机及电缆
E010	功率模块故障	①变频器瞬间过电流 ②变频器输出侧短路或接地 ③变频器通风不良或风扇损坏 ④逆变桥直通	①参见过电流对策 ②检查输出线 ③疏通风道或更换风扇 ④请求技术服务
E011	功率模块散热器过热	①环境温度过高 ②变频器通风不良 ③风扇故障 ④温度检测故障	①降低环境温度 ②改善散热环境 ③更换风扇 ④请求技术服务
E012	整流桥散热器过热	①环境温度过高 ②变频器通风不良 ③风扇故障 ④温度检测故障	①降低环境温度 ②改善散热环境 ③更换风扇 ④请求技术服务
E013	变频器过载	①加速时间太短 ②直流制动量过大 ③V/F曲线不合适 ④瞬停发生时对旋转中的电机实施再启动 ⑤电网电压过低 ⑥负载过大	①延长加速时间 ②减小直流制动电压延长制动时间 ③调整V/F曲线 ④将启动方式设置为转速跟踪再启动功能 ⑤检查电网电压 ⑥选择功率更大的变频器
E014	电机过载	①V/F曲线不合适 ②电网电压过低 ③通用电机长期低速大负载运行 ④电机过载保护系数设置不正确 ⑤电机堵转或负载突变过大	①调整V/F曲线 ②检查电网电压 ③长期低速运行可选择专用电机 ④正确设置电机过载保护系数 ⑤检查负载
E015	外部设备故障	①非操作面板运行方式下使用急停STOP键；失速情况下使用急停STOP键 ②外部故障急停端子闭合	①检查操作方式正确设置运行参数处理 ②外部故障后断开外部故障端子
E016	E²PROM读写故障	控制参数的读写发生错误	按STOP/RESET键复位并请求技术服务
E017	RS232/485通信错误	①波特率设置不当 ②采用串行通信的通信错误	①降低波特率按STOP/RESET键复位 ②请求技术服务
E018	接触器未吸合	①电网电压过低 ②接触器损坏 ③上电缓冲电阻损坏 ④控制回路损坏	①检查电网电压 ②更换主回路接触器 ③更换缓冲电阻 ④请求技术服务
E019	电流检测电路故障	①控制板连线或插件松动 ②辅助电源损坏	①检查并重新连线 ②请求技术服务
E020	CPU错误	①干扰严重 ②主控板DSP读写错误	①按STOP/RESET键复位或在电源输入侧外加电源滤波器 ②按STOP/RESET键复位并请求技术服务

8.5 软启动器的电气控制线路

电动机软启动器是一种减压启动器，是继星-三角启动器、自耦减压启动器、磁控式软启动器之后，目前最先进、最流行的启动器，如图 8-9 所示。它一般采用 16 位单片机进行智能化控制，既能保证电动机在负载要求的启动特性下平滑启动，又能降低对电网的冲击，同时还能直接与计算机实现网络通信控制，为自动化智能控制打下良好基础。

图 8-9　电动机软启动器的外形

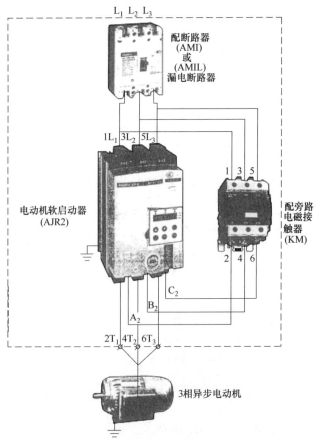

图 8-10　电动机软启动器的主电路连接图

电动机软启动器有以下特点。

① 降低电动机启动电流，降低配电容量，避免增容投资。

② 降低启动机械应力，延长电动机及相关设备的使用寿命。

③ 启动参数可视负载调整，以达到最佳启动效果。

④ 多种启动模式及保护功能，易于改善工艺、保护设备。

⑤ 全数字开放式用户操作显示键盘，操作设置灵活简便。

⑥ 高度集成微处理器控制系统，性能可靠。

⑦ 相序自动识别及纠正，电路工作与相序无关。

(1) 软启动器的主电路连接图

电动机软启动器的主电路连接图如图 8-10 所示。

(2) 软启动器的总电路连接图

电动机软启动器的总电路连接图如图 8-11 所示。

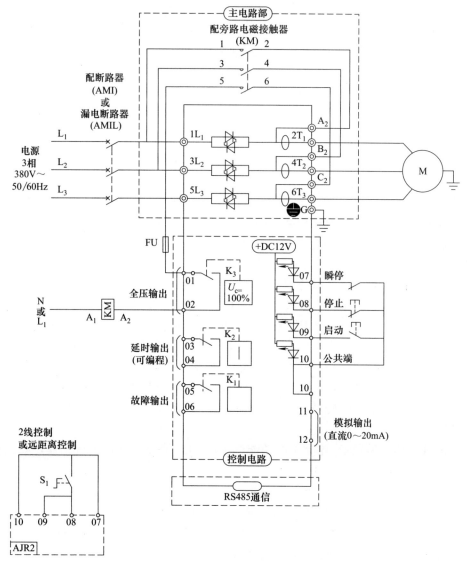

图 8-11　电动机软启动器的总电路连接图

8.6 PLC 的组成结构

PLC 是微机技术和控制技术相结合的产物，是一种以微处理器为核心的用于控制的特殊计算机。因此 PLC 的基本组成与一般的微机系统类似。

(1) PLC 的硬件结构

PLC 的硬件主要由中央处理器（CPU）、存储器、输入单元、输出单元、通信接口、扩展接口、电源等部分组成。其中，CPU 是 PLC 的核心；输入单元与输出单元是连接现场输入/输出设备与 CPU 之间的接口电路；通信接口用于与编程器、上位计算机等外设连接。PLC 组成框图如图 8-12 所示。

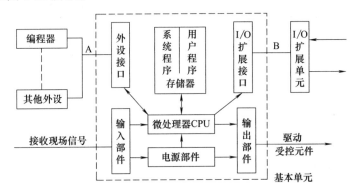

图 8-12 PLC 的硬件结构

① 中央处理单元（CPU） 同一般的微机一样，CPU 是 PLC 的核心。PLC 中所配置的 CPU 随机型不同而不同，常用有三类：通用微处理器（如 Z80、8086、80286 等）、单片微处理器（如 8031、8096 等）和位片式微处理器（如 AMD29W 等）。小型 PLC 大多采用 8 位通用微处理器或单片微处理器；中型 PLC 大多采用 16 位通用微处理器或单片微处理器；大型 PLC 大多采用高速位片式微处理器。

目前，小型 PLC 为单 CPU 系统，中、大型 PLC 则大多为双 CPU 系统，甚至有些 PLC 中多达 8 个 CPU。对于双 CPU 系统，一般一个为字处理器，一般采用 8 位或 16 位处理器；另一个为位处理器，采用由各厂家设计制造的专用芯片。字处理器为主处理器，用于执行编程器接口功能，监视内部定时器，监视扫描时间，处理字节指令以及对系统总线和位处理器进行控制等。位处理器为从处理器，主要用于处理位操作指令和实现 PLC 编程语言向机器语言的转换。位处理器的采用，提高了 PLC 的速度，使 PLC 更好地满足实时控制要求。

在 PLC 中 CPU 按系统程序赋予的功能，指挥 PLC 有条不紊地进行工作，归纳起来主要有以下几个方面：

a. 接收从编程器输入的用户程序和数据。

b. 诊断电源、PLC 内部电路的工作故障和编程中的语法错误等。

c. 通过输入接口接收现场的状态或数据，并存入输入映像寄存器或数据寄存器中。

d. 从存储器逐条读取用户程序，经过解释后执行。

e. 根据执行的结果，更新有关标志位的状态和输出映像寄存器的内容，通过输出单元实现输出控制。有些PLC还具有制表打印和数据通信等功能。

② 存储器　存储器主要有两种：一种是可读/写操作的随机存储器RAM；另一种是只读存储器ROM、PROM、EPROM和EEPROM。在PLC中，存储器主要用于存放系统程序、用户程序及工作数据。

系统程序是由PLC的制造厂家编写的，和PLC的硬件组成有关，完成系统诊断、命令解释、功能子程序调用管理、逻辑运算、通信及各种参数设定等功能，提供PLC运行的平台。系统程序关系到PLC的性能，而且在PLC使用过程中不会变动。所以系统程序是由制造厂家直接固化在只读存储器ROM、PROM或EPROM中，用户不能访问和修改。

用户程序是随PLC的控制对象而定的，由用户根据对象生产工艺的控制要求而编制的应用程序。为了便于读出、检查和修改，用户程序一般存于CMOS静态RAM中，用锂电池作为后备电源，以保证掉电时不会丢失信息。为了防止干扰对RAM中程序的破坏，当用户程序经过运行正常，不需要改变，可将其固化在只读存储器EPROM中。目前有许多PLC直接采用EEPROM作为用户存储器。

工作数据是PLC运行过程中经常变化、经常存取的一些数据，存放在RAM中，以适应随机存取的要求。在PLC的工作数据存储器中，设有存放输入输出继电器、辅助继电器、定时器、计数器等逻辑器件的存储区，这些器件的状态都是由用户程序的初始设置和运行情况确定的。根据需要，部分数据在掉电时用后备电池维持其现有的状态，这部分在掉电时可保存数据的存储区域称为保持数据区。

由于系统程序及工作数据与用户无直接联系，因此在PLC产品样本或使用手册中所列存储器的形式及容量是指用户程序存储器。当PLC提供的用户存储器容量不够用时，许多PLC还提供有存储器扩展功能。

③ 输入/输出单元　输入/输出单元通常也称I/O单元或I/O模块，是PLC与工业生产现场之间的连接部件。PLC通过输入接口可以检测被控对象的各种数据，以这些数据作为PLC对被控制对象进行控制的依据；同时PLC又通过输出接口将处理结果送给被控制对象，以实现控制目的。

由于外部输入设备和输出设备所需的信号电平是多种多样的，而PLC内部CPU的处理的信息只能是标准电平，因此I/O接口需要实现这种转换。I/O接口一般都具有光电隔离和滤波功能，以提高PLC的抗干扰能力。另外，I/O接口上通常还有状态指示，工作状况直观，便于维护。

PLC提供了多种操作电平和驱动能力的I/O接口，有各种各样功能的I/O接口供用户选用。I/O接口的主要类型有：数字量（开关量）输入、数字量（开关量）输出、模拟量输入、模拟量输出等。

常用的开关量输出接口按输出开关器件不同有继电器输出、晶闸管输出和晶体管输出三种类型，其基本原理电路如图8-13所示。继电器输出接口可驱动交流或直流负载，但其响应时间长，动作频率低；而晶体管输出和双向晶闸管输出接口的响应速度快，动作频率高，但前者只能用于驱动直流负载，后者只能用于驱动交流负载。

PLC的I/O接口所能接收的输入信号个数和输出信号个数称为PLC输入/输出（I/O）点数。I/O点数是选择PLC的重要依据之一。当系统的I/O点数不够时，可通过PLC的I/O扩展接口对系统进行扩展。

④ 通信接口　PLC配有各种通信接口，这些通信接口一般都带有通信处理器。PLC通

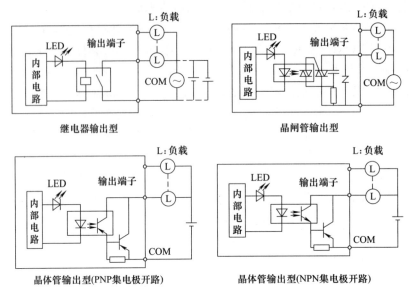

图 8-13　开关量输出接口

过这些通信接口可与监视器、打印机、其他 PLC、计算机等设备实现通信。PLC 与打印机连接，可将过程信息、系统参数等输出打印；与监视器连接，可将控制过程图像显示出来；与其他 PLC 连接，可组成多机系统或连成网络，实现更大规模控制。216 与计算机连接，可组成多级分布式控制系统，实现控制与管理相结合。

远程 I/O 系统也必须配备相应的通信接口模块。

⑤ 智能接口模块　智能接口模块是一独立的计算机系统，它有自己的 CPU、系统程序、存储器以及与 PLC 系统总线相连的接口。它作为 PLC 系统的一个模块，通过总线与 PLC 相连，进行数据交换，并在 PLC 的协调管理下独立地进行工作。

PLC 的智能接口模块种类很多，如：高速计数模块、闭环控制模块、运动控制模块、中断控制模块等。

⑥ 编程装置　编程装置的作用是编辑、调试、输入用户程序，也可在线监控 PLC 内部状态和参数，与 PLC 进行人机对话。它是开发、应用、维护 PLC 不可缺少的工具。编程装置可以是专用编程器，也可以是配有专用编程软件包的通用计算机系统。专用编程器是由 PLC 厂家生产，专供该厂家生产的某些 PLC 产品使用，它主要由键盘、显示器和外存储器接插口等部件组成。专用编程器有简易编程器和智能编程器两类。

简易型编程器只能联机编程，而且不能直接输入和编辑梯形图程序，需将梯形图程序转化为指令表程序才能输入。简易编程器体积小、价格便宜，它可以直接插在 PLC 的编程插座上，或者用专用电缆与 PLC 相连，以方便编程和调试。有些简易编程器带有存储盒，可用来储存用户程序，如三菱的 FX-20P-E 简易编程器。

智能编程器又称图形编程器，本质上它是一台专用便携式计算机，如三菱的 GP-80FX-E 智能型编程器。它既可联机编程，又可脱机编程。可直接输入和编辑梯形图程序，使用更加直观、方便，但价格较高，操作也比较复杂。大多数智能编程器带有磁盘驱动器，提供录音机接口和打印机接口。

专用编程器只能对指定厂家的几种 PLC 进行编程，使用范围有限，价格较高。同时，由于 PLC 产品不断更新换代，因此专用编程器的生命周期也十分有限。因此，目前的趋势是使用以个人计算机为基础的编程装置，用户购买 PLC 厂家提供的编程软件和相应的硬件接口装置。这样，用户只用较少的投资即可得到高性能的 PLC 程序开发系统。

基于个人计算机的程序开发系统功能强大。它既可以编制、修改 PLC 的梯形图程序，又可以监视系统运行、打印文件、系统仿真等。配上相应的软件还可实现数据采集和分析等许多功能。

⑦ 电源　PLC 配有开关电源，以供内部电路使用。与普通电源相比，PLC 电源的稳定性好、抗干扰能力强。对电网提供的电源稳定度要求不高，一般允许电源电压在其额定值±15％的范围内波动。许多 PLC 还向外提供直流 24V 稳压电源，用于对外部传感器供电。

⑧ 其他外部设备　除了以上所述的部件和设备外，PLC 还有许多外部设备，如 EPROM 写入器、外存储器、人/机接口装置等。

EPROM 写入器是用来将用户程序固化到 EPROM 存储器中的一种 PLC 外部设备。为了使调试好的用户程序不易丢失，经常用 EPROM 写入器将 PLC 内 RAM 保存到 EPROM 中。

PLC 内部的半导体存储器称为内存储器。有时可用外部的磁带、磁盘和用半导体存储器做成的存储盒等来存储 PLC 的用户程序，这些存储器件称为外存储器。外存储器一般通过编程器或其他智能模块提供的接口，实现与内存储器之间相互传送用户程序。

人/机接口装置用来实现操作人员与 PLC 控制系统的对话。最简单、最普遍的人/机接口装置由安装在控制台上的按钮、转换开关、拨码开关、指示灯、LED 显示器、声光报警器等器件构成。对于 PLC 系统，还可采用半智能型 CRT 人/机接口装置和智能型终端人/机接口装置。半智能型 CRT 人/机接口装置可长期安装在控制台上，通过通信接口接收来自 PLC 的信息并在 CRT 上显示出来；而智能型终端人/机接口装置有自己的微处理器和存储器，能够与操作人员快速交换信息，并通过通信接口与 PLC 相连，也可作为独立的节点接入 PLC 网络。

(2) PLC 的软件结构

PLC 的软件由系统程序和用户程序组成。

系统程序由 PLC 制造厂商设计编写，并存入 PLC 的系统存储器中，用户不能直接读写与更改。系统程序一般包括系统诊断程序、输入处理程序、编译程序、信息传送程序、监控程序等。

PLC 的用户程序是用户利用 PLC 的编程语言，根据控制要求编制的程序。在 PLC 的应用中，最重要的是用 PLC 的编程语言来编写用户程序，以实现控制目的。由于 PLC 是专门为工业控制而开发的装置，其主要使用者是广大电气技术人员，为了满足他们的传统习惯和掌握能力，PLC 的主要编程语言采用比计算机语言更简单、易懂、形象的专用语言。

PLC 编程语言是多种多样的，不同生产厂家、不同系列的 PLC 产品采用的编程语言的表达方式也不相同，但基本上可归纳为两种类型：一是采用字符表达方式的编程语言，如语句表等；二是采用图形符号表达方式编程语言，如梯形图等。

以下简要介绍几种常见的 PLC 编程语言。

① 梯形图　梯形图是一种以图形符号的相互关系表示控制功能的编程语言，它从继电器控制系统原理图的基础上演变而来，这种表达方式与传统的继电器控制电路图非常相似，

是目前应用最多的一种语言。如图 8-14（a）所示为继电器控制电路，用 PLC 完成其功能的梯形图如图 8-14（b）所示。

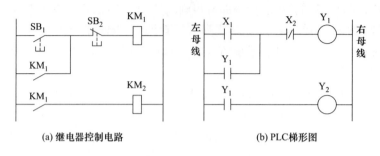

(a) 继电器控制电路　　　　　　　(b) PLC梯形图

图 8-14　继电器控制电路与 PLC 梯形图

② 指令表　指令表是一种类似于计算机汇编语言的一种文本语言，即用特定的助记符号来表示某种逻辑关系，指令语句的一般格式为：操作码、操作数。

操作码又称为编程指令，用助记符表示。操作数给出操作码所指定操作的对象或执行该操作所需的数据，通常由标识符和参数组成。

用指令语句表达的图 8-14（b）所示电路如下。

步序号	指令	数据
0	LD	X_1
1	OR	Y_1
2	ANI	X_2
3	OUT	Y_1
4	LD	Y_1
5	OUT	Y_2

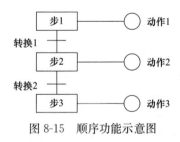

图 8-15　顺序功能示意图

③ 顺序功能图　顺序功能图是为了满足顺序逻辑控制而设计的编程语言。它将一个完整的控制过程分为若干步，每一步代表一个控制功能状态，步间有一定的转换条件，只要转换条件满足就实现转移，上一步动作结束，下一步动作开始，这样一步一步地按照顺序动作。步用方框表示，每步都有一个编号，用 PLC 内部元件状态器来保持状态，如图 8-15 所示为一顺序功能示意图。

8.7　PLC 的安装

(1) PLC 的安装环境要求

虽然 PLC 可以适用于大多数工业现场，但它对使用场合、环境温度等还是有一定要求。

在安装 PLC 时，要避开下列场所。

① 环境温度超过 50℃的范围。

② 相对湿度超过 85％或者存在露水凝聚（由温度突变或其他因素所引起的）。

③ 太阳光直接照射。

④ 有腐蚀和易燃的气体，例如氯化氢、硫化氢等。

⑤ 有大量铁屑及灰尘。

⑥ 频繁或连续地振动。

⑦ 超过 $10g$（重力加速度）的冲击。

(2) PLC 的安装

不同类型的 PLC 有不同的安装规范，如 CPU 与电源的安装位置、机架间的距离、接口模块的安装位置、I/O 模块量、机架与安装部分的连接电阻等都有明确的要求，安装时必须按所用产品的安装要求进行。PLC 应设有独立、良好的接地装置，接地电阻要小于 4Ω，接地线不能超过 20m，PLC 不能与其他设备共用一个接地体。PLC 电源线、I/O 线、动力线最好放在各自的电缆槽或电缆管中，线中心距要保持至少 300mm。模拟量输入/输出线最好加屏蔽，且屏蔽层应一端接地。PLC 要远离干扰源，信号线若不能避开干扰源，应采用光纤电缆。在室外安装时须采取防雷击的措施，例如在两端接地的金属管线中走线。

为了减少动力电缆电磁辐射干扰，尤其是变频装置馈电电缆引起的电磁干扰，应遵循两条基本原则：一是在实际工程中，尽量采用铜带铠装屏蔽电力电缆，降低动力线产生的电磁干扰，这种方法在许多场合被证明是非常有效的；二是对不同类型的信号分别由不同电缆传输，信号电缆应按传输信号种类分层敷设，严禁同一电缆的不同导线同时传送动力电源和信号，避免信号线与动力电缆平行敷设，以减少电磁干扰。

在安装 PLC 时，应注意以下几个问题。

① 忌安装位置选择不当　PLC 不能与高压电器安装在同一个开关柜内。在柜内可编程控制器应远离动力线（二者的距离应大于 200mm）。与可编程控制器装在同一开关柜内的电感性元件，如继电器、接触器的线圈，应并联 RC 消弧电路。PLC 应远离强干扰源，如大功率晶闸管装置、高频焊机和大型动力设备等。

② 忌连接导线选用不当　导线的选择应根据传输信号的电平（或功率电平）、频率范围、敏感情况及隔离要求来确定。选用传输电缆的一般原则如下。

a. 电源线，如 380V 交流、220V 交流、27V 直流一般不用屏蔽电缆，但电源线干扰大时例外。

b. 低频信号线以及隔离要求很严格的多点接地和单点接地线路应采用屏蔽双绞线。

c. 单点接地的音频线路和内部电源线应采用双绞线。

d. 对于重要的射频脉冲、高频信号以及宽频带内阻抗匹配等，应选择同轴电缆。

e. 数字电路和脉冲电路应采用绞合屏蔽电缆，有时需要单独屏蔽。

f. 高电平电源线应穿钢管敷设。

g. 多点接地的音频线或电源线需采用屏蔽线。

低频仪表可采用单芯、单屏蔽导线。其传输中等信号电平并有良好接地系统时，效果比较好。

一般来说，按钮、限位开关、接近开关等外接电气部件提供的开关量信号对电缆无严格要求，选用一般电缆；若信号传输距离较远时，可选用屏蔽电缆；模拟信号和高速信号线（如脉冲传感器、计数码盘等提供的信号）应选用屏蔽电缆。

通信电缆要求可靠性高，有的通信电缆的信号频率很高（MHz），一般应选用可编程序控制器生产厂家提供的专用电缆（如光纤电缆）；在要求不高或信号频率较低时，也可以选用带屏蔽的多芯电缆或双绞线电缆。

隔离变压器与 PLC 和 I/O 之间应采用双绞线连接。

③ 忌线路布局不合理　动力线、控制线以及 PLC 的电源线和 I/O 线应分别配线，并保持一定的距离。

I/O 线和大功率线应分槽走线，这不仅能使其有尽可能大的空间距离，并能将干扰降到最低限度。如必须在同一线槽内走线，应分开捆扎交流线、直流线。

不同类型的线应分别装入不同的管槽中；信号线应装入专用电缆管槽中，并尽量靠近地线或接地的金属导体。当信号线长度超过 300m 时，应采用中间继电器转接信号或使用 PLC 的远程 I/O 模块。

交流电路用线与直流电路应分别使用不同的电缆。

④ 忌信号传输线布线方法不当　通常，当模拟量输入/输出信号距 PLC 较远时，应采用 4～20mA 或 0～10mA 的电流传输方式，而不是采用易受干扰的电压传送方式。

传送模拟信号的屏蔽线，其屏蔽层应一端接地。为了泄放高频干扰，数字信号线的屏蔽层应并联电位均衡线，并将屏蔽层两端接地。

不同的信号线最好不用同一个插接件转接；如必须用同一个插接件，要用备用端子或地线端子将它们分隔开，以减少相互干扰。

I/O 端输入接线应尽可能采用动合触点形式连接到输入端，使编制的梯形图与继电器原理图一致，以便于阅读。

输出端接线分为独立输出和公共输出。在不同组中，可采用不同类型和电压等级的输出电压。但在同一组中的输出只能用同一类型、同一电压等级的电源。

⑤ 忌接地点选择不当，接地系统不完善　良好的接地是保证 PLC 可靠工作的重要条件，可以避免偶然发生的电压冲击危害。接地的目的通常有两个：其一为了安全；其二是为了抑制干扰。完善的接地系统是 PLC 控制系统抗电磁干扰的重要措施之一。如图 8-16 所示为正确的接地方法，禁忌采用串联接地方式。

图 8-16　PLC 系统接地方式

PLC 控制系统的地线包括系统地线、屏蔽地线、交流地线和保护地线等。接地系统混乱对 PLC 系统的干扰主要是各个接地点电位分布不均，不同接地点间存在地电位差，引起地环路电流，影响系统正常工作。若系统地线与其他接地处理混乱，则所产生的地环流就可能在地线上产生不等电位分布，影响 PLC 内逻辑电路和模拟电路的正常工作。PLC 工作的逻辑电压干扰容限较低，逻辑地电位的分布干扰容易影响 PLC 的逻辑运算和数据存储，造成数据混乱、程序跑飞或死机。模拟地电位的分布将导致测量精度下降，引起对信号测控的严重失真和误动作。

一般的施工方案是：电源线接地端和柜体连线接地端为安全接地。如电源漏电或柜体带电，可从安全接地导入地下，不会对人造成伤害。接地电阻值不得大于 4Ω，一般需将PLC设备系统地线和控制柜内开关电源负端接在一起，作为控制系统地线。

信号源接地时，屏蔽层应在信号侧接地；不接地时，应在 PLC 侧接地；信号线中间有接头时，屏蔽层应牢固连接并进行绝缘处理，一定要避免多点接地；多个测点信号的屏蔽双绞线与多芯对绞总屏蔽电缆连接时，各屏蔽层应相互连接好，并经绝缘处理，选择适当的接地处单点接地。

⑥ 忌干扰抑制措施不当　变频器的干扰处理措施一般有下面三种方式。

a. 加隔离变压器。主要是针对来自电源的传导干扰，可以将绝大部分的传导干扰阻隔在隔离变压器之前。

b. 使用滤波器。滤波器具有较强的抗干扰能力，还具有防止将设备本身的干扰传导给电源的功能，有些还兼有尖峰电压吸收功能。

c. 使用输出电抗器。在变频器到电动机之间增加交流电抗器主要是为了减少变频器输出在能量传输过程中线路产生的电磁辐射，避免影响其他设备正常工作。

8.8 PLC 的使用与维护

(1) PLC 的使用

PLC 的使用主要有两个方面：一是硬件设置（包括接线等）；二是软件设置。

① 硬件设置　下面以欧姆龙相关产品为例，介绍 PLC 的硬件设置步骤及方法，如表8-5所示。

表 8-5　硬件设置步骤及方法

步骤	方　　法	图　　示
1	设置面板上的操作模式	模式　将SW1设置成OFF转到普通模式

续表

步骤	方 法	图 示
2	设置电压电流开关（注意：开关在接线端子下面，需要将接线端子卸下来）	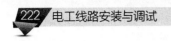
3	设置单元号	MACH No. 10^1 10^0 如果单元号设置成1将分配特殊I/O单元区域的字 CIO2010～CIO2019，或D20100～D20199 给模拟量输入单元
4	连接模拟量单元并配线	GJIW-AD041-V1 GJIW-AD081(-V1) GJ系列CPU单元 模拟量输入 IN1: 1～5V IN2: 1～5V IN3: 4～20mA IN4: 4～20mA IN5: 0～10V IN6: 0～10V IN7: -10～10V IN8: 未使用 梯形图程序 单元号: 1

续表

步骤	方　法	图　示
5	接通 PLC 电源,创建 I/O 表(如没有手持编程器,则需要在软件 CX-P 上进行操作)	外设接口 编程器

② 软件设置　PLC 的启动设置、看门狗、中断设置、通信设置、I/O 模块地址识别都是在 PLC 的系统软件中进行的。一般来说,在软件设置前,首先必须安装 PLC 厂家提供的软件包,包括 PLC 设置的所有工具,例如编程、网络、模拟仿真等。其次按照软件画面提示的步骤及方法,一步一步地进行软件设置。

不同品牌的 PLC,其软件设置方法有所不同,操作者应按照厂家提供的操作说明进行软件设置。

每种 PLC 都有各自的编程软件作为应用程序的编程工具,常用的编程语言是梯形图语言,也有 ST、IL 和其他语言。每一种 PLC 的编程语言都有自己的特色,指令的设计与编排思路都不一样。如果对一种 PLC 的指令十分熟悉,就可以编出十分简洁、优美、流畅的程序。例如,对于同样的一款 PLC 的同样一个程序的设计,如果编程工程师对指令不熟悉,编程技巧也差的话,需要 1000 条语句;但一个编程技巧高超的工程师,可能只需要 200 条语句就可以实现同样的功能。简洁的程序不仅可以节约内存,出错的概率也会小很多,程序的执行速度也快很多,而且以后对程序进行修改和升级也容易很多。

所有的 PLC 的梯形图逻辑大同小异,只要熟悉了一种 PLC 的编程,再学习第二个品牌的 PLC 就可以很快上手。但是,在使用一个新的 PLC 的时候,还是应该将新的 PLC 的编程手册认真看一遍,看看指令的特别之处,尤其是可能要用到的指令,并考虑如何利用这些特别的方式来优化自己的程序。

各个 PLC 的编程语言的指令设计、界面设计都不一样,不存在孰优孰劣的问题,主要是风格不同。不能武断地说三菱 PLC 的编程语言不如西门子的 STEP7,也不能说 STEP7 比 CKWELL 的 RSLOGIX 要好,所谓的好与不好,其实是已经形成的编程习惯与编程语言的设计风格是否适用的问题。

(2) PLC 的日常维护

① 若输出接点电流较大或 ON/OFF 使用频繁,则要注意检查接点的使用寿命。有问题应及时更换。

② PLC 用于振动机械上时要注意端子的松动现象。

③ 注意 PLC 的外围温度、湿度及粉尘。

④ 锂电池寿命约 5 年。若锂电池电压太低，面板上 BATT. low 灯会亮，此时程序尚可保持一月以上。下面介绍更换锂电池的步骤。

a. 断开 PLC 的供电电源。若 PLC 的电源已经是断开的，则需先接通至少 10s，再断开。

b. 打开 CPU 盖板（视不同厂家的产品，其打开方式不同，应参照其说明书，以免损坏设备）。

c. 在 2min 内（当然越快越好）从支架上取下旧电池，并装上新电池，如图 8-17 所示。

d. 重新装好 CPU 盖板。

e. 用编程器清除 ALARM。

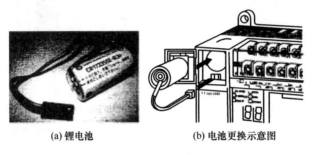

(a) 锂电池　　　　　(b) 电池更换示意图

图 8-17　PLC 锂电池更换

参 考 文 献

[1] 刘涛. 维修电工实训. 北京：人民邮电出版社，2009.

[2] 侯守军. 电工技能训练项目教程. 北京：国防工业出版社，2011.

[3] 乔长君. 维修电工技能快速入门. 北京：电子工业出版社，2014.

[4] 杨清德. 全程图解电工操作技能. 北京：化学工业出版社，2011.

[5] 董武. 维修电工技能与实训. 北京：电子工业出版社，2011.

[6] 罗伟. 电工技能与实训. 北京：电子工业出版社，2012.

[7] 王兰君. 图解电工技术速学速用. 北京：人民邮电出版社，2011.

[8] 祖国建. 学会维修电工就这么容易. 北京：化学工业出版社，2014.

[9] 罗伟. 电工技能与实训. 北京：北京理工大学出版社，2012.

化学工业出版社电气类图书推荐

书号	书名	开本	装订	定 价/元
19148	电气工程师手册(供配电)	16	平装	198
21527	实用电工速查速算手册	大32	精装	178
21727	节约用电实用技术手册	大32	精装	148
20260	实用电子及晶闸管电路速查速算手册	大32	精装	98
22597	装修电工实用技术手册	大32	平装	88
18334	实用继电保护及二次回路速查速算手册	大32	精装	98
25618	实用变频器、软启动器及PLC实用技术手册(简装版)	大32	平装	39
19705	高压电工上岗应试读本	大32	平装	49
22417	低压电工上岗应试读本	大32	平装	49
20493	电工手册——基础卷	大32	平装	58
21160	电工手册——工矿用电卷	大32	平装	68
20720	电工手册——变压器卷	大32	平装	58
20984	电工手册——电动机卷	大32	平装	88
21416	电工手册——高低压电器卷	大32	平装	88
23123	电气二次回路识图(第二版)	B5	平装	48
22018	电子制作基础与实践	16	平装	46
22213	家电维修快捷入门	16	平装	49
20377	小家电维修快捷入门	16	平装	48
19710	电机修理计算与应用	大32	平装	68
20628	电气设备故障诊断与维修手册	16	精装	88
21760	电气工程制图与识图	16	平装	49
21875	西门子S7-300PLC编程入门及工程实践	16	平装	58
18786	让单片机更好玩:零基础学用51单片机	16	平装	88
21529	水电工问答	大32	平装	38
21544	农村电工问答	大32	平装	38
22241	装饰装修电工问答	大32	平装	36
21387	建筑电工问答	大32	平装	36
21928	电动机修理问答	大32	平装	39
21921	低压电工问答	大32	平装	38
21700	维修电工问答	大32	平装	48
22240	高压电工问答	大32	平装	48
12313	电厂实用技术读本系列——汽轮机运行及事故处理	16	平装	58
13552	电厂实用技术读本系列——电气运行及事故处理	16	平装	58
13781	电厂实用技术读本系列——化学运行及事故处理	16	平装	58
14428	电厂实用技术读本系列——热工仪表及自动控制系统	16	平装	48
17357	电厂实用技术读本系列——锅炉运行及事故处理	16	平装	59

书号	书名	开本	装订	定价/元
14807	农村电工速查速算手册	大32	平装	49
14725	电气设备倒闸操作与事故处理700问	大32	平装	48
15374	柴油发电机组实用技术技能	16	平装	78
15431	中小型变压器使用与维护手册	B5	精装	88
16590	常用电气控制电路300例(第二版)	16	平装	48
15985	电力拖动自动控制系统	16	平装	39
15777	高低压电器维修技术手册	大32	精装	98
15836	实用输配电速查速算手册	大32	精装	58
16031	实用电动机速查速算手册	大32	精装	78
16346	实用高低压电器速查速算手册	大32	精装	68
16450	实用变压器速查速算手册	大32	精装	58
16883	实用电工材料速查手册	大32	精装	78
17228	实用水泵、风机和起重机速查速算手册	大32	精装	58
18545	图表轻松学电工丛书——电工基本技能	16	平装	49
18200	图表轻松学电工丛书——变压器使用与维修	16	平装	48
18052	图表轻松学电工丛书——电动机使用与维修	16	平装	48
18198	图表轻松学电工丛书——低压电器使用与维护	16	平装	48
18943	电气安全技术及事故案例分析	大32	平装	58
18450	电动机控制电路识图一看就懂	16	平装	59
16151	实用电工技术问答详解(上册)	大32	平装	58
16802	实用电工技术问答详解(下册)	大32	平装	48
17469	学会电工技术就这么容易	大32	平装	29
17468	学会电工识图就这么容易	大32	平装	29
15314	维修电工操作技能手册	大32	平装	49
17706	维修电工技师手册	大32	平装	58
16804	低压电器与电气控制技术问答	大32	平装	39
20806	电机与变压器维修技术问答	大32	平装	39
19801	图解家装电工技能100例	16	平装	39
19532	图解维修电工技能100例	16	平装	48
20463	图解电工安装技能100例	16	平装	48
20970	图解水电工技能100例	16	平装	48
20024	电机绕组布线接线彩色图册(第二版)	大32	平装	68
20239	电气设备选择与计算实例	16	平装	48
21702	变压器维修技术	16	平装	49
21824	太阳能光伏发电系统及其应用(第二版)	16	平装	58
23556	怎样看懂电气图	16	平装	39
23328	电工必备数据大全	16	平装	78
23469	电工控制电路图集(精华本)	16	平装	88

书号	书名	开本	装订	定价/元
24169	电子电路图集(精华本)	16	平装	88
24306	电工工长手册	16	平装	68
23324	内燃发电机组技术手册	16	平装	188
24795	电机绕组端面模拟彩图总集(第一分册)	大32	平装	88
24844	电机绕组端面模拟彩图总集(第二分册)	大32	平装	68
25054	电机绕组端面模拟彩图总集(第三分册)	大32	平装	68
25053	电机绕组端面模拟彩图总集(第四分册)	大32	平装	68
25894	袖珍电工技能手册	大64	精装	48
25650	电工技术600问	大32	平装	68
25674	电子制作128例	大32	平装	48
29117	电工电路布线接线一学就会	16	平装	68
28158	电工技能现场全能通(入门篇)	16	平装	58
28615	电工技能现场全能通(提高篇)	16	平装	58
28729	电工技能现场全能通(精通篇)	16	平装	58
27253	电工基础	16	平装	48
27146	维修电工	16	平装	48
28754	电工技能	16	平装	48
27870	图解家装电工快捷入门	大32	平装	28
27878	图解水电工快捷入门	大32	平装	28

以上图书由**化学工业出版社** **机械电气出版中心**出版。如要以上图书的内容简介和详细目录，或者更多的专业图书信息，请登录 www.cip.com.cn

地址：北京市东城区青年湖南街13号（100011）

购书咨询：010-64518888

如要出版新著，请与编辑联系。

编辑电话：010-64519265

投稿邮箱：gmr9825@163.com